高 等 学 校 教 材

岩 石 力 学

（第三版）

河海大学　徐志英　主编

中国水利水电出版社
www.waterpub.com.cn

内 容 提 要

　　本书为高等院校"水利水电工程地质""水工建筑力学"专业的本科教材，也可供从事岩石力学工作的水利水电、土木建筑、地质、矿山、冶金、交通以及国防等工程技术人员和高等院校其他有关专业师生参考。

　　本书系第三版，作者对前二版作了许多重要的修改和补充。书中共分十一章，分别论述了绪论、岩石的物理性质、岩石的强度、岩石的变形、岩体天然应力与洞室围岩的应力分布、山岩压力、有压隧洞计算、岩基稳定分析、岩坡稳定分析、有限单元法在岩石力学中的应用以及模型试验在岩石力学中的应用。

　　书内附有大量插图，大多数章内附有例题和习题。

图书在版编目（CIP）数据

岩石力学/徐志英主编 . —3 版 . —北京：中国水利水电
出版社，2007（2023.7 重印）
高等学校教材
ISBN 978 - 7 - 80124 - 282 - 2

Ⅰ . 岩…　Ⅱ . 徐…　Ⅲ . 岩石力学-高等学校-教材
Ⅳ . TU45

中国版本图书馆 CIP 数据核字（2007）第 112216 号

高 等 学 校 教 材
岩 石 力 学
（第三版）
河海大学 徐志英　主编

＊

中国水利水电出版社
（原水利电力出版社）　出版、发行
（北京市海淀区玉渊潭南路 1 号 D 座　100038）
网址：www. waterpub. com. cn
E - mail：sales@mwr. gov. cn
电话：（010）68545888（营销中心）
北京科水图书销售有限公司
电话：（010）68545874、63202643
全国各地新华书店和相关出版物销售网点
清淞永业（天津）印刷有限公司

＊

184mm×260mm　16 开本　17.25 印张　389 千字
1981 年 1 月第 1 版　1986 年 11 月第 2 版
1993 年 6 月第 3 版　2023 年 7 月第 20 次印刷
印数 53951—55950 册
ISBN 978-7-80124-282-2
（原 ISBN 7-120-01742-X/TV・626）
定价 **48.00** 元

凡购买我社图书，如有缺页、倒页、脱页的，本社营销中心负责调换
版权所有·侵权必究

第 三 版 前 言

本书第二版问世后不久即销售一空，1989 年又重新印刷了一次，但仍未满足当前教学和生产的需要。因此，应各方面的要求，决定进行修订再版。

自第二版问世后的几年来，在判断岩石的破坏方面人们提出了较多的经验准则，在应用有限单元法计算岩石软弱夹层方面已有较大的改进。因此，借本书再版之机，增加了这方面的内容。此外，根据教学实践的体验，作为按规定教学学时的教材，似嫌偏重。因此，从少而精的原则出发删除了一些内容，如岩石动力学基础、赤平投影对岩体稳定分析的应用、拱坝坝肩岩体的稳定分析等。这些内容或是与其他课程相重复，或是稍有超出大纲的范围。

为了帮助学生对课程内容加深理解和提高分析计算能力，在修订中，除了增加例题之外，在大多数章的后面都附有习题，以供教师和学生酌情选用。

参加本书修订的有河海大学徐志英同志（第一章、第三章、第四章、第六章、第七章、第九章、第十章、第十一章）、卢盛松同志（第五章、第八章）和吕庆安同志（第二章）。全书由徐志英同志主编，北京水利电力经济管理学院王正宏同志审查。

我们衷心感谢有关兄弟院校和读者对本书第一版、第二版提出的宝贵意见和建议，恳切希望兄弟院校和广大读者继续对本书的缺点和错误给以批评指正。

徐志英
1991 年 3 月于河海大学

第 二 版 前 言

本书按照一九八二年十二月高等学校水利水电类专业教材编审委员会会议审订的"工程地质"专业《岩石力学》教学大纲，对本书的第一版作了全面修订和一系列重要补充而成。修订中，改进了本书的系统结构，各章节做了较大调整，多数章节作了重写。为了兼顾"水工建筑力学"专业以及其他有关专业的需要，同时便于工程技术人员参考。因此，在本次修订时还增加了这方面相应的内容。在教学时可根据专业需要酌情取舍。

书中删除了与其他课程重复的材料（工程地质基础知识——属于"工程地质学"课程，应力应变的某些计算方法——属于"材料力学"和"弹性力学"课程等）以及一些不常用的繁杂内容，以达到少而精的目的。"岩体现场试验"和"岩体渗流理论"均不列为单独一章，而是将其主要内容分别编入有关章节中去，以加强系统性和避免某些不协调性。

全书加强了迫于解决岩石力学与工程设计中的问题，并增加了许多补充资料。最有意义的是如下内容：不连续结构面的分析、裂隙（孔隙）水压力对岩体强度和稳定的影响、岩石破坏准则判别式、岩石应力应变非线性概念、岩石蠕变性、亦平投影对岩体稳定分析的应用等。它基本上概括了本书第一版问世后岩石力学的新发展。全书的宗旨是力图使读者在掌握基本理论的基础上能够善于分析建筑物岩基、岩坡、地下洞室围岩中发生的物理力学现象，以及不仅可预估建筑物建造时岩石性质变化的可能性，而且也可预见其变化特性。

参加本书修订的有河海大学徐志英同志（第一章、第三章、第四章、第六章、第七章、第九章第一节至第九节和第十一节、第十章、第十一章、第十二章）、卢盛松同志（第五章、第八章）和吕庆安同志（第二章、第九章第十节）。全书由徐志英同志主编，华北水利水电学院王正宏同志审查。

我们衷心感谢有关兄弟院校和读者对本书第一版提出的宝贵意见和建议，恳切希望兄弟院校和广大读者继续对本书的缺点、错误给以批评指正。

徐志英

1985 年 11 月于河海大学

第一版前言

本书是根据一九七八年十一月由水利电力部组织制订的"水利水电工程地质"专业及"水工建筑力学"专业的《岩石力学》教材编写大纲写成的。为了兼顾两个专业以及其他有关专业的需要,同时便于工程技术人员参考,编写时在某些章节阐述的深度和广度上作了必要的提高。在教学时,可根据专业的需要适当取舍。

本书由华东水利学院徐志英编写绪论、第二章、第四章、第七章、第八章、第十章、第十一章、第十二章以及第十三章;芦盛松编写第五章、第六章以及第九章;吕庆安编写第一章、第三章,由徐志英主编。全书插图由赵崇善、刘忠文等描绘。

全书初稿完成后,承傅作新、沈家荫、周萍、费余绮、许荫椿、郭志平等校阅了部分章节,提出了许多意见,对提高本书质量帮助很大,在此一并致谢。

本书由华北水利水电学院王正宏主审。参加审稿的单位还有长江流域规划办公室长江水利水电科学研究院、成都科技大学、成都地质学院以及华东水利学院的力学教研室和地质教研室。审稿同志对本书提出了很多宝贵意见,谨此表示衷心的感谢。

我们恳切希望广大读者对书中的缺点、错误给以批评指正。

编　者

1980 年 7 月

目　　录

第一章 绪 论

第一节 岩石力学的定义和任务

岩石是经过地质作用而天然形成的（一种或多种）矿物集合体，地壳的绝大部分都是由岩石构成。岩石通常按照其成因可分为三类：岩浆岩、沉积岩和变质岩。不同成因类型的岩石的物理力学性质是不同的。

岩石力学，顾名思义，它是研究岩石的力学性态的理论和应用的科学，是探讨岩石对其周围物理环境中力场反应的学科，具体而言，研究岩石在荷载作用下的应力、变形和破坏规律以及工程稳定性等问题。它是固体力学的一个分支。

岩体是指在一定地质条件下，含有诸如裂隙、节理、层理、断层等不连续的结构面组成的现场岩石，它是一个复杂的地质体。由于岩石力学中的许多研究对象是岩体，所以岩石力学也称为岩体力学。

人类生活在地球上，很多活动都离不开以岩石工程为对象的经济建设。例如开发地下资源、修建水库以及开凿隧道和运河等。从前开发地下资源时，只是在浅部开采即可取得矿石，修建水库也总是选择在良好岩石的地段，并且坝的高度也只有数十米，就连隧道的掘进也常常避开不良岩层而绕道进行。可是，在近代，随着生产的发展，地下资源已由浅部转入深部岩层开采，不仅需要控制强大的地层压力，而且还可能遇到岩石崩坍的危险。造成岩石上的建筑物也越来越高大，特别是各种类型的高坝、水电站厂房、核电站等。目前国际上有的坝高已超过 300m，大型地下水电站、隧道和矿山巷道的深度已超过 3000m，地下洞室的跨度已近百米。这些生产上的高速发展，都对岩石力学的研究提出新的要求和课题。岩石力学的任务，就是从生产实践中总结同岩石斗争的经验，提高为理论知识，再回到实践中去解决生产中提出的有关岩石工程问题。现代岩石力学研究的主要领域，概括起来有下列三方面：

1）基本原理，包括岩石的破坏、断裂、蠕变以及岩石内应力、应变理论等的研究。

2）实验室试验和现场（原位）试验，包括各种静力和动力方法，以测定岩块和岩体在静力和动力荷载下的性状以及岩体内的初始应力。

3）实际应用方面，包括地表岩石地基（如高坝、高层建筑、核电站地基的稳定和变形问题）、地表挖掘（如水库边坡、高坝岸坡、渠道、路堑、露天开采坑等人工和天然岩石边坡的稳定问题）、地下洞室（如地下电站、水工隧洞、交通隧道、采矿巷道、战备地道等围岩的稳定、变形和加固问题）、岩石破碎（如将岩石破碎成所要求的规格）、岩石爆破、地质作用（如分析因开矿而地表下陷、解释地球的构造理论、预估地震与控制地震）等问题的研究。

要全部研究上述内容，不是本课程的任务。本书只介绍有关的基本原理和试验方法以及与水利建设密切相关的岩基、岩坡、地下洞室围岩等问题，着重于基础知识。

第二节 岩石力学在水工建设中的重要性

在上节的讨论中，岩石力学在工程中的重要性已涉及了；显然，岩石力学在水工建设中的重要性是不言而喻的。水工建设中常遇到的岩基、岩坡以及地下洞室的安危成败都与岩体的稳定和变形息息相关，而这些问题正是需要在岩石力学中研究的。国内外过去由于岩体不稳定而失事的例子实属不少，今列举数例如下：

1) 1959 年 12 月 2 日，法国马尔帕塞（Malpasset）薄拱坝（坝高 67m），由于坝基失稳而导致整个拱坝倒毁，顷刻间 $49 \times 10^6 \text{m}^3$ 的洪水突然奔腾下泄，流速 70km/h，对下游造成重大损失，致使 384 人死亡，110 人下落不明，财产损失不计其数。

2) 1963 年 10 月 9 日，意大利瓦依昂（Vajont）水库岩坡由于石灰岩层理强度减弱而发生大规模滑坡运动，在一分多钟内大约有 2.5 亿 m^3 的岩石崩入水库内，顿时造成高达 150m 到 250m 的水浪，洪水漫过 270m 高的拱坝，致使下游的郎加朗市镇遭到了毁灭性破坏，数百人死亡。

3) 第三个例子是奥地利格尔利斯水电站。在使用期间，由于输水压力隧洞的围岩（最大压力水头为 600m）破坏，致使衬砌破裂，高压水冲入电站厂房，使机组受到很大损失，迫使停产处理。

这些例子都说明了岩石力学的研究在水工建设中的重要性。

第三节 发 展 简 史

在人类的生产实践中，早就与岩石有了密切关系。原始人利用岩石做成简陋的工具和兵器。稍后，开采矿石要求开挖采石坑、巷道和并凿竖井。古埃及金字塔，中国万里长城、都江堰都以岩石为建筑材料。这些都说明了古代劳动人民在岩石工程上和使用岩石上已有悠久的历史。

尽管人类在生产实践中与岩石打交道已有悠久的历史，但是岩石力学却是一门新兴学科。岩石力学成为一门技术科学，只有 30 多年的历史，它比土力学的发展要迟 30 年。发展迟缓的原因主要是由于岩石性质极为复杂，种类繁多，岩体内节理、裂隙、断层等结构面千变万化等缘故。就目前而言，岩石力学尚未形成一套独立的、完整的理论。

20 世纪 50 年代以来，世界上高坝、高边坡、大跨度高边墙地下建筑等的兴建，对岩石研究提出了新的要求，促进了岩石力学的较系统的发展。1956 年 4 月，在美国的科罗拉多矿业学院（Colorado School of Mines）举行的一次专业会议上，开始使用"岩石力学"这一名词，并由该学院汇编了"岩石力学论文集"。在论文集的序言中说："它是与过去作为一门学科而发展起来的土力学，有着相似概念的一种学科，对这种有关岩石的力学方面的学科，现取名为岩石力学"。1957 年在巴黎出版的塔洛布尔（J. Talobre）的专著"岩石力学"是这方面最早的一本较系统的著作。其后，有关刊物又发表了许多论文，并开始形成了不同的学派（如法国学派，偏重于从弹塑性理论方面来研究；奥地利学派，偏重于地质构造方面来研究)。1959 年法国马尔帕塞拱坝失事以及 1963 年意大利瓦依昂水库岩坡的大规模滑坡,都与岩石强度变弱密切有关。这两次事件都引起了世界各国岩石力学研究者的关注,进一步促进了岩石力学研究的发展。1963 年在奥地利萨尔茨堡成立了"国际岩石力学学会"(International Society for Rock Mechanics)。1966 年在里斯本召开了第一次国际岩石力学会议,从此每四年召开一次,迄今已开了七次。

中华人民共和国成立以来,随着社会主义建设事业的发展,大规模的矿山、交通、国防和水利建设(例如上犹江、佛子岭、梅山、新安江、刘家峡、丹江口等大坝的兴建)对岩石力学的发展起了重大促进作用,这阶段为我国岩石力学的初创阶段。从 1958 年三峡岩基组成立起,许多部门相继建立了岩石力学的专门研究机构,较全面而系统地进行岩石力学的研究,促进了岩石力学的发展,同时从事岩石力学研究的科技人员也大幅度增加。1966 年召开了全国岩土测试技术会议。70 年代以来,葛洲坝等大型水利工程和大型地下电站的兴建促进岩石力学的发展进入新阶段,研制出大批实验仪器设备,理论水平和测试技术不断提高,一些高等院校相继开设了"岩石力学"课程。80 年代初编写了不同专业的"岩石力学"教材以及"水利水电工程岩石试验规程",学术交流活动日益频繁,科研成果丰硕。1985 年,中国岩石力学与工程学会正式成立。我们深信,随着我国四个现代化建设、随着三峡等高坝的兴建,岩石力学必然将会得到更进一步的发展。

第二章　岩石的物理性质

第一节　概　　述

岩石与土一样也是由固体相、液体相和气体相组成的多相体系。理论认为，岩石中固体相的组分和三相之间的比例关系及其相互作用，决定了岩石的性质。在研究和分析岩石受力后的力学表现时，必然要联系到岩石的某些物理性质指标。为了让读者掌握明确的概念和合理的选用指标，本章分步介绍岩石的基本物理性质及水理性质指标，并阐述了与岩石的电学性质及热力学性质有关的某些指标。

岩体经常是工程建筑的地基和环境。它是由地质结构面和形状各异、大小不同的岩石块体聚合而成的，并具有多种结构类型。岩体的力学性质不同于一般固体介质，它具有显著的不连续性、不均匀性和各向异性。因此，在做岩体力学分析和计算时，必须区分岩体结构类型，并要充分考虑结构面的力学效应。

在工程实践中，通常要对地基、边坡和洞室围岩的岩体质量作出评估，因而形成了岩体质量工程分类的研究领域。本章介绍了几种有代表性的岩体评估方法，期望达到认识岩体、合理利用岩体的目的。

第二节　岩石的物理性质指标

用某种数值来描述岩石的某种物理性质，这些数值就是岩石的物理性指标。在工程上常用到的物理性指标有容重、比重、孔隙率、吸水率、膨胀性、崩解性等。

为了测定这些指标，一般都采用岩样在室内做试验，必要时也可以在天然露头上或探洞（井）中进行现场试验。在选用岩样时应考虑到它们对所研究地质单元的代表性，并尽可能地保持其天然结构。最好采用同一岩样逐次地测定岩石的各种物理性质指标。下面分述各种物理性质指标。

1. 容重和密度　岩石的单位体积（包括岩石孔隙体积）的重力，称为岩石的容重。根据试样的含水情况不同，岩石容重可分为干容重、湿容重和饱和容重，一般未说明含水状态时是指湿容重。

岩石的容重可用下式表示：

$$\gamma = \frac{W}{V} \tag{2-1}$$

式中　γ——容重（kN/m^3）；

　　　W——岩石的重力（kN）；

　　　V——岩石的体积（m^3）。

岩石密度的定义为：岩石单位体积（包括岩石中孔隙体积）的质量，用 ρ 表示，以

kg/m³ 计。它与岩石容重之间存在如下关系：

$$\gamma = 9.80\rho(kN/m^3)$$

岩石的容重取决于组成岩石的矿物成分、孔隙大小及含水的多少。表 2-1 列出了某些岩石的容重值，可供参考。从表上可以看出，岩石的容重一般在 26.5～28.0kN/m³ 的范围内变化。

岩石的容重可在一定程度上反映出岩石的力学性质情况。通常，岩石的容重越大，则它的性质就越好，反之越差。在图 2-1 上绘有各种碳酸盐类岩石的单轴抗压强度与容重的相关关系。从图上可以看出，随着岩石容重的增加，极限抗压强度也相应地增大。

今后在岩石力学计算中，常用到这项指标，现规定用 γ_d 和 γ_m 分别表示干容重和饱和容重，而 γ 则表示一般的湿容重。

2. 比重　岩石的比重就是岩石的干的重力除以岩石的实体体积（不包括孔隙），再与 4℃ 时水的容重相比：

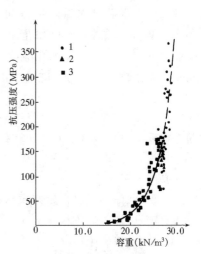

图 2-1　碳酸盐类岩石
的抗压强度与容重的关系
1—大理岩；2—大理岩化石灰岩；
3—石灰岩和白云岩

$$G_s = \frac{W_s}{V_s\gamma_w} \tag{2-2}$$

式中　G_s——岩石的比重；

　　　W_s——绝对干燥时体积为 V 的岩石重力（kN）；

　　　V_s——岩石的实体体积（不包括孔隙体积）（m³）；

　　　γ_w——水的容重，在 4℃ 时等于 10（kN/m³）。

表 2-1　　　　　各种岩石的容重、比重、孔隙率、孔隙指数

岩　石	容重 γ (kN/m³)	比　重	孔隙率 n (%)	孔隙指数 i (%)
花岗岩	26～27	2.5～2.84	0.5～1.5	0.1～0.92
粗玄岩	30～30.5		0.1～0.5	
流纹岩	24～26		4～6	
安山岩	22～23	2.4～2.8	10～15	0.29
辉长岩	30～31	2.70～3.20	0.1～0.2	
玄武岩	28～29	2.60～3.30	0.1～1.0	0.31～2.69
砂　岩	20～26	2.60～2.75	5～25	0.20～12.19
页　岩	20～24	2.57～2.77	10～30	1.8～3.0
石灰岩	22～26	2.48～2.85	5～20	0.10～4.45
白云岩	25～26	2.2～2.9	1～5	
片麻岩	29～30	2.63～3.07	0.5～1.5	0.10～3.15
大理岩	26～27	2.60～2.80	0.5～2	0.10～0.80
石英岩	26.5	2.53～2.84	0.1～0.5	0.10～1.45
板　岩	26～27	2.68～2.76	0.1～0.5	0.10～0.95

岩石的比重取决于组成岩石的矿物比重，大部分岩石比重介于 2.50 至 2.80 之间，而且随着岩石中重矿物含量的增多而提高。因此，基性和超基性岩石的比重可达 3.00～3.40 甚至更高，酸性岩石例如花岗岩的比重仅为 2.50～2.84。某些岩石比重见表 2-1。

3. 孔隙率 岩石试样中孔隙体积与岩石试样总体积的百分比称为孔隙率，岩石的孔隙率与土的孔隙率相类似，可用下式表示：

$$n = \frac{V_v}{V} \times 100\% \qquad (2-3)$$

根据干容重 γ_d 和比重 G_s 也可计算孔隙率

$$n = 1 - \frac{\gamma_d}{G_s \gamma_w} \qquad (2-4)$$

式中　n——孔隙率，以百分数表示；

　　V_v——试样孔隙体积（m^3），其中也包括裂隙体积；

　　V——试样的体积（m^3）；

其余符号意义同前。

孔隙率分为开口孔隙率和封闭孔隙率，两者之和总称孔隙率。由于岩石的孔隙主要是由岩石内的粒间孔隙和细微裂隙所构成，所以孔隙率是反映岩石致密程度和岩石质量的重要参数。图 2-2 表示几种碳酸盐类岩石的孔隙率与极限抗压强度的相关关系。孔隙率越大表示空隙和细微裂隙越多，岩石的抗压强度随之降低。

某些岩石的孔隙率变化范围见表 2-1。

4. 吸水率和饱水率 岩石的吸水率是指干燥岩石试样在一个大气压和室温条件下，岩石吸入水的重力 W_{w1} 对岩石干重力 W_s 之比的百分率，一般以 w_a 表示，即

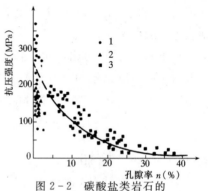

图 2-2　碳酸盐类岩石的抗压强度与孔隙率之关系

1—大理岩；2—大理岩化石灰岩；3—石灰岩与白云岩

$$w_a = \frac{W_{w1}}{W_s} \times 100\% \qquad (2-5)$$

岩石的吸水率在室内通过试验测定。在试验时可将岩样放在保持 105℃ 的烘箱内烘干（烘的时间不少于 12 小时），求得岩石干重 W_s，然后再将它放入水中浸润 12～24 小时，称得岩石湿重后再算出被试样吸入的水重 W_{w1}，从而求得 w_a。

岩石吸水能力大小，一般取决于岩石所含孔隙的多少以及孔隙和细微裂隙的连通情况。岩石中包含的孔隙和细微裂隙越多，连通情况越好，则岩石吸入的水量就越多。因此，有时也把岩石吸水率这项指标称为孔隙指数，用符号 i 表示。

孔隙指数与岩石的种类和岩石的生成年代有关。在表 2-1 中列有某些岩石孔隙指数的变化范围。在图 2-3 上分别绘有砂岩和页岩的孔隙指数随地质年代不同而变化的情况。

在工程上常用岩石吸水率作为判断岩石的抗冻性及风化程度的指标，并广泛地与其他

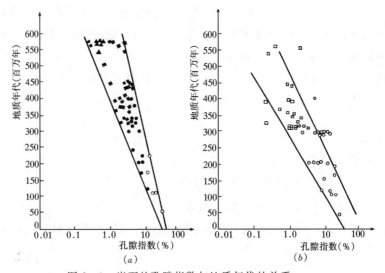

图 2-3 岩石的孔隙指数与地质年代的关系

(a) 砂岩和石灰岩：▲—固结砂岩；■—石灰岩；●—胶结砂岩；○—弱胶结砂岩

(b) 页岩：□—固结的；○—压实的

物理力学特征值建立关系。例如图 2-4 即表示纵波速度与吸水率之间的关系。从图中可以看出，随着岩石吸水率的增加，弹性波在介质中的传播速度 C_p 相应地降低。

岩石的饱水率是指岩石试样在高压（一般为 150 个大气压）或真空条件下，强制吸入水的重量 W_{w2} 对于岩石干重 W_s 之比的百分率，以 w_{sa} 表示，即

$$w_{sa} = \frac{W_{w2}}{W_s} \times 100\% \qquad (2-6)$$

测定饱和吸水率的方法，目前多采用煮沸法和真空抽气法。用高压法可能会提高试样的饱和程度，但设备条件比较复杂，一般不常用。

通常把岩石的吸水率与饱水率之比值称为饱水系数，以 K_w 表示，即

$$K_w = \frac{w_a}{w_{sa}} \qquad (2-7)$$

一般岩石的饱水系数 K_w 介于 $0.5 \sim 0.8$ 之间。

饱水系数对于判别岩石的抗冻性具有重要意义。当 $K_w < 0.91$ 时，表示岩石在冻结过程中，水尚有膨胀和挤入剩余的敞开孔隙和裂隙的余地。而当 $K_w > 0.91$ 时，在冻结过程中形成的冰会对岩石中的孔隙和裂隙产生"冰劈"作用，从而造成岩石的胀裂破坏。

5. 抗冻性　岩石的抗冻性就是岩石抵抗冻融破坏的性能，常用作评价岩石抗风化稳定性的重要指标。岩石抗冻性的高低取决于造岩矿物的热物理性

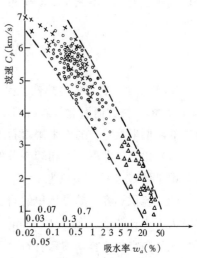

图 2-4　纵波波速与吸水率的关系

○—岩浆岩；△—沉积岩（第三纪）；×—变质岩

质，粒间联结强度以及岩石的含水特征等因素。由坚硬矿物刚性联结组成的致密岩石抗冻性能高，而富含长石、云母和绿泥石类矿物及结构不致密的岩石抗冻性能低。

岩石的抗冻性能可用两个指标表示：

（1）抗冻系数：冻融后的岩石干抗压强度与冻融前岩石干扰压强度的比值称抗冻系数。可以用下式表示：

$$R_d = \frac{R_{c2}}{R_{c1}} \qquad\qquad (2-8)$$

式中　R_d——岩石的抗冻系数；

　　　R_{c1}——冻融前岩石干抗压强度（MPa）；

　　　R_{c2}——冻融后岩石干抗压强度（MPa）。

（2）重力损失率：岩石冻融前后干试样的重力差与冻融前干试样的重力的比值，用百分数表示，即

$$K_m = \frac{W_1 - W_2}{W_1} \times 100\% \qquad\qquad (2-9)$$

式中　K_m——岩石的冻融重力损失率（％）；

　　　W_1——冻融前岩石试样的重力（N）；

　　　W_2——冻融后岩石试样的重力（N）。

岩石的冻融试验是在实验室内进行的。一般要求按规定制备试样 6～10 块，分两组。一组进行规定次数的冻融试验，另一组做干燥状态下的抗压强度试验。将做冻融试验的试样进行饱和处理后，放入 -20（±2）℃温度下冷冻 4 小时，然后取出放置在水温为 20（±5）℃水槽中融 4 小时，如此反复循环达到规定次数（月平均气温低于 -15℃时为 25 次，高于 -15℃时为 15 次）后取出测定岩石在冻融前后的强度变化和重力损失。一般要求抗压强度降低不大于 25％，重力损失不大于 5％，才算是抗冻性能好的岩石。

第三节　岩石的热学和电学性质

1. 容热性　岩石的容热性就是进行热交换时岩石吸收热量的能力。当传导给岩石的热量为 ΔQ，由此而引起的岩石温度升高为 Δt 时，则岩石的容热性可用使其温度升温 1℃ 所需的热量来度量。通常采用岩石的比热和容积热容两项指标表示。

（1）比热：在不存在相转变条件下，为使单位质量岩石温度变化 1℃ 时所需输入的热量。用符号 C 表示，单位为 J/（g·℃）或 cal/（g·℃）。

（2）容积热容：单位体积的岩石，在温度变化 1℃ 时所需要的热量。用符号 C_v 表示，单位为 J/（m³·℃）或 cal/（cm³·℃）。

比热和容积热容均表示岩石储热的能力，二者之间的关系可用 $C_v = \rho \cdot C$ 表示，式中 ρ 为岩石密度。

岩石的比热大小决定于矿物成分及其含量，大多数的矿物比热介于 0.5～1.0J/（g·℃）之间，尤其是以 0.70～0.95J/（g·℃）更为常见。当温度和压力变化范围不大

时，岩石的比热可作为常数看待。由于各种类型水的比热较之矿物的比热高出许多，所以在计算岩石比热时，应根据其含水状态加以修正。含水状态岩石的比热可以用干试样的比热等指标进行换算。其换算公式为：

$$C_s = \frac{mC + m_{wt}C_{wt}}{m + m_{wt}} \qquad (2-10)$$

式中　C_s——含水试样的比热 [J/（g·℃）]；

　　　m——干燥试样的质量（g）；

　　　m_{wt}——含水试样的质量（g）；

　　　C——温度 t 时干试样的比热 [J/（g·℃）]；

　　　C_{wt}——温度 t 时水的比热 [J/（g·℃）]。

2. 导热性　岩石的导热性就是指岩石传导热的能力，常用导热系数（热导率）来度量。其定义是当温度梯度为 1 时，单位时间内通过单位面积岩石所传导的热量。用符合 λ 表示，单位为 cal/（cm²·s℃）。

大多数造岩矿物的导热系数介于 0.40～7.00 之间，一般为 0.80～4.00。冰的导热系数约等于 2.10，水为 0.63，空气为 0.021。当岩石中全部孔隙被水所充满时，它的导热性达到最高，并且与孔隙内溶液的浓度无关。实验表明导热性与岩石的密度有关，当沉积岩的骨架密度增加 15%～20% 时，导热性将提高一倍。大部分沉积岩和变质岩的导热性是各向异性的，顺层理方向比垂直层理方向的导热系数平均高出 10%～30%。

3. 热膨胀性　温度的变化不仅能改变岩石试件的形状和尺寸，也会引起岩石内部应力的变化。一般用线膨胀系数（或体膨胀系数）表示岩石的热膨胀性。膨胀系数定义是，岩石的温度升高 1℃ 所引起的线性伸长量（体积增长量）与其在温度为 0℃ 时的长度（体积）之比值。如果用 L_0（V_0）和 L_t（V_t）分别代表岩石试件在 0℃ 和 t℃ 时的长度（体积），则热膨胀系数可用下式表示

线膨胀系数　　　　　　　　　$\alpha = \frac{L_t - L_0}{L_0 t}$ 　　　　　　　　　（2-11）

体膨胀系数　　　　　　　　　$\beta = \frac{V_t - V_0}{V_0 t}$ 　　　　　　　　　（2-12）

岩石的体膨胀系数大致为线膨胀系数的 3 倍。岩石的线膨胀系数是随其矿物成分不同而变化的，如矿物组分复杂的粗粒花岗岩的 α 值在 $(0.6\sim6)\times10^{-5}$(1/℃) 范围内变化，而石英岩的矿物成分单调，它的 α 值变化范围比较小，在 $(1\sim2)\times10^{-5}$(1/℃) 之间。

4. 导电性　岩石的导电性为岩石介质传导电流的能力。常用电导率 ξ 或电阻率 K_ρ 两种指标表示。

$$K_\rho = \frac{1}{\xi} = \frac{RS}{L} \qquad (2-13)$$

式中　R——岩石试件的电阻值（Ω）；

　　　S——通过电流的试件截面积（m²）；

　　　L——试件的长度（m）。

电阻率是沿试样体积电流方向上的直流电场强度与该处电流密度的比值，在数值上等

于单位体积岩石中的电阻大小，单位用 $\Omega \cdot m$。岩石的导电性具有复杂易变的特点，其大小与岩石本身的矿物成分、结构、孔隙溶液的化学组成及浓度等许多因素有关。对于大部分金属矿物来说，导电性极好，电阻率在 $10^{-8} \sim 10^{-7} \Omega \cdot m$ 范围内，然而最常见的造岩矿物，如石英、长石、云母、方解石等的导电性极差，电阻率都在 $10^6 \Omega \cdot m$ 以上，属劣导电性矿物。从理论上讲水也属劣导电性的，可是水中所含的盐分都是良好的导电介质。因此，充填在岩石孔隙和裂隙中的水多是良导电性的。岩石的导电性除了矿物成分不同造成的差别外，岩石的孔隙率和含水状况也很重要，有众多孔隙和裂隙岩石的电阻率比致密岩石的大得多，一般情况下岩石电阻率与孔隙率的关系可用以下公式表示

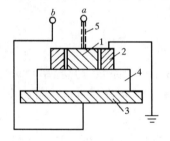

$$K_\rho = K_{\rho M} \frac{2+n}{2(1-n)} \qquad (2-14)$$

式中　$K_{\rho M}$——岩石固相电阻率；

　　　　n——孔隙率，以小数表示。

根据大量试验资料证明，岩浆岩类岩石电阻率普遍较高，变质岩类岩石电阻率次之，而沉积岩类岩石的电阻率变化范围很大，并且垂直层理通常比平行层理方向的电阻率高。表2-2列举了几种常见岩石的电阻率数值以供参考。

图 2-5　电阻率测试装置

1—测量电极；2—保护电极；

3—高压电极；4—试样；5—屏蔽

岩石电阻率测试是在实验室内进行的，测量电阻率的方法很多，有电容器充电法、高阻计法、电桥法等。图2-5是用检流计直接偏转法测量岩石电阻率的装置。

表 2-2　　　　　　　　各类岩石的电阻率值　　　　　　　　单位：$\Omega \cdot m$

岩石名称	K_ρ 变化范围	岩石名称	K_ρ 变化范围
花岗岩	$3 \times 10^2 \sim 10^6$	片岩	$20 \sim 10^4$
花岗斑岩	4.5×10^3（湿）$\sim 1.3 \times 10^6$（干）	片麻岩	6.8×10^4（湿）$\sim 3 \times 10^6$（干）
长石斑岩	4×10^3（湿）	板岩	$6 \times 10^2 \sim 4 \times 10^7$
正长岩	$10^2 \sim 10^6$	大理岩	$10^2 \sim 2.5 \times 10^8$（干）
闪长岩	$10^4 \sim 10^5$	矽卡岩	2.5×10^2（湿）$\sim 2.5 \times 10^8$（干）
闪长斑岩	1.9×10^3（湿）$\sim 2.8 \times 10^4$（干）	石英岩	$10 \sim 2 \times 10^8$
英安岩	2×10^4（湿）	固结页岩	$20 \sim 2 \times 10^3$
辉绿斑岩	10^3（湿）$\sim 1.7 \times 10^5$（干）	砾岩	$2 \times 10^3 \sim 10^4$
辉绿岩	$20 \sim 5 \times 10^7$	砂岩	$1 \sim 6.4 \times 10^8$
辉长岩	$10^3 \sim 10^6$	石灰岩	$50 \sim 10^7$
熔岩	$10^2 \sim 5 \times 10^4$	白云岩	$3.5 \times 10^2 \sim 5 \times 10^3$
玄武岩	$10 \sim 1.3 \times 10^7$（干）	泥灰岩	$3 \sim 70$
橄榄岩	3×10^3（湿）$\sim 6.5 \times 10^3$（干）	未硬结湿黏土	20
角页岩	8×10^3（湿）$\sim 6 \times 10^7$（干）	黏土	$1 \sim 100$
凝灰岩	2×10^3（湿）$\sim 10^5$（干）	冲积层（砂）	$10 \sim 800$

第四节　岩石的渗透性及水对岩石性状的影响

水普遍存在于岩石之中，当有水力坡降存在时，水就会透过岩石中的孔隙和裂隙而流动，即所谓渗流。水是促使岩石性状发生变化的主要因素，它可以通过水力学的、物理的及化学的作用形式实现；而岩石对于水的作用又有一定程度的阻抗作用，并能表现出许多与水有关的性质与状态，如渗透性、膨胀性、崩解性及软化性等。岩石的水理性质及表征水理性质的指标，是分析岩体稳定问题时要研究的，也是基本的计算参数。

一、岩石的渗透性

岩石的渗透性是指在水压力作用下，岩石的孔隙和裂隙透过水的能力。

长期以来有关渗流的研究基本上集中在孔隙介质中的渗流，对于裂隙介质中的渗流研究，则很不成熟。为了近似地分析裂隙岩体中的渗流问题，假定它服从达西（Darcy）定律。按照这个定律，渗流速度 v 与水力坡降 i 成正比，即

$$v = ki = k\,\mathrm{grad}U \tag{2-15}$$

式中　v——渗流速度（cm/s）；

$\quad$ k——渗透系数（cm/s）；

$\quad$ U——水力势，它等于 $z + \dfrac{p}{\gamma_w}$（这里 z 是位置高度，p 是水压力，γ_w 是水的容重）。

当位置高度没有变化或当重力效应可以忽略不计时，有

$$v = ki = k\,\mathrm{grad}\left(\frac{p}{\gamma_w}\right) \tag{2-16}$$

考虑到岩体可能具有各向异性的渗透性，可将达西定律写成下列形式

$$\left. \begin{aligned} v_x &= k_x\,\frac{\partial U}{\partial x} \\[4pt] v_y &= k_y\,\frac{\partial U}{\partial y} \\[4pt] v_z &= k_z\,\frac{\partial U}{\partial z} \end{aligned} \right\} \tag{2-17}$$

或者在位置高度没有变化或重力效应可以不计的情况下，有

$$\left. \begin{aligned} v_x &= \frac{1}{\gamma_w}k_x\,\frac{\partial p}{\partial x} \\[4pt] v_y &= \frac{1}{\gamma_w}k_y\,\frac{\partial p}{\partial y} \\[4pt] v_z &= \frac{1}{\gamma_w}k_z\,\frac{\partial p}{\partial z} \end{aligned} \right\} \tag{2-18}$$

渗透系数的物理意义是介质对某种特定流体的渗透能力。因此，对于水在岩石中渗流来说渗透系数的大小就取决于岩石的物理特性和结构特征，例如岩石中孔隙和裂隙的大小、开启程度以及连通情况等。

研究水在裂隙介质中渗透特性的一个重要方法是把裂隙简化为平行板之间的裂缝，假

定水流运动服从达西定律，根据单相无紊乱，黏性不可压缩介质的诺维-斯托克斯（Navier-Stokes）方程，可推导出单个裂隙的渗流公式。如果裂隙的张开度为 e，水的动黏滞性系数为 μ_D，则单个裂缝的渗透系数可按下式计算：

$$k = \frac{\gamma_w e^3}{12\mu_D} \tag{2-19}$$

当岩体中水力坡降很高或者当岩体内的裂隙宽度足够大时，渗流的雷诺特性就破坏了。这时即使对于渗透性极小的岩石来说，达西定律也不适用了。达西定律的适用范围，常以区分层流和紊流的雷诺数为标准，当雷诺数大小在下式限定的范围内，即可认为渗流是服从达西定律的：

$$Re = \frac{vd}{\gamma} < 1 \sim 10 \tag{2-20}$$

式中 Re——雷诺数；

  v——孔隙（裂隙）中水的流速（m/s）；

  d——孔隙（裂隙）的直径（间距）（m）；

  γ——水的运动黏性系数（m^2/s）。

岩石的渗透系数可在现场或实验室内通过试验确定。室内试验的仪器和方法与土的渗透仪相类似，不过做试验时采用的压力差比做土的试验大得多。在图 2-6 上表示岩石渗透仪的结构和试验原理。试验时采用下式计算渗透系数 k：

$$k = \frac{QL\gamma_w}{pA} \tag{2-21}$$

式中 γ_w——水的容重（kN/m^3）；

  Q——单位时间内通过试样的水量（m^3）；

  L——试样长度（m）；

  A——试样的截面积（m^2）；

  p——试样两端的压力差（kPa）。

关于现场试验的方法原理可参阅有关的专著。

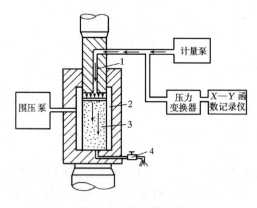

图 2-6 岩石渗透仪

1—注水管路；2—围压室；3—岩样；4—放水阀

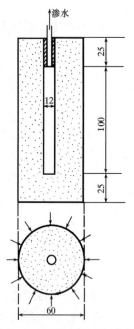

图 2-7 径向渗透试验示意图

（长度单位：mm）

在表 2-3 中列出了几种常见岩石的渗透系数范围值，以供参考。

表 2-3
某些岩体的渗透系数值

岩 石 名 称	地 质 特 征	渗透系数 k（cm/s）
花岗岩	新鲜完整	$5\sim6\times10^{-2}$
玄武岩		$1.0\sim1.9\times10^{-3}$
安山质玄武岩	弱裂隙的	1.16×10^{-3}
	中等裂隙的	1.16×10^{-2}
	强裂隙的	1.16×10^{-1}
结晶片岩	新鲜的	$1.2\sim1.9\times10^{-2}$
	风化的	1.4×10^{-5}
凝灰质角砾岩		$1.5\sim2.3\times10^{-4}$
凝灰岩		$6.4\times10^{-4}\sim4.4\times10^{-3}$
石灰岩	小裂隙的	$1.4\times10^{-7}\sim2.4\times10^{-4}$
	中裂隙的	3.6×10^{-3}
	大裂隙的	5.3×10^{-2}
	大管道内	$4.0\sim8.5$
泥质页岩	新鲜、微裂隙	3.0×10^{-4}
	风化、中等裂隙	$4\sim5\times10^{-4}$
砂 岩	新 鲜	$4.4\times10^{-5}\sim3\times10^{-4}$
	新鲜、中等裂隙	8.6×10^{-3}
	具有大裂隙	$0.5\sim1.3\times10^{-2}$

这里应当特别强调岩石的渗透系数不仅与岩石及水的物理性质有关，而且有时与岩石的应力状态也有很大的关系。这一事实已有人用径向渗透仪做过研究。图 2-7 是径向渗透试验装置。试样是一段直径为 60mm、长为 150mm 的岩心，在岩心内钻一直径为 12mm、长为 125mm 的轴向小孔。试验前把轴向小孔上端 25mm 长的一段堵塞起来，但要用一根导管使小孔与外界相通。将试样放进盛有压力水的容器内，并保持试样轴向小孔壁上的水压力与试样外壁上的水压力不等，这样就引起径向渗透，水流几乎在试样的整个高度上都是径向的。当外壁水压力大于内壁水压力时，水从外壁向内壁渗流，环形"岩管"处于受压状态；反之，当内壁压力大于外壁压力时，水从内壁向外壁渗流，试样处于受拉状态。这样就可以试验在各种应力状态下的岩石渗透性。

设试样外壁上的压力为 p，内壁或小孔内的压力为零，则压力水从试样外壁向小孔内渗流。如果小孔的长度为 L，渗过半径为 r 的同心圆柱体的流量为：

$$q = \frac{k}{\gamma_w} \times 2\pi rL \frac{\mathrm{d}p}{\mathrm{d}r}$$

由于在岩块内没有积聚液体，故 q 为常数，并等于试样内部所接纳的水量 Q，故可将上式写成

$$\frac{\mathrm{d}r}{r} = \frac{k \times 2\pi L}{\gamma_w Q} \mathrm{d}p$$

从 $r=R_1$ 到 R_2 范围内积分（R_1 为试样的内半径，R_2 为外半径），得：

$$\ln \frac{R_2}{R_1} = k \frac{2\pi L}{\gamma_w Q} p$$

或者

$$k = \frac{Q\gamma_w}{2\pi L p} \ln \frac{R_2}{R_1} \qquad (2-22)$$

上式即为径向渗透试验的渗透系数计算公式。

图 2-8 表示用径向渗透试验得到的四种不同岩石在荷载变化时渗透系数也随之作相应变化的相关曲线。从图中可以看出，岩石的渗透性随着应力大小而变化的这一性质与岩石的种类有关。鲕状石灰岩几乎不随应力变化，完整花岗岩稍有变化，片麻岩变化较大，特别是裂隙性的片麻岩变化尤为显著。分析其原因，可能是由于片麻岩内有扁平的细微裂隙，在试件受拉应力时，裂隙就趋于张开，因而渗透性增大；当试样受压应力时，裂隙趋于闭合，渗透性就降低。在鲕状石灰岩中没有这种裂隙，所以它就不显示渗透系数随应力变化的性质。

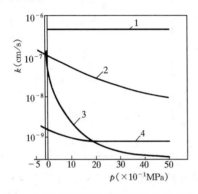

图 2-8　四种岩石的渗透系数随荷载变化曲线

1—鲕状石灰岩；2—片麻岩；

3—裂隙片麻岩；4—完整花岗岩

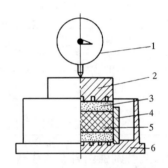

图 2-9　侧限膨胀仪

2—千分表；2—上压板；3—透水石；

4—套环；5—试件；6—容器

二、岩石的膨胀性

岩石的膨胀性是指岩石浸水后体积增大的性质。某些含黏土矿物（如蒙脱石、水云母及高岭石）成分的软质岩石，经水化作用后在黏土矿物的晶格内部或细分散颗粒的周围生成结合水溶剂膜（水化膜），并且在相邻近的颗粒间产生楔劈效应，只要楔劈作用力大于结构联结力，岩石显示膨胀性。大多数结晶岩和化学岩是不具有膨胀性的，这是因为岩石中的矿物亲水性小和结构联结力强的缘故。如果岩石中含有绢云母、石墨和绿泥石一类矿物，由于这些矿物结晶具有片状结构的特点，水可能渗进片状层之间，同样产生楔劈效应，有时也会引起岩石体积增大。

岩石膨胀性大小一般用膨胀力和膨胀率两项指标表示，这些指标可通过室内试验确定。目前国内大多采用土的固结仪和膨胀仪的方法测定岩石的膨胀性，岩石膨胀仪的结构原理如图 2-9 所示。试验都要求把试样加工成一定大小的规则形状，按照试样的直径大于厚度的 2.5 倍，或按试样的厚度是最大颗粒直径 10 倍的原则加工成圆饼状。把试样放入仪器的盛水盒中浸水，使其全部浸没，再根据工程类型和岩石受力条件的不同选用相应的测试方法。

测定岩石膨胀力和膨胀率的试验方法有：

1. 平衡加压法　在试验过程中不断加压，使试样体积始终保持不变，所测得的最大应力就是岩石的最大膨胀力。然后，做逐级减压直至荷载退到零，测定其最大膨胀变形量，膨胀变形量与试样原始厚度的比值即为岩石的膨胀率。

2. 压力恢复法　试样浸水后，使其在有侧限的条件下进行自由膨胀。然后，再逐级加压，待膨胀稳定后，测定该压力下的膨胀率。最后加压使试样恢复至浸水前的厚度，这时的压应力就是岩石的膨胀力。

3. 加压膨胀法　试验浸水前预先加一级大于试样膨胀力的压应力，等受压变形稳定后，再将试样浸水膨胀并让其完全饱和。做逐级减压并测定不同压应力下的膨胀率，膨胀率为零时的压应力即为膨胀应力；压应力为零时的膨胀率即为有侧限的自由膨胀率。

由于上述三种方法的初始条件不同，测试结果相差较大，如压力恢复法所测的膨胀力可比平衡加压法大 20％～40％，甚至大 1～4 倍。由于平衡加压法能保持岩石的原始容积和结构，是等容过程做功，所以测出的膨胀力能够比较真实地反映岩石原始结构的膨胀势能，试验结果比较符合实际情况，因此，为许多部门所采用。

三、岩石的崩解性

岩石的崩解性是指岩石与水相互作用时失去黏结性并变成完全丧失强度的松散物质的性能。这种现象是由于水化过程中削弱了岩石内部的结构联络引起的。常见于由可溶盐和粘土质胶结的沉积岩地层中。

岩石崩解性一般用岩石的耐崩解性指数表示。这项指标可以在实验室内做干湿循环试验确定。图 2－10 是试验所用的仪器装置。试验选用 10 块有代表性的岩石试样，每块质量约 40～60g，磨去棱角使其近于球粒状。将试样放进带筛的圆筒内（筛眼直径为 2mm），在温度 105℃ 下烘至恒重后称重，然后再将圆筒支承在水槽上，并向槽中注入蒸馏水，使水面达到低于圆筒轴 20mm 的

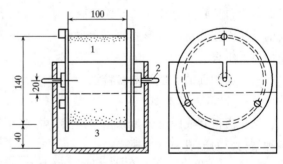

图 2－10　干湿循环测定仪（长度单位：mm）
1—圆筒；2—轴；3—水槽

位置，用 20r/min 的均匀速度转动圆筒，历时 10min 后取下圆筒作第二次烘干称重，这样就完成了一次干湿循环试验。重复上述试验步骤就可以完成多次干湿循环试验。规范建议以第二次干湿循环的数据作为计算耐崩解性指数的根据。计算公式如下：

$$I_{d2} = \frac{W_2 - W_0}{W_1 - W_0} \times 100\%　\tag{2-23}$$

式中　I_{d2}——第二次循环耐崩解指数；

W_1——试验前试样和圆筒的烘干重力（N）；

W_2——第二次循环后试样和圆筒的烘干重力（N）；

W_0——试验结束后，冲洗干净的圆筒烘干重力（N）。

对于松软的岩石及耐崩解性低的岩石，还应综合考虑崩解物的塑性指数、颗粒成分与耐崩性指数划分岩石质量等级。有的试验规程建议，根据耐崩解指数 I_{d2} 的大小，可将岩石耐崩性划分六个等级，即很低的（I_{d2} 小于 30）、低的（31～60）、中等的（61～85）、中高的（86～95）、高的（96～98）及很高的（大于 98）。

四、岩石的软化性

岩石的软化性是指岩石与水相互作用时降低强度的性能。软化作用的机理也是由于水分子进入粒间间隙而削弱了粒间连结造成的。岩石的软化性与其矿物成分，粒间连结方式、孔隙率以及微裂隙发育程度等因素有关。大部分未经风化的结晶岩在水中不易软化，许多沉积岩如黏土岩、泥质砂岩、泥灰岩以及蛋白岩、硅藻岩等则在水中极易软化。

岩石的软化性高低一般用软化系数表示，详见第三章。

第五节　岩　体　结　构

在工程分析中，岩石常被作为线弹性、均质和各向同性的介质处理，这只是为了简化的目的所做的假定，而这种假定对于认识岩石和岩体内部应力、应变的真实性是有一定限度的。因为岩石和岩体均具有各自的结构特征，结构上的变化对岩石和岩体的力学行为起着十分重要的作用。

岩体结构包括两个组成部分，即结构面和结构体。所谓结构面是指岩体中的各种地质界面，它包括物质分异面和不连续面，诸如层面和断裂面等。结构体是不同产状和不同规模的结构面相互切割而形成的、大小不一、形态各异的岩石块体。因此，岩体可以看作是结构体的组合。

一、结构面的类型与自然特性

（一）结构面的类型

结构面按其成因可分为原生结构面、构造结构面及次生结构面三种。下面简要地介绍各种结构面的形成和分布规律：

1. 原生结构面　就是指在成岩过程中形成的结构面。它包括沉积岩的层理、层面、软弱夹层和不整合面等；岩浆岩的侵入体与围岩的接触面、喷出岩的流线和流面构造及原生节理等；变质岩中的片理、板理和片麻构造等。原生结构面的性质是决定于结构面的产状和形成的条件。

2. 构造结构面　就是指岩体受构造应力作用所产生的破裂面或破碎带。它包括构造节理、断层、劈理以及层间错动面等。

构造结构面的性质与其力学成因、规模、多次构造变动及次生变化有着密切关系。

3. 次生结构面　就是指岩体受卸荷作用，风化作用和地下水活动所产生的结构面，如卸荷裂隙、风化裂隙以及各种泥化夹层、次生夹泥等。其形成条件和在岩体内的分布情况大致如下：

1）卸荷裂隙是在岩体的表面上分布的，它是由于岩体中构造应力的释放和调整而造成的。在近代深切河谷的两岸陡坡上常常看到这种裂隙，尤其是在脆性的块状岩体中更为多见。

2）风化裂隙一般是指沿着岩体中原有的结构面发育，而且多限于表层风化带内。不过，当含有较多易风化矿物的岩层向下延伸得比较深时，它也可能伸展到岩体的内部相当深的部位，如断层带和某些岩浆岩岩脉中的风化裂隙。

3）泥化夹层和次生夹泥多存在于黏土岩、泥质页岩、泥质板岩和泥灰岩的顶部以及一些构造结构面之中，它主要是受地下水的作用而产生泥化。所以，在河谷的两岸及河床下面的易于产生泥化的岩层中，往往可以看到厚薄不均的泥化夹层或夹泥层。

在上述各种次生结构面中，由于泥质物的充填或蒙上薄的泥膜，对于岩体来说，都是增加了不稳定的因素。如果它是分布在坝基、坝肩，隧洞洞口和岩质边坡等部位，要特别引起注意。

（二）结构面的自然特性

为了确定结构面的工程性质，必须研究结构面的自然特性，即结构面的规模、结构面上的物质组成、结构面的结合状态和空间分布以及密集程度等。

1. 结构面的等级　随着结构面的规模不同，结构面对岩体稳定性的影响也有所不同。因此，常常按照结构面的规模，把它分为四种等级：Ⅰ、Ⅱ、Ⅲ、Ⅳ，其中Ⅰ级规模最大，直接关系到工程所在的区域稳定性，Ⅳ级规模最小，但对具体工程有直接影响。

2. 结构面的物质组成及结合状态　结构面的宽度、结构面上有无蚀变现象以及其中充填物质的成分极为重要，下面分五种情况加以讨论：

1）结构面是闭合的，没有充填物或者只是有细小的岩脉混熔，在一般情况下，岩块与岩块之间结合紧密。结构面的强度与面的形态及粗糙度有关。

2）结构面是张开的，有少量的粉粒碎屑物质充填，表面没有矿化薄膜，结构面的强度取决于粉状碎屑物的性质。

3）结构面是闭合的有泥质薄膜，泥质物的含水量、粘粒含量和黏土矿物成分，决定了结构面的强度。

4）结构面是张开的，有 $1\sim2mm$ 厚的矿物薄膜。结构面的强度取决于面的起伏差、泥化程度和黏土矿物的性质。

5）结构面的次生泥化作用明显，结构面之间的物质是岩屑和泥质物，厚度大于结构面的起伏差而且是连续分布。其强度取决于软弱泥化夹层的性质。

3. 结构面的空间分布与延展性　结构面的延展性是与规模大小相对应的，有的结构面在空间连续分布，对岩体的稳定影响较大；有的结构面则比较短小或不连贯，这种岩体的强度基本上取决于岩块的强度，稳定性较高。

4. 结构面的密集程度　它包括两重含义：一是结构面的组数，即不同产状和性质、不同规模的结构面数目；另一是单位体积（或面积或长度）内结构面的数量。显然，组数越多岩体越凌乱；结构面的数量越多结构体越小。所以结构面的密集度越大，岩体越破碎。

（三）结构面的统计分析

目前常把实测的关于裂隙的产状、间距、宽度和面积等资料，用数字或图表的方式加以表示，从而反映裂隙的出现频率和裂隙间的组合关系，以此作为评价岩体质量的依据。

1. 裂隙统计图　为了表示岩体内裂隙系统的空间分布状况，常利用赤平极射投影的原理绘制裂隙极坐标图。在实际工作中多用施密特极坐标网表示裂隙面的产状，也有用裂隙面的极点作图的。图 2-11 是裂隙极坐标投影图。它是把实测到的裂隙的倾向和倾角，投影在极坐标网上，网上的每一个点，即代表一个裂隙面的产状。为了反映岩体中不同产状裂隙的疏密程度，可以用图右上方的小圆圈去测量，从而得出图上某个范围内单位面积上分布的裂隙条数，即裂隙密度。将邻近的裂隙条数相等的点连接起来，就构成裂隙密度等值线图。裂隙密度值越高，则表示那种产状的裂隙面越密集。从图上不难看出在下列三个方向上裂隙比较发育：Ⅰ 倾向 NE60，倾角 65°；Ⅱ 倾向 SE170，倾角 80°；Ⅲ 倾向 NW310，倾角 20°。

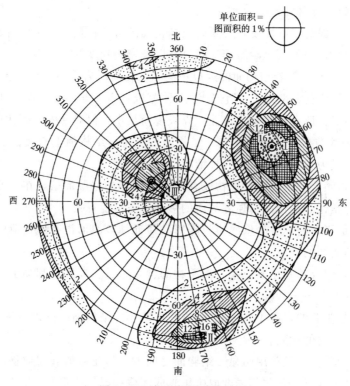

图 2-11　极坐标裂隙统计图

2. 裂隙的统计密度　为了从数量上表示裂隙的发育程度，常常采用以下两个指标：

（1）裂隙频率（K）　裂隙频率是指岩体内单位长度直线上所穿过的裂隙条数，用符号 K 表示。如果裂隙的平均间距用 $d=\dfrac{1}{K}$ 表示，则被裂隙系统切割而造成的最小单元体的体积，可以近似的看作立方体，并表示如下：

$$V_{uB}=d_a d_b d_c=\left(\frac{1}{K_a}\right)\left(\frac{1}{K_b}\right)\left(\frac{1}{K_c}\right)(\text{m}^3) \qquad (2-24)$$

式中　V_{uB}——最小单元体的体积（m^3）；

K_a、K_b、K_c——分别代表不同产状的裂隙出现频率（$1/m$）。

（2）裂隙度　有二向裂隙度和三向裂隙度两种，所谓二向裂隙度，就是岩体内一个平行于裂隙面的截面上，裂隙面积与整个岩石的截面积的比值，用符号 K_2 表示（图2-12），即

$$K_2 = \frac{A_1 + A_2 + A_3 + \cdots}{A}(m^2/m^2) \qquad (2-25)$$

式中　　A——总的岩石截面积（m^2）；

A_1，A_2，A_3，…——分别表示裂隙的面积（m^2）。

显然，当岩石截面上没有裂隙通过时，则 $K_2=0$；若岩石截面上布满裂隙面时，则 $K_2=1$。

三向裂隙度就是指某一组裂隙在岩体中所占据的总的裂隙面积与岩体的体积之比值，用 K_3 表示，即

$$K_3 = K K_2(m^2/m^3) \qquad (2-26)$$

（3）裂隙统计图　为了表示岩体内的裂隙情况，可以将测量得来的裂隙产状和频率（参见表2-4），绘制成图2-11的裂

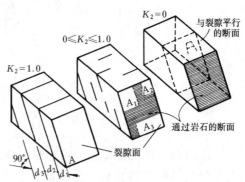

图2-12　岩体的二向裂隙度

隙统计图，表中所列的裂隙频率和裂隙度均为实测值，从这些资料中，可以看出在每 $1m^3$ 岩体中有总面积为 $4.8m^2$ 的裂隙，被裂隙面切割的岩块平均大小为

$$V_{uB} = d_I d_{II} d_{III} = 0.33 \times 0.50 \times 0.17 = 0.028(m^3)$$

表2-4　　　　　　　　　　　　裂隙系统的统计资料

裂隙系统	产状（度）		裂隙间距 d（m）	裂隙频率 K（1/m）	裂隙度		裂隙宽度（mm）	裂隙充填物情况
	倾向（α）	倾角（β）			二向 K_2（m^2/m^2）	三向 K_3（m^2/m^3）		
I	60	65	0.33	3	1.0	3.0	0	无
II	170	80	0.50	3	0.8	0.6	0~5	砂和粉土
III	310	20	0.17	6	0.2	1.2	0~2	蒙脱土

二、结构体及其力学特点

岩体中被结构面切割成的分离块体称为结构体。结构体的特征可以用它的形状、产状和块度来描述。

结构体的形状是多种多样的，有板状、柱状、楔锥状等几何形体（图2-13）。一般在构造变动轻微的地区，多是由一种形状的结构体组成，如在玄武岩流纹岩体中，常见柱状结构体，在花岗岩体中多呈短柱状结构体，在缓倾角层状岩体中（如厚层砂岩及石灰岩）多为平置的板状及短柱状结构体。而在构造作用剧烈的地区则常呈现由多种类型结构

体的组合体。

结构体的产状是用其长轴方位表示的。如图 2-13 中，(a)、(b)、(c) 结构体的产状用 l 表示，而 d、f、g 结构体的产状分别用 m、p、q 表示。

结构体的块度大小取决于结构面的密度。结构面的密度越大、结构体的块度越小；反之，块度越大。块度的大小常用 $1m^3$ 岩体内含有结构体的个数来表示。

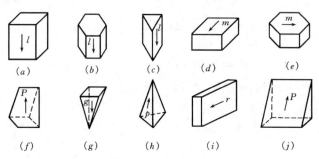

图 2-13　结构体的几何形状

(a)、(b)、(c) —柱状带；(d)、(e)、(i) —短柱状或板状体；

(f)、(g)、(h)、(j) —楔形体或锥状体

结构体的力学性质主要受组成它的岩石性质影响，即受矿物颗粒间的连结特征及微裂隙发育状况等因素的影响。如大部分的岩浆岩、变质岩及部分沉积岩属刚性的结晶连结，它具有弹性变形、脆性破坏的特征；沉积岩中的砂岩、页岩及黏土岩属韧性的胶体连结，它具有塑性变形、柔性破坏的特点。不过胶体连结如经脱水陈化也可能转化为刚性连结。连结特征不仅影响岩石的变形和破坏机制，而且影响其强度，当连结强度大于单个矿物的强度时，胶结物对岩石强度的影响则退居次要地位，而是由矿物的力学性质决定岩石的强度。岩石的物理力学性质除受上述两个因素控制外，岩石和矿物中微裂隙的存在也能产生影响，例如在对一组岩块做变形或强度试验时，往往会出现明显的分散性。

三、岩体结构类型

由于岩体中结构面的性质、规模、切割密度等因素的不同，岩体的物理力学性质也就不同。因此，有人就根据结构面的等级和组合方式，对岩体结构类型分成四个大类与九个亚类。如表 2-5 所示，把由Ⅰ、Ⅱ级结构面切割的岩体定为整体块状结构岩体；Ⅲ、Ⅳ级结构面切割的岩体定为碎裂结构岩体；在断层破碎带和风化破碎带中的破碎岩体则定为散体结构岩体；真正整体结构的岩体比较少见，一般把结构面极不发育，或原有的结构面都被后生作用所充填、胶结的岩体看作是整体结构岩体。

岩体结构类型的差异在其变形特征上的反映是很明显的。例如，在整体结构岩体中，因开裂结构面不发育，所以岩体的变形主要是结构体体积的压缩变形和剪切变形所造成的；在碎裂结构的岩体中，因有大量的开裂结构面存在于结构体内，所以岩体的变形既有结构面的变形，也有结构体的变形。而在块状结构的岩体中，岩体的变形主要受贯通性结构面的控制，在外部荷载作用不太大的情况下，结构体的变形可不计。

表 2-5　　　　　　　　　　　　　　　　岩 体 结 构 类 型

结构类型	亚　类	地 质 背 景	结构面间距（cm）	结构体形态	力学介质类型
整体块状结构（Ⅰ）	整体结构（Ⅰ₁）	岩体单一，构造变形轻微的岩浆岩、变质岩及巨厚层沉积岩	>100	岩体呈整体状态或巨型块体	连续介质
	块状结构（Ⅰ₂）	岩体单一，构造变形轻-中等的厚层沉积岩、变质岩和火成岩体	100~50	长方体、立方体、菱形体及多角形块体	连续或不连续介质
层状结构（Ⅱ）	层状结构（Ⅱ₁）	构造变形轻-中等的、单层厚度大于30cm的层状岩体	50~30	长方体、柱状体、厚板状体及块体	不连续介质
	薄层状结构（Ⅱ₂）	同Ⅱ₁，但单层厚度小于30cm，有强裂褶皱（曲）及层向错动	<30	组合板状体或薄板状体	
碎裂结构（Ⅲ）	镶嵌结构（Ⅲ₁）	一般发育在脆性岩层中的压碎岩带，节理、劈理组数多，密度大	<50	形态不一，大小不同，棱角互相咬合	似连续介质
	层状碎裂结构（Ⅲ₂）	软硬相间的岩石组合，通常为一系列近于平行的软弱破碎带与完整性较好的岩体组成	<100	软弱破碎带以碎屑、碎块、岩粉和泥为主，骨架部分岩体为大小不等、形态各异的岩块	不连续介质
	碎裂结构（Ⅲ₃）	岩性复杂，构造变动剧烈，断裂发育，也包括弱风化带	<50	碎屑和大小不等形态不同的岩块	不连续或似连续介质
散体结构（Ⅳ）		一般为断层破碎带、侵入接触破碎带及剧烈—强烈风化带		泥、岩粉、碎屑、碎块、碎片等	似连续介质

岩体结构类型的划分，不仅可以反映出岩体质量的好坏，同时也为确定岩体的力学介质类型、揭示岩体变形破坏的规律提供了可靠的根据。

第六节　岩石（体）的工程分类

以工程实用为目的的岩石（体）类型的划分叫岩石（体）的工程分类。它是岩石力学研究的一个重要方面。在对岩石（体）实行工程分类时，应当充分考虑工程的需要，用明确的概念和严谨的判据去区分岩石（体）的级别，以便工程技术人员合理地选择工程布局及采用相适应的技术处理方法。目前国内外有关岩石（体）的工程分类方法很多，本书不作全面的介绍，下面仅选择几个比较有代表性的工程分类作为例证，以供参考。

一、完整岩块（质）的工程分类

所谓完整岩块是指实验室内试验采用的不包含裂隙的岩石材料，也有人称作"岩石物质"。关于完整岩块的分类就像其他材料分类一样，早期只是简单地按其单轴抗压强度的大小进行分类。表 2-6 就是国内从 20 世纪 50 年代起一度采用的单因素岩石分类。表中硬质岩、中等坚硬岩、软质岩三个类别界限明确、使用方便，但是对于某些岩石来说，强度并不是固定不变的，其他性质应予考虑。因此，后来有人根据岩石材料的坚固性，抗水性，弹性波速以及某些能反映岩石材料特征的物理力学性质指标，进行单因素和多因素的岩石分类。60年代初由米勒（Miller）和迪尔（Deere）提出的，根据岩石的两个重要力学性质指标——单轴抗压强度和弹性模量——的分类方法曾经对工程界产生较大的影响。这一分类的方法要点是：

表 2-6 岩 石 的 强 度 分 类

编号	类别	单轴饱和抗压强度（MPa）	代 表 性 岩 石
Ⅰ	硬质岩	>80	中细粒花岗岩，花岗片麻岩，闪长岩，辉绿岩，安山岩，流纹岩，石英砂岩，石英岩，硅质灰岩，硅质胶结的砾岩
Ⅱ	中等坚硬岩	30～80	厚层、中厚层石灰岩，大理岩，白云岩，砂岩，钙质砾岩，板岩，粗粒的或斑状结构的岩浆岩
Ⅲ	软质岩	<30	泥质岩，砂质岩互层，泥质灰岩，部分凝灰岩，绿泥石片岩，千枚岩

（1）根据岩块的单轴抗压强度分级：根据岩块的单轴抗压强度 R_c，把岩石分成五个等级，如表 2-7 所列。其界限划分采用几何级数，由于大多数岩石的强度上限低于 225（MPa），所以将 225 定为 A 类与 B 类的界线。属于 A 类的岩石，只有石英岩、辉绿岩和致密的玄武岩等少数岩石。属于 B 类的包括大多数岩浆岩，变质程度较深的变质岩，胶结良好的砂岩、质地坚硬的页岩以及石灰岩和白云岩等。C 类是中等强度的岩石。它包括大部分的页岩、多孔隙的砂岩和石灰岩、片理发育的各种片岩。D 类和 E 类的强度很低，包括那些多孔的或致密程度较低的岩石，如易碎的砂岩、多孔凝灰岩、粘土质页岩、岩盐以及风化了的或发生了化学变化的任何岩类的岩石。

（2）根据模量比进行完整岩块分级：该分类法考虑的第二个因素是弹性模量 E，但是不采用模量本身，而采用的是表 2-8 中所列的模量比，所谓模量比是指弹性模量与单轴抗压强度的比值，即 E/R_c 的大小。根据模量比，将完整岩块分成三个等级。即模量比超过 500 的为高级的，模量比介于 200～500 之间的为中等的，模量比小于 200 的为等级低的。

表 2-7 完整岩块的强度（R_c）等级

等级	描 述	单轴抗压强度 R_c（MPa）
A	强度极高的	>225
B	强度高的	112～225
C	中等强度的	56～112
D	强度低的	28～56
E	强度极低的	<28

表 2-8 完整岩块的模量比等级

等级	描 述	模量比 $\left(\dfrac{E}{R_c}\right)$
H	模量比高的	>500
M	模量比中等的	200～500
L	模量比低的	<200

（3）完整岩块的工程分类：根据强度大小和模量比的高低就可以对完整岩块加以分类。如强度极高的、中等模量比的完整岩块属 AM 类。此外，还有 BL、BH、CM、CH 等总共十五种类型。为了醒目和应用方便起见，可采用图 2-14 的图解形式表示。图中的纵、横坐标均是用对数比例尺，分别表示弹性模量和单轴抗压强度的数值。两根斜线代表两种模量比的分界线，上面一根是 500：1，下面一根是 200：1，在这两根斜线范围内，属中等模量比（M）区，它的左上方属高模量比（H）区，右下方属低模量比（L）区。大多数致密块状构造的岩石是属于中等模量比。该图是应用 176 块试样，包括辉绿岩、花

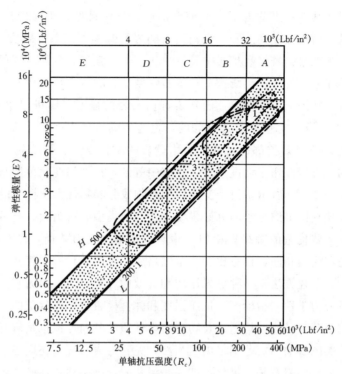

图 2-14　完整岩块的工程分类——岩浆岩综合图解

1—辉绿岩；2—花岗岩族；3—玄武岩和其他喷出岩

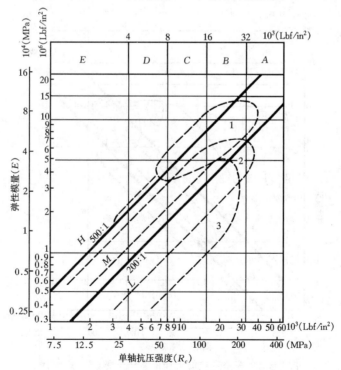

图 2-15　完整岩块的工程分类——沉积岩综合图解

1—石灰岩白云岩；2—砂岩；3—页岩

岗岩族、玄武岩和其他喷出的岩浆岩的综合图解。显而易见，辉绿岩是属于 AM 类，它是一种中等模量比而强度极高的岩石；花岗岩类岩石基本上是属 BM 类，强度略有偏高、偏低；玄武岩和其他喷出岩多数是属中等模量比，然而强度的变化范围很大，这表明矿物成分、粒度、孔隙率和流面、流线构造对岩石强度的影响所致。图 2-15 是几种常见的沉积岩的综合图解。从图上可以看出：石灰岩和白云岩的强度多属于 B 类和 C 类，也有少数属 A 类和 D 类，模量比基本上是中等的，也有高的；砂岩多属中等的和低的模量比，强度变化范围从 B 类到 E 类都有，这是因为砂岩的矿物成分、胶结物的成分和胶结方式的不同而造成的。页岩多属于低模量比，也有中等的，强度的变化范围与砂岩相似。变质岩的综合图解如图 2-16 所示。由于变质岩的矿物成分和物理力学性质的各向异性变化范围较大，所以反映在图上的点子的分散程度也比其他类型岩石为大。石英岩大部分属 AM 类，与具有致密块状构造的辉绿岩相似。片麻岩基本上属 BM 类，也有属 BH 和 CM 类的，总的情况与花岗岩相同，模量比变化范围略大，可能与片麻岩存在各向异性有关。

　　许多人认为，上述方法是一种可采用的和有效的分类方法。因为它是以工程设计中不可缺少的两个重要力学性质指标——抗压强度和弹性模量——为基础的。因此，这种分类对于岩石的矿物成分、结构、构造以及物理力学性质的各向异性也是敏感的，任何一种岩石都能表示在分类图解的一定范围之内。当然，完善的岩石分类还应当有相应的岩性描述的内容。例如，要注明岩石是否风化，如果是风化岩，则必须描述矿物的次生变化和岩石的结构构造改变程度等。此外，对岩石的各向异性和均匀性也应有所反映。

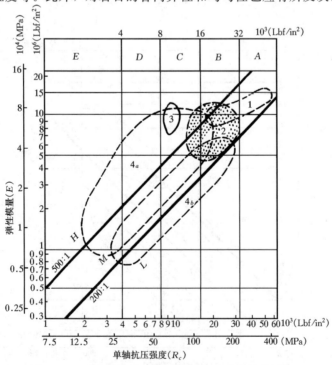

图 2-16　完整岩块的工程分类——变质岩综合图解
1—石英岩；2—片麻岩；3—大理岩；
4a—片岩（片理直立）；4b—片岩（片理水平）

二、岩体的工程分类

由于岩体的强度并不等同于完整岩块的强度，而它是由诸多结构面的自然特性所决定的。所以在进行岩体工程分类时，不能忽视各种成因结构面的存在及其所处的自然状态。雷兰克林（Franklin）等人较早地注意到这个问题。他根据完整岩块的抗压强度与结构面的间距大小，制定了岩体工程分类方案，如图 2−17 所示。从图上可反映岩石分类所采用的两项指标的消长关系，及其划分的六个岩石等级。这一分类开始从岩体的整体性方面考虑岩体综合性质，重视了结构面存在对岩体工程特性影响。但是从工程应用的要求来看，这

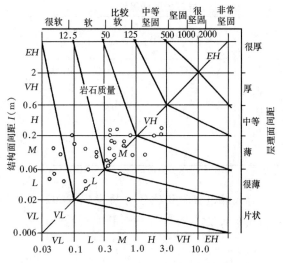

图 2−17　Franklin 的岩石工程分类
EH—非常高；VH—很高；H—高；
M—中等；L—低；VL—很低

种分类仍然是不能满足的。进入 20 世纪 70 年代以后，在岩体工程分类方面有了显著的进步，即大家都十分重视岩体质量的确定。一个鲜明的特点就是利用各种测试技术和手段，去获取能够反映岩体工程特性的"综合特征值"，并用它作为工程分类的依据。在划分岩体工程类别时，有的分类还考虑了岩体的稳定时间、施工条件和与之相适应的加固措施等，使分类的目的更加明确，更能反映出岩体的工程质量。由于岩体的工程特性与多种因素有关，各研究者在评价岩体质量时，对每个因素评价和侧重程度不同，相应地他们所赋予各因素的评分数值也就不同，这样就造成有多种算法的"综合特征值"，因而也就存在有多种形式的岩体工程分类。目前国内外评价岩体质量的方法都是在地下洞室工程实践中发展起来的，对评价坝基岩体有时可以应用，有时可用作对比参考。下面先介绍作为评价岩体质量主要因素之一的岩石质量指标的概念，然后再介绍按岩体质量划分的工程分类法。

1. 岩石质量指标 RQD　评价岩体质量的因素很多：如完整岩块的单轴抗压强度；裂隙的间距、性质、状态和产状；地下水的渗透条件等。此外，还有一个代号为 RQD（Rock Quality Designation）的岩石质量指标，它是迪尔 1964 年提出的概念，是用来表示岩体良好度的一种方法。

RQD 是根据修正的岩心采取率来决定的。所谓修正的岩心采取率，就是将钻孔中直接获取的岩心总长度，扣除破碎岩心和软弱夹泥的长度，再与钻孔总进尺之比。方法规定在计算岩心长度时，只计算大于 10cm 坚硬的和完整的岩心。在图 2−18 中表示一个进尺为 150cm 时所采取的岩心情况。图中岩心的实际长度为 125cm，岩心采取率为 83%；经修正后的岩心有效长度为 85cm，由此算出的 RQD 值为 57%。工程实践证明，岩石质量指标是一种比岩心采取率更灵敏、更合适的指标。根据岩石的质量与 RQD 之间存在的密切关系，可按 RQD 值的高低来划分岩石的质量等级，如表 2−9 所列。

表 2-9	岩石的质量等级	
等级	岩石质量描述	RQD（%）
I	极好的	$90\sim100$
II	好的	$75\sim90$
III	不足的	$50\sim75$
IV	劣的	$25\sim50$
V	极劣的	$0\sim25$

有人经过实验和比较分析发现 RQD 与裂隙频率 K 之间存在如下经验关系：

$$RQD = 100e^{-0.1k}(0.1K+1) \qquad (2-27)$$

也有人认为 RQD 与单位体积岩石中的节理总数 J_v 更为密切，即

$$RQD = 115 - 3.3J_v \qquad (2-28)$$

当 $J_v<4.5$ 时，RQD 取 100。

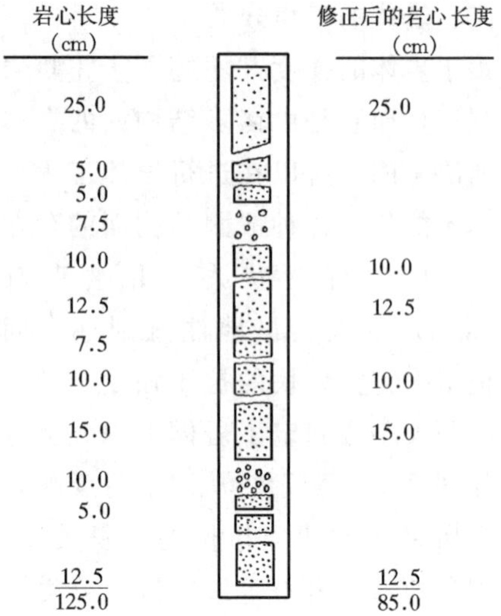

钻孔总长(cm)	150
岩心采取率(%)	$125/150\times100=83$
RQD(%)	$85/150\times100=57$

图 2-18　RQD 和岩心采取率之关系

应当指出，虽然 RQD 在反映硬质岩中的裂隙发育状况和软质岩的岩质易碎性方面比较合理，但是它却不能真实地反映分离面上的粗糙度及发生蚀变了的充填物的性质和厚度，这方面的变化也是确定岩体抗剪强度时所不可忽视的。如果节理稀疏但有一定厚度的泥质充填，则即使 RQD 值很高，但从整体上评价岩体却不是很好的。除此而外，RQD 不能直接计及其他的影响因素如裂隙的产状变化等。因此，在下面将要介绍的分类法中，只是把 QRD 看作是一项分类的重要因素，而不是决定性的因素。

2. 比尼奥斯基（Z. T. Bieniawski）岩体工程分类　比尼奥斯基是最早提出按岩体质量进行评分来对岩体工程分类的。他在 1979 年发表的"地质力学岩体分类在工程上的应用"一文中，系统地阐述了按岩体评分的岩体工程分类方法，并且列举了若干工程实例，目前这一分类法在国内外都受到普遍的重视。

所谓地质力学岩体分类，就是用岩体的"综合特征值"对岩体划分质量等级。比尼奥斯基采用的是包含节理的状态和产状、RQD、地下水等五项因素在内的岩体评分（Rock Mass Rating），简称 RMR。按照该法规定，RMR 值应当是表 2-10 中所列各项单因素评分的总和，而各项单因素的评分是按照对岩体工程质量影响程度大小所赋予的。某项因素分数的高低，反映它在 RMR 值中赋予的评分数值大小，同时也表示该因素在划分岩体质量等级时受侧重的程度。

RMR 值的确定方法分两步进行：第一步对某一特定岩体的性状，先按照表 2-10 所列的五种内容逐一鉴定，并按规定的评分标准评出分数，然后，再把五个单项因素的分数累计起来，就得到 RMR 的初值。累计的分数越多，表示岩体的质量越好。第二步就要根据节理、裂隙的产状变化对 RMR 的初值加以修正，修正的目的在于进一步强调节理、裂隙对岩

体稳定产生的不利影响。修正评分的取值办法见表 2-11。经过修正后的岩体总评分实质上就是岩体质量综合评判指标。比尼奥斯基用它作为划分岩体工程分类的依据,表 2-12 列出了各种 RMR 值及其对应的岩体类别,并且就岩体质量作了概括的描述。为了把岩体分类有效地指导地下岩石工程实践,比尼奥斯基接受了劳弗尔(Lauffer)关于隧洞不支护自稳时间的重要概念,在原有分类的基础上,他又进一步建立起各个级别岩体与不同跨度条件下围岩自稳时间的关系,如图 2-19 所示。从而使工程人员能够根据岩体的工程类别,预估洞室不支护而维持稳定的时间,以便合理地安排施工程序,制定有效的支护方案。

表 2-10   岩体工程分类的参数及评分标准

1	完整岩石的强度(MPa)	点荷载指数	>10	4~10	2~4	1~2	此低值区最好采用单轴抗压强度
		单轴抗压强度	>250	100~250	50~100	25~50	5~25 / 1~5 / <1
		评 分	15	12	7	4	2 / 1 / 0
2		RQD 值	90%~100%	75%~90%	50%~75%	25%~50%	<25%
		评 分	20	17	13	8	3
3		节理间距(cm)	>200	60~200	20~60	6~20	<6
		评 分	20	15	10	8	5
4		节 理 状 态	裂开面很粗糙节理不连通,未张开,两壁岩石未风化	裂开面稍粗糙裂开宽度<1mm两壁轻度风化	裂开面稍粗糙裂开宽度<1mm两壁高度风化	裂开面夹泥厚度小于5mm或裂开宽度1~5mm,节理连通	裂开面夹泥厚度大于5mm或裂开宽度大于5mm,节理连通
		评 分	30	25	20	10	0
5	地下水状况	隧洞中每10m长段涌水量(L/min)	0	<10	10~25	25~125	>125
		$\dfrac{节理水压力}{大主应力}$ 值	0	0.0~0.1	0.1~0.2	0.2~0.5	>0.5
		隧洞干燥程度	干 燥	稍潮湿	潮 湿	滴 水	涌 水
		评 分	15	10	7	4	0

表 2-11   按节理方向的修正评分值

节理走向和倾向		非常有利	有 利	一 般	不 利	非常不利
评分值	隧 洞	0	-2	-5	-10	-12
	地 基	0	-2	-7	-15	-25
	边 坡	0	-5	-25	-50	-60

表 2-12   按总评分确定的岩体类别

评分值	100~81	80~61	60~41	40~21	<20
分类级	Ⅰ	Ⅱ	Ⅲ	Ⅳ	Ⅴ
质量描述	很好的岩体	好岩体	中等岩体	差的岩体	很差的岩体

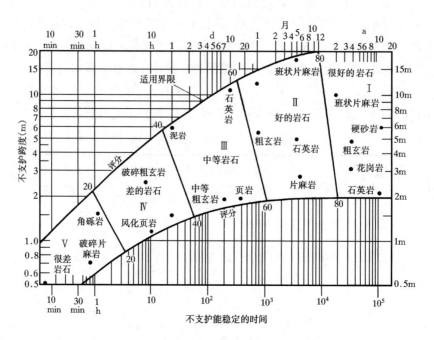

图 2-19 预估洞室不支护时间的图表

比尼奥斯基在评价岩体质量时，十分重视岩体中结构面的因素，对节理的状态赋值最高，其次是 RQD 和节理间距，除此而外，他还根据节理的走向和倾向对工程位置的岩体稳定影响大小，又赋以负的修正值。由此可见，比尼奥斯基十分重视节理、裂隙对岩体工程质量的影响，这是本方法的一个特点。工程实践证明，岩体评分的工程分类法是比较接近实际情况的，分类所选用的各项指标都是不难获取的。因此，这种分类法很易推广，并成为目前在岩体分类研究领域内影响较大的一种方法。不过还应当指出，比尼奥斯基在对岩体质量实行评分时，没有考虑工程位置的地应力因素，这是不够完善的。因为通常在高地应力地区或隧洞的深埋位置，地应力的大小与方向对围岩稳定的影响是十分显著的。大量的工程实践也证明，隧洞中大主应力作用在节理面上的角度大小对围岩稳定所产生的影响，往往比节理的数量更重要，因为在这种情况下应力控制着岩体的变形与破坏，如围岩的塑性挤入，岩爆等现象。

习　题

习题 2-1　已知岩样的容重 $\gamma = 24.5 \text{kN/m}^3$，比重 $G_s = 2.85$，天然含水量（同土力学概念）$w_0 = 8\%$，试计算该岩样的孔隙率 n、干容重 γ_d 及饱和容重 γ_m。

习题 2-2　有一长 2.0m、截面积 0.5m² 的大理岩柱体，求在环境温度骤然下降 40℃ 条件下，岩柱散失的热量及因温差引起的变形大小？（已知大理岩比热 $c = 0.85 \text{J/g·℃}$，线膨胀系数 $\alpha = 1.5 \times 10^{-5} 1/℃$）。

习题 2-3　在由中粒花岗岩构成的工程岩体中，有三组原生节理互成直角相交，各组节理的间距分别为 20cm、30cm 和 40cm，试计算裂隙频率和结构体的大小，并判断该岩体属于哪种结构类型。

习题 2-4　据现场观测，中粒花岗岩体中节理均呈微张开（宽度小于 1mm），节理面有轻度风化，但保持潮湿状态，又实测点荷载指数为 7.5，如按最有利的条件开凿直径 5m 的隧洞，试估算无支护条件下的洞壁最长稳定时间。

第三章 岩石的强度

第一节 概　　述

高坝等水工建筑物造在岩基上，岩基受到很大荷载，岩基是否能承受这么大的荷载呢？高边坡陡峻矗立，它会不会发生坍滑呢？在岩体内开挖地下洞室，例如开挖水工隧洞、修建地下电站，洞周围岩石（围岩）的应力增大，围岩会不会破坏呢？这一系列问题都与岩石的强度有密切关系。因此，研究岩石的破坏形式以及岩石抵抗外力破坏的能力——岩石的强度，具有重要意义。

从广义而言，岩石包括岩块和岩体，所以在研究岩石的强度时，应当分清岩块的强度和岩体的强度。或者说，分清完整岩石的强度和多节理岩体的强度。

图 3-1 表示由岩块（完整岩石）转化为多节理岩体的过渡，突出表明了决定岩体强度的难度。显然，岩体的强度不仅与组成岩体的岩石的性质有关，而且与岩体内的结构面（节理、裂隙、层理、断层等）有关；此外，还与其所受的应力状态有关。众所周知，结构面特别是软弱结构面是岩体最薄弱的地方，几组软弱结构面将岩体分割成各种形状和大小不同的岩块。岩体的强度决定于这些岩块的强度和结构面的强度。当然，岩块本身也有一些微结构面，但这些微结构面甚小，肉眼不易觉察，一般不影响供室内外试验用的完整岩石的试件。岩块内微结构面的影响将直接反映到岩石试件的力学性质上。通常所讲的岩石强度，一般是指岩石试件实验所得出的，它实际上是代表岩体内岩块的强度。

对于岩性坚硬、新鲜的未风化岩体来说，其特点是岩体内岩块的强度很高，而软弱结构

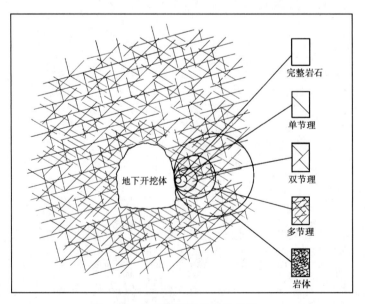

完整岩石

单节理

双节理

多节理

岩体

地下开挖体

图 3-1　从岩块到岩体的示意图

面的强度显得非常低,这种岩体的强度主要由软弱结构面的强度和产状特征所决定。对于岩性软弱的(风化的、破碎的)岩体来说,其岩石(岩块)的强度很低,软弱结构面的作用就显得不那么突出。因此,这种岩体的强度既决定于岩石,也决定于软弱结构面。当软弱岩体的岩石强度与软弱结构面强度差别很小时,则岩体的强度主要由岩石强度决定了。

第二节 岩石的破坏形式

根据大量的试验和观察证明,岩石的破坏常常表现为下列各种形式:

1. 脆性破坏　大多数坚硬岩石在一定的条件下都表现出脆性破坏的性质。也就是说,这些岩石在荷载作用下没有显著觉察的变形就突然破坏。产生这种破坏的原因可能是岩石中裂隙的发生和发展的结果。例如,地下洞室开挖后,由于洞室周围的应力显著增大,洞室围岩可能产生许多裂隙,尤其是洞顶的张裂隙,这些都是脆性破坏的结果。

2. 延性破坏　岩石的破坏之前的变形很大,且没有明显的破坏荷载,表现出显著的塑性变形、流动或挤出,这种破坏称为延性破坏或韧性破坏。塑性变形是岩石内结晶晶格错位的结果。在一些软弱岩石中这种破坏较为明显。有些洞室的底部岩石隆起,两侧围岩向洞内鼓胀都属延性破坏的例子。坚硬岩石一般属脆性破坏,但在两向或三向受力较大的情况下,或者在高温的影响下,也可能延性破坏(或称塑性破坏)。

3. 弱面剪切破坏　由于岩层中存在节理、裂隙、层理、软弱夹层等软弱结构面,岩层的整体性受到破坏。在荷载作用下,这些软弱结构面上的剪应力大于该面上的强度时,岩体就发生沿着弱面的剪切破坏。岩基和岩坡沿着裂隙和软弱层的滑动以及小块试件沿着潜在破坏面的滑动,都属于这种破坏的例子。

在图 3-2 上示有这几种破坏形式的简图。

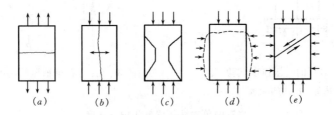

图 3-2　岩石的破坏形式

(a)、(b) 脆性断裂破坏；(c) 脆性剪切破坏；(d) 延性破坏；(e) 弱面剪切破坏

第三节 岩石的抗压强度

岩石的抗压强度就是岩石试件在单轴压力下(无围压而轴向加压力)抵抗破坏的极限能力,或极限强度,它在数值上等于破坏时的最大压应力,见图 3-3。岩石的抗压强度一般在实验室内是在压力机上进行加压试验测定的。试件用圆柱形或立方柱状。试件的断面尺寸,圆柱形试件采用直径 $D=5\text{cm}$,也有采用 $D=7\text{cm}$;立方柱状试件,采用 5cm×

5cm 或 7cm×7cm 的断面，试件的高度 h 应当满足下列条件：

圆柱形试件 $\qquad\qquad\qquad h=（2\sim2.5）D$

立方柱形试件 $\qquad\qquad\qquad h=（2\sim2.5）\sqrt{A}$

这里 D 为试件的横断面直径，A 为试件的横断面积。

当试件高度不足时，其两端与加荷板之间的摩擦力可会影响到测定强度的结果。

试件两端应当平整光滑，为此可用石膏浆将它磨光，有时也可用混有碎黏土的液体硫黄进行磨光。

按照原水利电力部1981年颁布的《水利水电工程岩石试验规程》（试行）（以下简称"规程"）规定：对于圆柱形试件，沿试件各截面的直径误差应不大于 0.3mm，两端面的不平行度最大不超过 0.05mm。试验时以每秒 0.5～0.8MPa 的加荷速率加荷，直至试件破坏。试验结果按下式计算抗压强度：

$$R_c=\frac{P}{A} \tag{3-1}$$

式中　R_c——岩石单轴抗压强度（MPa）；

$\qquad P$——岩石试件破坏时的荷载（MN）；

$\qquad A$——试件的横断面面积（m^2）。

在图 3-4 上绘有岩石单轴压缩试验时的某些破坏形式。在表 3-1 上列有某些常见岩石的抗压强度值，供参考。

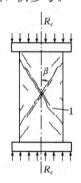

图 3-3　岩石的抗压强度试验
β—破坏角；1—剪切破裂

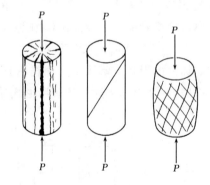

图 3-4　岩石单轴压缩时的某些破坏形式

表 3-1 　　　　　　　　　　　　　岩石的单轴抗压强度和抗拉强度

岩石名称	抗压强度 R_c（MPa）	抗拉强度 R_t（MPa）	岩石名称	抗压强度 R_c（MPa）	抗拉强度 R_t（MPa）
花岗岩	100～250	7～25	石灰岩	30～250	5～25
闪长岩	180～300	15～30	白云岩	80～250	15～25
粗玄岩	200～350	15～35	煤	5～50	2～5
辉长岩	180～300	15～30	石英岩	150～300	10～30
玄武岩	150～300	10～30	片麻岩	50～200	5～20
砂　岩	20～170	4～25	大理岩	100～250	7～20
页　岩	10～100	2～10	板　岩	100～200	7～20

大量试验证明，影响岩石的抗压强度的因素很多，这些因素可分为两方面：一方面是岩石本身方面的因素，如矿物成分、结晶程度、颗粒大小、颗粒联结及胶结情况、密度、

层理和裂隙的特性和方向、风化程度和含水情况等；另一方面是试验方法上的因素，如试件大小、尺寸相对比例、形状、试件加工情况和加荷速率等。下面对一些主要因素作一简短的论述：

（1）矿物成分：不同矿物组成的岩石，具有不同的抗压强度，这是由于矿物本身的特点，不同的矿物有着不同的强度所致。即使相同矿物组成的岩石，也受到颗粒大小、连接胶结情况、生成条件的影响，它们的抗压强度也可相差很大。例如，石英是已知造岩矿物中强度较大的矿物，如果石英的颗粒在岩石中互相连结成骨架，则随着石英的含量的增加岩石的强度也增加。石英岩中石英颗粒是成结晶状，所以石英岩的强度很大（可达300MPa）。而在花岗岩中如果石英颗粒是分散的，未组成骨架，则即使石英含量的增加对花岗岩强度的影响也相对地要小些。而且，花岗岩中含有云母类的片状矿物以及在两个方向上有很发育的解理面的长石，使花岗岩具有隐蔽的软弱面，从而使强度降低。所以，花岗岩中这类矿物含量较多且颗粒较大时，对花岗岩的强度就起着显著不良的影响，成为决定花岗岩强度的主要因素。

（2）结晶程度和颗粒大小：一般而言，结晶岩石比非结晶岩石的强度高，细粒结晶的岩石比粗粒结晶的岩石强度高。如细晶花岗岩的强度能到250MPa，而粗晶花岗岩的强度可降低到120MPa；以粗晶方解石组成的大理岩强度为80～120MPa，而晶粒为千分之几毫米组成的致密石灰岩的强度能达到250MPa。

（3）胶结情况：对沉积岩来说，胶结情况和胶结物对强度的影响很大。硅质胶结的岩石具有很高的强度，例如致密的砂岩和胶结物为硅质的砂岩，其强度都很高，有时可达170MPa。石灰质胶结的岩石强度较低，如石灰质胶结的砂岩，其强度在20～100MPa之间。泥质胶结的岩石强度最低，软弱岩石往往属于这类。

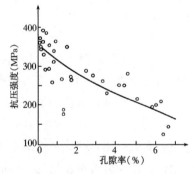

图3-5　石英类岩石的抗压强度与孔隙率的关系

（4）生成条件：在岩浆岩结构中，若其形成具有非结晶物质，则就要大大地降低岩石的强度。例如细粒橄榄玄武岩的强度达到300MPa以上，而玄武质熔岩的强度却降低到30～150MPa。生成条件影响的又一方面就是埋藏深度。例如，埋藏在深部的岩石的强度比接近地表的岩石强度要高。这是由于埋藏越深，岩石受压越大，孔隙率越小，因而岩石强度增加。图3-5表示石英类岩石（石英岩及石英砂岩）抗压强度与孔隙率的关系。

（5）风化作用：风化对岩石强度影响极大，例如，未风化的花岗岩的抗压强度一般超过100MPa，而强风化的花岗岩的抗压强度可降至4MPa。这是由于风化作用破坏了岩石的粒间连接和晶粒本身，从而使强度降低。

（6）密度：岩石密度也常是反映强度的因素，如石灰岩的密度从1500kg/m³增加到2700kg/m³，其抗压强度就由5MPa增加到180MPa。又如当砂岩的密度由1870kg/m³增加到2570kg/m³时，其强度由15MPa增加到90MPa。

（7）水的作用：水对岩石的抗压强度有显著的影响。当水侵入岩石时，水就顺着裂隙孔隙进入润湿岩石全部自由面上的每个矿物质颗粒。由于水分子的侵入从而削弱了粒间联系，使强度降低。其降低程度取决于孔隙和裂隙的状况、组成岩石的矿物成分的亲水性和水分含量、水的物理化学性质等。因此，岩石受水饱和状态试件的抗压强度（湿抗压强度）和干燥状态试件的抗压强度是不同的，它们的比值称为软化系数。部分岩石的软化系数见表 3-2。

表 3-2　部分岩石的软化系数

岩石名称	软化系数
凝灰岩	0.52～0.86
页　岩	0.24～0.55
砂　岩	0.44～0.97
石灰岩	0.58～0.94
花岗岩	0.75～0.97
玄武岩	0.71～0.92
辉绿岩	0.44～0.90
闪长岩	0.60～0.74
石英岩	0.96

（8）试件形状和尺寸：一般而言，圆柱形试件的强度高于棱柱形试件的强度，这是因为后者应力集中之故。而在棱柱形试件中，截面为六角形试件的强度高于四角形，而四角形的又高于三角形。这种影响称为**形态效应**；岩石试件的尺寸越大，则强度越低，反之越高，这一现象称为**尺寸效应**。这是由于试件内分布着从微观到宏观的细微裂隙，它们是岩石破坏的基础。试件尺寸越大，细微裂隙越多，破坏的概率也增大，因而强度降低。根据研究，强度随着试件横断面增大而减小的规律性可用下式表示：

$$R_c = (R_c)_0 \left(\frac{D_0}{D}\right)^m \tag{3-2}$$

式中　R_c——直径（圆柱形试件）或截面边长（立方柱形试件）为 D 时的抗压强度（MPa）；

$(R_c)_0$——当所采用的标准直径或边长为 D_0 时的抗压强度（MPa）；

m——指数，其值一般在 0.1 到 0.5 之间。

这个关系式可以用来确定各种不同直径 D 的试件的抗压强度，其中的指数 m 值与岩石的裂隙度成正比，在这一意义上说来，m 值也可用作评价岩石裂隙性的一种准则。

在图 3-6 上给出了各种不同岩石的尺寸效应的研究结果。

（9）加荷速率：加荷速率越快，岩石的强度就越大，这是因为快速加荷具有动力的特性之故。表 3-3 中列出了两种岩石的试验结果，可看出加荷速率的重大影响。

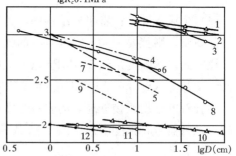

图 3-6　不同岩石的 R_c（以 MPa 计）
与试件直径 D（以 cm 计）间的关系

1—带有黑云母的片麻岩（$m=0.12$）；2—石灰岩（$m=0.12$）；3—片麻岩（$m=0.34$）；4—裂隙介质（$m=0.27$）；5—同前（$m=0.52$）；6—层状砂层（$m=0.37$）；7—中等坚硬黏土（$m=0.25$）；8—片麻岩（$m=0.56$）；9—干而脆的黏土（$m=0.475$）；10—混凝土（$m=0.1$）；11—大理石（$m=0.07$）；12—石膏（$m=0.12$）

表 3-3　　加荷速率对岩石
抗压强度的影响

岩石名称	抗压强度（MPa）		
	到破坏的时间 30s	到破坏的时间 0.03s	增加强度（%）
砂　岩	56	84	50
辉长岩	218	282	30

第四节　岩石的抗拉强度

岩石的抗拉强度就是岩石试件在单轴拉力作用下抵抗破坏的极限能力，或极限强度，它在数值上等于破坏时的最大拉应力。和岩石的抗压强度相比，抗拉强度研究少得多。对岩石直接进行抗拉强度的试验比较困难，目前大多进行各种各样的间接试验，再用理论公式算出抗拉强度。关于这方面的试验方法还没有标准化，有待进一步发展。

岩石的直接抗拉试验的试件如图 3－7 所示。在试验时将这种试样的两端固定在拉力机上。然后对试样施加轴向拉力直至破坏，算出试样的抗拉强度：

$$R_t = \frac{P_T}{A} \qquad (3-3)$$

式中　　R_t——岩石抗拉强度（MPa）；

$\quad\quad P_T$——试件破坏时的最大拉力（MN）；

$\quad\quad A$——试件中部的横截面面积（m）。

该法的缺点是，试样制备困难，它不易与拉力机固定，而且在试件固定处附近往往有应力集中现象，同时难免在试件两端面有弯曲力矩。因此，这个方法用得不多。

目前常用劈裂法（也称巴西试验法）测定抗拉强度。试件的形状用得最多的是圆柱体和立方体。

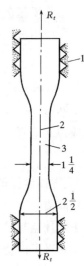

图 3－7　岩石的直接抗拉试验的试件
（单位：cm）

1—夹子；2—垂直轴线；3—岩石试件

试验时沿着圆柱体的直径方向施加集中荷载，试件受力后可能沿着受力方向的直径裂开，见图 3－8。

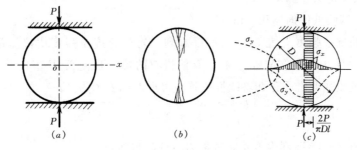

图 3－8　岩石劈裂试验

（a）劈裂试验加荷情形；（b）试件裂开情况；（c）试件内的应力分布情况

试验资料的整理可按弹性力学的解答来进行。根据弹性力学公式，这时沿着垂直向直径产生几乎均匀的水平向的拉应力，这些应力的平均值为：

$$\sigma_x = \frac{2P}{\pi D l} \qquad (3-4)$$

式中　P——作用荷载（MN）；

　　　D——圆柱形试样的直径（m）；

　　　l——圆柱形试样的长度（m）。

而在试样的水平向直径平面内，产生最大的压应力（在圆柱形的中心处）为：

$$\sigma_y = \frac{6P}{\pi Dl} \tag{3-5}$$

这两个直径内的应力分布见图 3-8（c）。可以看出，圆柱形试样的压应力只有拉应力的三倍，但岩石的抗压强度往往是抗拉强度的 10 倍。这就说明岩石试样在这条件下总是受拉破坏而不是受压破坏的。因此，我们就可利用劈裂法来求岩石的抗拉强度，这时只需在式（3-4）中用破裂时的最大荷载代替其中的 P，即得抗拉强度

$$R_t = \frac{2P_{\max}}{\pi Dl} \tag{3-6}$$

式中　$P_{\max}$——破裂时的最大荷载（MN）；

　　　其余符号同前。

如果试样为立方体，则抗拉强度按下式计算：

$$R_t = \frac{2P_{\max}}{\pi a^2} \tag{3-7}$$

式中　a——立方体试样的边长（m）；

　　　其余符号同前。

这个方法的优点是简单易行，不需特殊设备，只要有普通压力机就可进行试验。因此，该法已经获得了广泛应用。缺点是这样确定的抗拉强度与直接拉伸试验求得的强度有一定的差别。

有时为了估计岩石的抗拉强度也可用更简便的近似方法。例如将不规则试件（尽量取接近圆球形的岩块）放在压力机上加压到破坏，用下式近似估计抗拉强度：

$$R_t = \frac{P}{V^{\frac{2}{3}}} \tag{3-8}$$

式中　P——破坏荷载（MN）；

　　　V——所试验试件的体积（m³）。

某些岩石的抗拉强度见表 3-1。可以看到，岩石的抗拉强度比抗压强度要小得多，甚至最坚硬的岩石也只有 30MPa 左右，有些岩石的抗拉强度仅 2MPa。一般而言，岩石的抗拉强度与抗压强度之间存在着线性关系，可近似地表示为：

$$R_t = \frac{R_c}{C_m} \tag{3-9}$$

式中　C_m——在 4～10 范围内变化，依据岩石的类型而定。

第五节　岩石的抗剪强度

岩石的抗剪强度就是岩石抵抗剪切破坏（滑动）的能力。岩石力学中有许多问题都需要岩石抗剪强度的知识。它是岩石力学中需要研究的最重要特性之一，往往比抗压和抗拉

强度更有意义。在图 3-9 上示有岩石中剪切破坏的某些类型的简图。

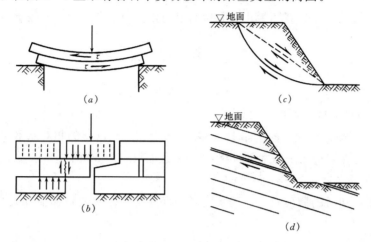

图 3-9　岩石中剪切破坏的某些类型

(a) 弯曲岩板间的剪力；(b) 岩板剪切；(c) 均质岩坡的剪切破坏；(d) 沿软弱面剪切破坏

岩石的抗剪强度可用凝聚力 c 和内摩擦角 φ 来表示，这两个指标的含义是沿用土力学的术语。其实，岩石的抗剪强度，说得更确切些，应当是抗剪断强度。

决定岩石抗剪强度的方法可分为室内和现场两大类。室内试验常采用直接剪切试验、楔形剪切试验和三轴压缩试验测定岩石的抗剪强度指标。现场试验主要以直接剪切试验为主，也可做三轴强度试验。现分述如下：

一、直接剪切试验

直接剪切试验采用直接剪切仪进行。岩石的直接剪切仪与土的直接剪切仪相类似，见图 3-10。仪器主要由上、下两个刚性匣子所组成，试件在平面内的尺寸，"规程"中对测定软弱结构面的试件，规定为 150cm×15cm～30cm×30cm，并规定结构面上、下岩石的厚度分别约为断面尺寸的 1/2 左右，对于测定岩石本身抗剪强度的试件，没有明确规定，一般可用 5cm×5cm。在制备试样时，可以将试样沿着四周切成凹槽状（图 3-11）。当试样不能做成规则形状时，可以用砂浆将它浇制一起进行剪切（图 3-12）。将制备好的岩样放入剪切仪的上、下匣之间。一般上匣固定，下匣可以水平移动。上、下匣的错动面就是岩石的剪切面。直接剪切试验可以将试件在所选定的平面内进行剪切。

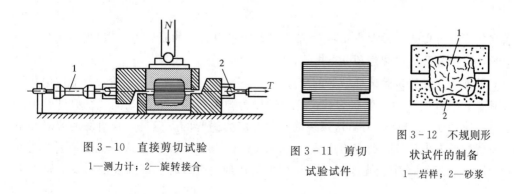

图 3-10　直接剪切试验

1—测力计；2—旋转接合

图 3-11　剪切
试验试件

图 3-12　不规则形
状试件的制备

1—岩样；2—砂浆

每次试验时，先在试样上施加垂直荷载 P，然后在水平方向逐渐施加水平剪切力 T，直至达到最大值 T_{max} 发生破坏为止。剪切面上的正应力 σ 和剪应力 τ 按下列公式计算：

$$\sigma = \frac{P}{A} \tag{3-10}$$

$$\tau = \frac{T}{A} \tag{3-11}$$

式中　A——试样的剪切面面积（m^2）。

在逐渐施加水平剪切力 τ 的同时，不断观测上、下匣试样的相对水平位移以及垂直位移，从而可以绘制剪应力 τ 与水平位移 δ_h 的关系曲线（τ-δ_h 曲线）以及垂直位移 δ_v 与水平位移 δ_h 的关系曲线（δ_h-δ_v 曲线），如图 3-13 所示。

为了获得剪切时的剩余应力，试验应当一直延续到较大的位移值（大约 5～10mm 或更大些）。

图中的 $\tau_{max} = T_{max}/A$ 表示最大剪应力，也就是在给定正应力 σ 下的抗剪断强度，今以 τ_f 表示。这样，用相同的试样、不同的 σ（例如 σ'、σ''、σ'''、…）进行多次试验，即可求出不同 σ 下的抗剪断强度（τ_f'、τ_f''、τ_f'''、…），绘成 τ_f-σ 关系曲线，见图 3-14。

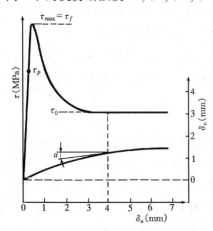

图 3-13　τ-δ_h 曲线和 δ_h-δ_v 曲线

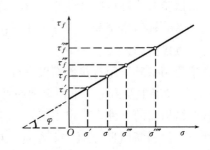

图 3-14　抗剪强度 τ_f 与正应力 σ 的关系

试验证明，这根强度线并不是严格的直线，但在正应力不大时（$\sigma < 10MPa$）可近似看作直线，其方程式为：

$$\tau_f = c + \sigma \mathrm{tg}\varphi \tag{3-12}$$

这是著名的库伦方程式，根据直线在 τ_f 轴上的截距求得岩石的凝聚力 c，根据该线与水平线的夹角，定出岩石的内摩擦角 φ。

试验还证明，直剪试验试样破坏的全过程可以分为三个阶段：第一阶段是剪应力从零一直加到 τ_p，试样内开始产生张裂缝，这一阶段是弹性阶段。在理论上，直剪试验中试件内有一主应力 σ_3 总是拉应力，这张裂缝就是拉应力引起的。但是，开始发生裂缝并不就是沿着剪切面发生破坏，剪应力从 τ_p 一直增加到 τ_f 属第二阶段。这一阶段是裂缝的发展、增长阶段，当剪应力达到 τ_f 时，剪切面上就达到完全破坏。以后剪应力反而降低直

至最终的剩余值 τ_0，从 τ_f 到 τ_0 为强度不断降低阶段，即第三阶段。因此，在同一正应力 $\sigma_a = \sigma'_a$ 可以表现出三种不同的强度。我们称 τ_p 为裂隙开始发展的强度，τ_f 为峰值强度，τ_0 为剩余强度。在图 3-15 上示有 $\tau_p = f(\sigma_a)$，$\tau_f = \varphi(\sigma_a)$，$\tau_0 = \psi(\sigma_a)$ 的三种曲线与 $\tau-\delta$ 曲线的对应关系。例如，当正应力 $\sigma_a = \sigma'_a$ 时，随着剪应力的增长，开始发生弹性的或拟弹性的剪切变形，τ 与 δ 具有直线或近似直线的关系。当剪应力达到 τ'_P 时，试样中开始产生裂缝，τ 与 δ 图形具有曲线形状，在这一时刻发生的张裂缝与将来的滑动面成一定角度。在剪应力继续增加时，这些张裂缝张开并发展二次裂缝。当剪应力达到最大值 τ'_f 时，试样就发生滑动破坏。以后再降低到 τ'_0。对于 $\sigma_a = \sigma''_a$ 的情况，也可进行类似的解释。

从图 3-15 上还可看出，剩余强度也就是失去凝聚力而仅有内摩擦力的强度。根据研究，失去凝聚力的原因主要是由于不断位移引起晶格错位的缘故。

直接剪切试验的优点是简单方便，不需要特殊设备，目前除了用来测定整体性岩石的抗剪断强度以及软弱结构面强度以外，还可用来测定岩石与混凝土之间以及不同岩石之间的强度。该法的缺点是所用试件的尺寸较小，不易反映岩石中的裂缝、层理等弱面的情况。同时，试样受剪面积上的应力分布也不均匀，如果所加水平力偏离剪切面，则还要引起弯矩，误差较大。

二、楔形剪切试验

楔形剪切试验用楔形剪切仪进行。这种仪器的主要装置和试件受力情况见图 3-16。把装有试件的这种装置放在压力机上加压，直至试件沿着 AB 面发生剪切破坏。所以这种试验实际上也是另一种形式的直接剪切试验。

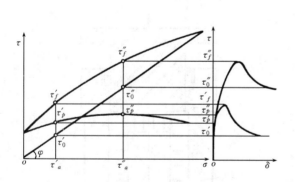

图 3-15　$\tau_f-\sigma$ 曲线和 τ 与 σ 曲线

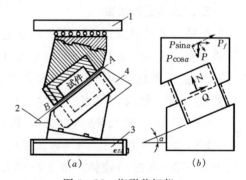

图 3-16　楔形剪切仪

(a) 装置示意图；(b) 试验时受力情况

1—上压板；2—倾角；3—下压板；4—夹具

根据平衡条件，可以列出下列方程式：

$$N - P\cos\alpha - Pf\sin\alpha = 0 \tag{3-13}$$

$$Q + Pf\cos\alpha - P\sin\alpha = 0 \tag{3-14}$$

式中　P——压力机上施加的总垂直力（kN）；

　　　N——作用在试件剪切面上的法向总压力（kN）；

　　　Q——作用在试件剪切面上的切向总剪力（kN）；

f——压力机垫板下面的滚珠的摩擦系数，可由摩擦校正试验决定；

α——剪切面与水平面所成的角度。

将式（3-13）和式（3-14）分别除以剪切面积，即得：

$$\sigma = \frac{P}{A}(\cos\alpha + f\sin\alpha) \tag{3-15}$$

$$\tau_f = \frac{P}{A}(\sin\alpha - f\cos\alpha) \tag{3-16}$$

式中 A——剪切面面积（cm²）。

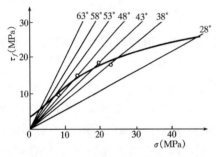

图 3-17 楔形剪切试验结果

试件尺寸为 10cm×10cm×5cm，最大的有达 30cm×30cm×30cm 的。试验时采用多个试件，分别以不同的 α 角进行试验。当破坏时，对应于每一个 α 值可以得出一组 σ 和 τ_f 值，由此可得到如图 3-17 所示的曲线。图中看出，当 σ 变化范围较大时，τ_f-σ 为一曲线关系，但当 $\sigma <$ 10MPa 时可视为直线，求出 c 和 φ。

如果采用不规则试件，则把试件浇在砂浆内，形成规则形状，便于试验。对于具有裂隙和层理的岩样，为了测定裂隙面和层理面的抗剪强度，可以把这些面安放在 AB 的位置上（见图 3-16）。这种试验方法的主要缺点是由于仪器构造上的关系 α 角不能太大，故不能反映低压段的情况。此外，为了获得强度曲线，需要多个试件和多种 α 值，工作量较大。

三、三轴压缩试验

三轴压缩试验采用三轴压力仪进行。试验装置与土的二轴仪相类似（见图 3-18），不过所能施加的侧向压力和垂直压力要比土的三轴仪大得多。例如"长江500型"岩石三轴仪的垂直总荷载达 5000kN，侧向压力为 150MPa，试件尺寸为 9cm×20cm 的圆柱体。由于荷载大，垂直荷载和侧向荷载都是用油压施加的。

在进行三轴试验时，先将试件施加侧压力，即小主应力 σ'_3，然后逐渐增加垂直压力，直至破坏，得到破坏时的大主应力 σ'_1，从而得到一个破坏时的应力圆。采用相同的岩样，改变侧压力为 σ''_3，施加垂直压力直至破坏，得 σ''_1，从而又得到一个破坏应力圆。绘这些应力圆的包络线，即可求得岩石的抗剪强度曲线，见图

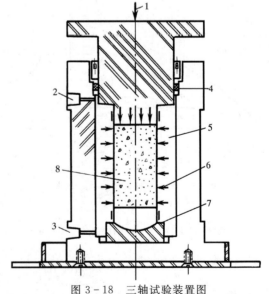

图 3-18 三轴试验装置图

1—施加垂直压力；2—侧压力液体出口处，排气处；
3—侧压力液体进口处；4—密封设备；5—压力室；
6—侧压力；7—球状底座；8—岩石试件

3-19。如果把它看作是一根近似直线，则可根据该线在纵轴上的截距和该线与水平线的夹角，求得凝聚力 c 和内摩擦角 φ。

在图 3-20 上绘出了角闪岩的三轴试验结果。

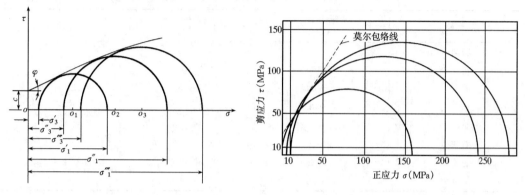

图 3-19　三轴试验破坏时的莫尔圆　　　　图 3-20　角闪岩的三轴试验结果

也像单轴压缩试验一样，三轴试验试件的破裂面与大主应力 σ_1 方向间的夹角为 $45° - \varphi / 2$。

如果在试件内有一条或数条细微裂隙，则试验时就不一定沿着上面指出的角度破坏，而是可能沿着潜在破坏面—细微裂隙面定向剪切。这时也可用三轴试验来测定该面上的强度曲线。图 3-21（a）表示无细微裂隙的岩石三轴试验强度包络线。图 3-21（b）表示同类岩石但有细微裂隙面（潜在破坏面，与水平面成 θ 角）的试验情况。在一定的 σ_1 和 σ_3 的组合下，岩石的裂隙面发生破坏，因而可在 $\tau - \sigma$ 平面图上绘出一个莫尔圆，如 4 号圆。通过代表 σ_3 的 a 点作一直线与裂隙面相平行，并交于 4 号圆，得点 4，则点 4 就代表着指定裂隙面上的应力状态，亦即点 4 的纵坐标代表该裂隙面在该应力状态下的抗剪断强度。用同样的试样，改变 σ_3，重复做多次试验，即可求得 1、2、3、4 等点子，连接这些点子所得的直线（莫尔圆的割线），即代表裂隙面的抗剪强度线。显然，图 3-21（a）与图 3-21（b）中的曲线是不同的。

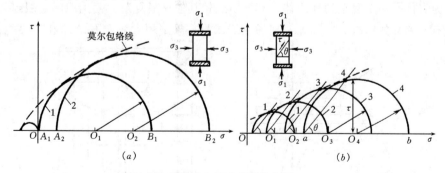

图 3-21　三轴试验的莫尔圆
（a）整体性岩块的莫尔包络线；（b）有细微裂隙（与水平面成 θ 角）试件的莫尔包络线
1—代表 1 号圆；2—代表 2 号圆；3—代表 3 号圆；4—代表 4 号圆

由于岩石中有裂隙和层理等软弱面，它的强度就表现出明显的各向异性。图 3-22 代表层状试样的强度随着最大主应力方向变化的极坐标图。图 3-23 表示有两组软弱面的试样的强度随着加荷方向而变化的情况。图中的 R_0 为 $A-A$ 方向加荷的强度，R 为偏离 $A-A$ 方向一个 α 角度的任何方向加荷的强度。

表 3-4　　　　　　　　岩石的凝聚力、内摩擦角以及内摩擦系数参考值

岩石种类	凝聚力（MPa）	内摩擦角 φ（°）	内摩擦系数 f
花岗岩	14～50	45～60	1.0～1.8
粗玄岩	25～60	55～60	1.4～1.8
玄武岩	20～60	50～55	1.2～1.4
砂　岩	8～40	35～50	0.7～1.2
页　岩	3～30	15～30	0.25～0.6
石灰岩	10～60	35～50	0.7～1.2
石英岩	20～60	50～60	1.2～1.8
大理岩	15～30	35～50	0.7～1.2

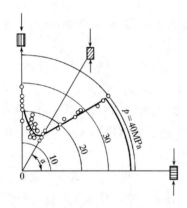

图 3-22　层状岩石试件的
强度的各向异性

在表 3-4 上列有某些岩石的抗剪断强度指标，供参考。

四、现场强度试验

前面讨论的抗剪强度试验，都是用小块试件进行的。这些试验对于我们认识岩石的强度无疑是有益的。但是小块试件难于反映现场天然岩石的某些地质缺陷，如裂隙、节理、层理等。致使试验结果与现场岩石有一定出入。为了克服这一缺点，可以进行现场强度试验，即岩体强度试验。但应指出，目前的现场强度试验成果，由于受到试验条件、设备和方法等的种种限制，要达到全面而真实地反映岩体的实际工作情况，仍有一定的困难（这对于现场变形试验也是如此，见第四章），这是因为岩体是一个复杂的地质体，其性质远较其他材料复杂，范围广阔，裂隙、节理分布各处有所差异的缘故。实际上，现场强度试验，只是用大块岩石试件进行的测定而已。

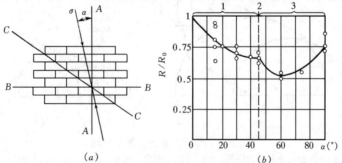

图 3-23　有两组软弱面的岩样的强度图
（a）受力方向示意；（b）强度变化图
1—$A-A$ 与 $C-C$ 方向间的破坏区域；2—沿 $C-C$ 方向的破坏区域；3—沿软弱面 $B-B$ 破坏的区域

下面介绍两种现场强度试验：岩体的直接剪切试验和三轴强度试验。

（一）现场直接剪切试验

在我国许多工程中普遍采用的试验方法是双千斤顶法。此法是用两个油压千斤顶（有的单位用两个压力钢枕）按图3-24所示的方式布置，一个用来施加垂向荷载，另一个用来施加侧向推力。试验多数是放在岩壁上专门开凿的试洞中进行；如果采用反力框架，也可以在露天的坑道或大口径钻井的井底进行。施加侧向推力的方式有平推法和斜推法两种。在采用斜推法时应当使垂向荷载与侧向推力的合力通过剪切面的中心，这样可使应力分布均匀。

试体的尺寸一般根据裂隙的间距来决定。"规程"规定，其底部的受剪面积不得小于2500cm²，最小边长不宜小于50cm，高度不应小于最小边长的一半。

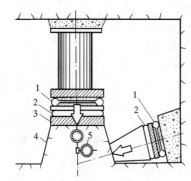

图3-24　现场岩体抗剪试验装置

1—加压钢枕；2—侧力钢枕；3—传压钢板；

4—岩石试体；5—千分表

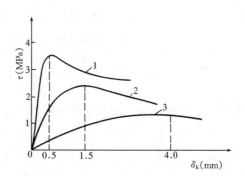

图3-25　$\tau \sim \delta_h$ 关系曲线

1—完整岩石；2—裂隙岩石；3—软弱岩层

在试验时，先用垂直向安装的压力钢枕对试体施加垂直压力，然后再用侧向压力钢枕施加侧向推力。在施加压力的同时，要利用千分表（或测微计）观测试体的侧向和垂直向位移。随着侧向推力的逐渐增加，水平位移和垂直位移也不断增大，直至试体产生剪断（或滑动）破坏为止，在该给定的垂直压力下的试验过程就告结束。根据试验的结果，可以绘制出剪应力τ与水平位移δ_h的关系曲线（图3-25）。根据该曲线可以求出在该压力下试体的峰值强度和剩余强度。对多个相同试体分别在不同垂直压力σ的作用下重复试验，即可获得不同压力下的多个峰值强度和剩余强度。亦象室内直接剪切试验一样整理资料，绘出抗剪强度与垂直压力的关系曲线，如图3-26所示。在设计时，为安全起见，不宜采用峰值强度，根据有些单位的经验，可以取用峰值强度的0.8～0.85。

在图3-27上给出了现场直接剪切试验时试体垂直变形曲线。测点的布置见图的上部，在试体上面的前缘（三角形）、后缘（圆圈）和两个侧缘各有一个测点。从变形曲线可以看出：①当剪力增加时，后缘的垂直变形开始为零，然后逐渐增长，说明剪切区发生膨胀；②前缘的垂直位移说明了试体开始为压缩，而后在接近破坏剪应力的剪力作用下也开

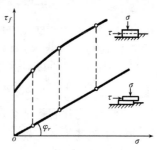

图3-26　峰值强度与

剩余强度曲线

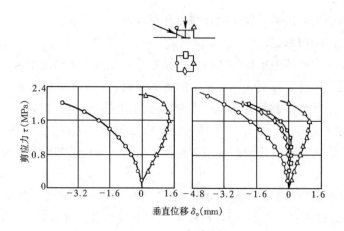

图 3-27 葡萄牙阿立托-拉白喀（Альто Рабагао）
坝基岩体直接剪切试验时的垂直位移
（$\sigma=0.1$MPa；垂直位移向下为正）
注：○□△◇表示测点的位置见上方的图

始膨胀；③两个侧缘的垂直变形相应于前、后缘变形值之间的某一平均值。从曲线上还可看出，当剪力为一定时，前缘的垂直变形最后还改变符号（改为负值），即表明剪切区材料体积增大。材料体积的增大表示开始破坏过程，达到了强度极限，因此，在进行直接剪切试验时也可根据垂直变形的情况来判断抗剪强度的大小。此外，在工程上，借助于预应力锚杆来防止剪切区岩体的膨胀可能性，可以大大地提高岩体的抗剪强度。

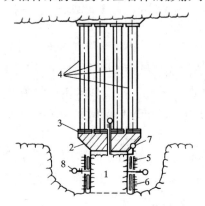

图 3-28 岩体三轴强度试验装置
1—试体；2—垫块；3—扁千斤顶；
4—传力柱；5—横向扁千斤顶；
6—钢框架；7、8—千分表

（二）现场岩体三轴强度试验

大型岩体三轴强度试验是采用同直剪试验一样的方法制备试体；垂直荷载是用扁千斤顶通过传力柱传到上部围岩产生的反力供给；侧向荷载分别由 x 轴、y 轴上的两对扁千斤顶组产生。图 3-28 是瑞士工程师吉尔格（Gilg）和迪特里契（Dietlicher）所采用的岩体三轴强度试验装置。

试验时，荷载的大小可以根据岩体受力状态来选定。当岩体各向异性明显时，则要求改变水平荷载的方向和大小，做一组或几组试验。无疑，每组试验所绘制的莫尔圆包络线将不会相同，各组试验的 c 值与 φ 值也将是不同的。

由于岩体三轴强度试验能够模拟岩体内的受力情况，所以，它比直接剪切试验求得的指标更接近于实际情况。

关于现场岩体三轴试验资料的分析方法与室内三轴试验的方法完全相同，这里不再重复。应当指出，由于岩体中裂隙、剪切破碎带等不连续面的存在，岩体的抗剪强度比室内岩块试验的强度要低得多，特别是在平行于这些不连续面的方向内更为显著。岩体内往往有多组不同方向的不连续面，而且不同方向的不连续面上的抗剪强度也可能不同，因而现场岩体的抗剪强度是各向异性的。当加荷的方向正交于或近乎正交于潜在破坏面时，抗剪强度即将接近于完整岩块的抗剪强度。当加荷方向平行或近乎平行于不连续面时，则抗剪强度就决定于这个不连续面上的抗剪能力，抗剪强度要比室内岩块试验的强度低得多。后一种情况是危险的，也就是某些大坝导致失事的原因。这种情况的危险性已经获得了国内外岩石力学工作者的公认，正是这个原因，所以对岩体不连续面强度的研究已经受到了普遍重视。

第六节　岩石的破坏准则

由材料力学可知，当物体处于简单的受力情况时，材料的危险点处于简单应力状态（如杆件的拉伸和压缩处于单向应力状态，剪切处于纯剪状态等），则材料的破坏（或材料的强度）可由简单的试验来决定（单向抗压强度试验，单向抗拉强度试验，纯剪试验等）。这时，破坏准则（即破坏标准）的建立可以说没有什么困难。

但是，岩石在外荷作用下常常处于复杂的应力状态，许多试验指出，岩石的强度及其在荷载作用下的性状与岩石的应力状态有着很大的关系。在单向应力状态下表现出脆性的岩石，在三向应力状态下具有延性性质，同时它的强度极限也大大提高了，见图 3 - 29。该图是卡尔曼（Karman）在 1910 年对大理岩的试验结果，说明岩石的强度是随着侧限压力 σ_3 的增加而增加，岩石的性状随着 σ_3 的增加而由脆性转换为延性的。在各向均等压力的情况下，岩石能够承受很大的荷载，而无可觉察到的破坏。

材料在复杂应力状态下怎样算是破坏呢？在材料力学中有多种破坏理论（强度理论）解释。这些理论都是根据对引起材料危险状态的原因作了不同的假设而得出的。例如，某些研究者认为，当材料（岩石）内的正应力或剪应力达到某种极限时，危险状态（破坏）就来临。因此，在设计中必须把这些应力限制在危险状态的应力以内；另一些研究者假设，当材料内的应变达到某种极限值时，材料就达到危险状态（破坏）。因此，在设计中必须限制材料的应变等。

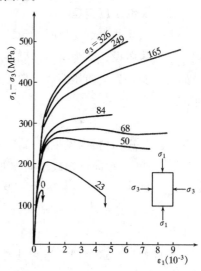

图 3 - 29　三向应力状态下大理岩的试验结果（曲线上数字的单位为 MPa）

然而，由于对岩石在复杂应力状态下的性状研究得不够，这些理论的任何一个都不能无条件地用于岩石。下面我们大致按照历史的先后，介绍一些主要的破坏准则（强度理论）。应当指出，这些理论对于岩石的适用性并不是等价的。有的理论对岩石比较有用，而有的理论对岩石的应用性较差。但稍微提一下似乎也有必要，因为这样可使读者对这一问题的现状具有总的概貌。

一、最大正应力理论

这个理论是最早的现在有时还采用的一种理论，称为朗肯（Rankine）理论。该理论假设材料的破坏只取决于绝对值最大的正应力。因此，当材料（岩石）内的三个主应力中只要有一个达到单轴抗压强度或单轴抗拉强度时，材料就算破坏。按照这个理论，材料的破坏准则是

$$\sigma_1 \geqslant R_c \tag{3-17}$$

$$\sigma_3 \leqslant -R_t \tag{3-18}$$

或者，可将这一准则写成解析表达式的形式：

$$(\sigma_1^2 - R^2)(\sigma_2^2 - R^2)(\sigma_3^2 - R^2) = 0 \tag{3-19}$$

式中 R_c、R_t——分别为材料的单轴抗压强度和单轴抗拉强度（MPa）；

R——泛指材料的强度（抗压及抗拉均包括在内）（MPa）。

实验指出，这个理论或这个准则只适用于单向应力状态及脆性岩石在某些应力状态（如二向应力状态）中受拉的情况，所以，对于复杂应力状态，往往不可以采用这个理论。

二、最大正应变理论

人们从某些岩石受压时沿着横向（平行于受力方向）分成几块的现象，提出了与前一理论不同的假设，认为材料的破坏取决于最大正应变。根据这个假设，只要材料内任一方向的正应变达到单向压缩或单向拉伸中的破坏数值，材料就发生破坏，所以这个理论的破坏准则为：

$$\varepsilon_{\max} \geqslant \varepsilon_u \tag{3-20}$$

式中 $\varepsilon_{\max}$——材料内发生的最大应变值，可用广义胡克定律确定；

ε_u——单向压缩或单向拉伸试验材料破坏时的极限应变值。

这一破坏准则的解析表达式为：

$$\{[\sigma_1 - \mu(\sigma_2 + \sigma_3)]^2 - R^2\}\{[\sigma_2 - \mu(\sigma_3 + \sigma_1)]^2 - R^2\}\{[\sigma_3 - \mu(\sigma_1 + \sigma_2)]^2 - R^2\} = 0$$

$$\tag{3-21}$$

实验指出，这个理论与脆性材料的实验结果大致符合。对于塑性材料不能适用。此外，正如从图3-29上看出的，岩石的变形与侧向约束条件很有关系，它不决定材料的强度。

三、最大剪应力理论

由于前面两种理论不能说明塑性材料的破坏，因此必须进一步研究塑性材料破坏的原因，得出合理的强度理论。人们从有些材料（例如软钢）的单向试验中发现，当材料屈服时，试件表面出现了与杆轴大约成 $45°$ 角的斜线。因为最大剪应力就发生在与杆轴成 $45°$ 角的斜面上，所以这些条纹是材料内部晶格间的相对剪切滑移的结果。一般认为这种晶格间的错动是产生塑性变形的根本原因。因此，就很自然地提出下面的假设：材料的破坏，取决于最大剪应力。因此，当最大剪应力达到单向压缩或拉伸时的危险值时，材料就到达危险状态。所以这个理论的破坏准则是：

$$\tau_{\max} \geqslant \tau_u \tag{3-22}$$

在复杂应力状态下，最大剪应力 $\tau_{max} = \dfrac{\sigma_1 - \sigma_3}{2}$；在单向压缩或拉伸时，最大剪应力的危险值 $\tau_u = \dfrac{R}{2}$，将这些结果代入式（3-22），便得到最大剪应力理论的破坏准则：

$$\sigma_1 - \sigma_3 \geqslant R \qquad (3-23)$$

或者可以写成如下的形式

$$[(\sigma_1 - \sigma_3)^2 - R^2][(\sigma_3 - \sigma_2)^2 - R^2][(\sigma_2 - \sigma_1)^2 - R^2] = 0 \qquad (3-24)$$

这个理论对于塑性岩石给出满意的结果，但对于脆性岩石不适用。另外，该理论没有考虑到中间主应力的影响。

这一个破坏准则（或破坏条件）在塑性力学中称为特雷斯卡（H. Tresca）破坏准则（或屈服条件），在进行岩体的弹塑性应力分析时，需要用到这个条件。

四、八面体剪应力理论

上面这一理论没有考虑中间主应力的影响，在八面体剪应力理论中，用八面体剪应力就可克服这一缺点。

该理论假设，达到材料的危险状态，取决于八面体剪应力。所以这个理论的破坏准则是：

$$\tau_{oct} \geqslant \tau_3 \qquad (3-25)$$

在复杂应力状态下的八面体剪应力为：

$$\tau_{oct} = \frac{1}{3} \sqrt{(\sigma_1 - \sigma_2)^2 + (\sigma_2 - \sigma_3)^2 + (\sigma_3 - \sigma_1)^2} \qquad (3-26)$$

因为在单向受力时，只有一个主应力不为零，所以将单向受力时达到危险状态的主应力 R 代入上式，便得到危险状态的八面体剪应力 τ_s：

$$\tau_s = \frac{\sqrt{2}}{3} R \qquad (3-27)$$

把式（3-26）和式（3-27）代入式（3-25），得出八面体剪应力理论的破坏准则

$$\sqrt{(\sigma_1 - \sigma_2)^2 + (\sigma_2 - \sigma_3)^2 + (\sigma_3 - \sigma_1)^2} \geqslant \sqrt{2} R \qquad (3-28)$$

或者写成：

$$(\sigma_1 - \sigma_2)^2 + (\sigma_2 - \sigma_3)^2 + (\sigma_3 - \sigma_1)^2 - 2R^2 = 0 \qquad (3-29)$$

对于塑性材料，这个理论与实验结果很符合。这个理论在塑性力学中称为冯—米赛斯（Von Mises）破坏条件，是目前塑性力学中常用的一种理论。

五、莫尔（Mohr）理论及莫尔—库伦准则

莫尔强度理论是莫尔在1900年提出、并在目前岩土力学中用得最多的一种理论。该理论假设，材料内某一点的破坏主要决定于它的大主应力和小主应力，即 σ_1 和 σ_3，而与中间主应力无关。这样就可研究平面应力状态。根据用不同的大、小主应力比例求得的材料强度试验（危险状态）资料，例如单轴压缩、单轴拉伸、纯剪、各种不同大小主应力比的三轴压缩试验等等，在 $\tau-\sigma$ 的平面上，绘制一系列的莫尔应力圆（图3-30）。每一莫尔应力圆都反映一种达到破坏极限（危险状态）的应力状态。这种应力圆称为极限应力圆。然后作出这一系列极限应力圆的包络线，见图3-30中以"5"表示者，叫做莫尔包

络线。这根包络线代表材料的破坏条件或强度条件。在包络线上的所有各点都反映材料破坏时的剪应力（即抗剪强度）τ_f 与正应力 σ 之关系，即

$$\tau_f = f(\sigma) \qquad (3-30)$$

这就是莫尔理论破坏准则的普遍形式

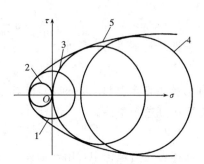

图 3-30　极限应力圆的包络线

1—纯剪试验；2—抗拉试验；3—抗压
试验；4—三轴试验；5—包络线

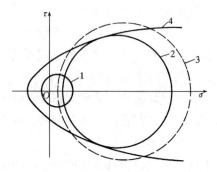

图 3-31　用莫尔包络线判别材料破坏与不破坏

1—未破坏的应力圆；2—临界破坏的应力圆；
3—破坏应力圆；4—莫尔包络线

　　由此可知，材料的破坏与否，一方面与材料内的剪应力有关，同时与正应力也有很大的关系，因为正应力直接影响着抗剪强度的大小。

　　根据莫尔强度理论，在判断材料内某点处于复杂应力状态下是否破坏时，只要在 τ-σ 平面上作出该点的莫尔应力圆。如果所作应力圆在莫尔包络线以内（图 3-31 中的圆 1，图中曲线 4 表示包络线），则通过该点任何面上的剪应力都是小于相应面上的抗剪强度 τ_f，说明该点没有破坏，处于弹性状态。如果所绘应力圆刚好与包络线相切（图 3-31 中的圆 2），则通过该点有一对平面上的剪应力刚好达到相应面上的抗剪强度，该点开始破坏，或者称之为处于极限平衡状态或塑性平衡状态。最后，当所绘的应力圆与包络线相割（图 3-31 中的虚线圆 3），则实质上它是不存在的，因为当应力达到这一状态之前，该点就沿着一对平面破坏了。

　　关于岩石的包络线的形状，目前存在着多种假定。有人假定为抛物线，也有人假定为双曲线或摆线。一般而言，对于软弱岩石，可认为是抛物线，对于坚硬岩石，可认为是双曲线或摆线。大部分岩石工作者认为，当压力不大时（例如 $\sigma < 10\mathrm{MPa}$），采用直线在实用上也够了。为了简化计算，岩石力学中大多采用直线形式的包络线。也就是说，和土力学中所采用的一样，岩石的强度条件可用库伦方程式来表示：

$$\tau_f = c + \sigma \mathrm{tg}\varphi \qquad (3-31)$$

式中　　c——岩石凝聚力（MPa）；

　　　　φ——岩石内摩擦角（°）。

　　这个方程式为库伦（Coulomb）首先提出，后为莫尔用新的理论加以解释。因此，上列方程式也常称为莫尔—库伦方程式或莫尔—库伦准则。它是目前岩石力学中用得最多的强度理论。按照上述理论列出莫尔—库伦破坏准则如下：

$$\tau \geqslant \tau_f = c + \sigma \mathrm{tg}\varphi \qquad (3-32)$$

式中　τ——岩石内任一平面上的剪应力（MPa），由应力分析求得。

有时为了分析和计算上的要求，常常用大、小主应力 σ_1 和 σ_3 来表示莫尔—库伦方程式或破坏准则。参见图 3-32，滑动面或剪切面 $\gamma\text{-}\gamma$ 上的正应力 σ 和剪应力 τ 可写作：

$$\sigma = \frac{\sigma_1 + \sigma_3}{2} + \frac{\sigma_1 - \sigma_3}{2}\cos 2\alpha \qquad (3-33)$$

$$\tau = \frac{\sigma_1 - \sigma_3}{2}\sin 2\alpha \qquad (3-34)$$

式中　α——σ_3 方向与滑动所在面的夹角（°）（或大主应力 σ_1 方向与滑动面法线的夹角）。

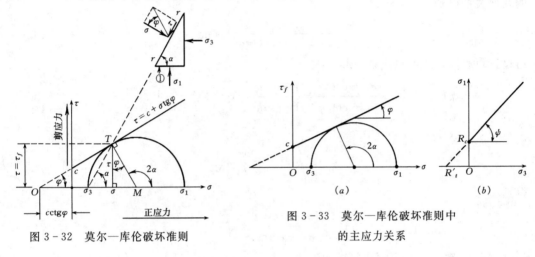

图 3-32　莫尔—库伦破坏准则

图 3-33　莫尔—库伦破坏准则中
的主应力关系

将式（3-33）的 σ 以及式（3-34）的 $\tau = \tau_f$ 代入式（3-32），得：

$$\sigma_1 = \frac{2c + \sigma_3\left[\sin 2\alpha + \mathrm{tg}\varphi(1-\cos 2\alpha)\right]}{\sin 2\alpha - \mathrm{tg}\varphi(1+\cos 2\alpha)} \qquad (3-35)$$

对于破坏面，$\sin 2\alpha = \cos\varphi$，$\cos 2\alpha = -\sin\varphi$，上式可写为：

$$\sigma_1 = \frac{2c\cos\varphi + \sigma_3(1+\sin\varphi)}{1-\sin\varphi} \qquad (3-36)$$

上式在 $\sigma_1 - \sigma_3$ 平面内的关系见图 3-33。注意这一直线的斜率与 φ 角有关，用下式表示：

$$\mathrm{tg}\psi = \frac{1+\sin\varphi}{1-\sin\varphi} \qquad (3-37)$$

并且在式（3-36）中令 $\sigma_3 = 0$，可得单轴抗压强度的公式：

$$\sigma_1 = R_c = \frac{2c\cos\varphi}{1-\sin\varphi} \qquad (3-38)$$

如果在式（3-36）中令 $\sigma_1 = 0$，则可求得表观抗拉强度 R'_t

$$R'_t = \frac{2c\cos\varphi}{1+\sin\varphi} \qquad (3-39)$$

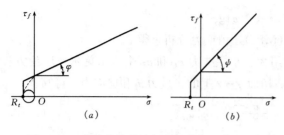

图 3-34 带有抗拉强度切割的莫尔—库仑包络线

它是直线在 σ_3 轴线上的截距，不同于实际的测定的抗拉强度 R_t。这是因为在负象限内的莫尔包络线是曲率较大的曲线，而 R'_t 是按直线包络线图 3-31 算得的。因此，有人建议将莫尔—库仑包络线修改为图 3-34 的形式。

用 σ_1 和 σ_3 表示莫尔—库仑破坏准则的另一有用公式可通过图 3-32 的几何关系得到：

$$\frac{\sigma_1 - \sigma_3}{\sigma_1 + \sigma_3 + 2c\mathrm{ctg}\varphi} = \sin\varphi \qquad (3-40)$$

通过三角运算，还可写成另一形式：

$$\frac{\sigma_3 + c\mathrm{ctg}\varphi}{\sigma_1 + c\mathrm{ctg}\varphi} = \frac{1 - \sin\varphi}{1 + \sin\varphi} = \mathrm{tg}^2\left(45° - \frac{\varphi}{2}\right) \qquad (3-41)$$

令

$$\mathrm{tg}^2\left(45° - \frac{\varphi}{2}\right) = \frac{1}{N_\varphi} \qquad (3-42)$$

得到

$$\frac{\sigma_3 + c\mathrm{ctg}\varphi}{\sigma_1 + c\mathrm{ctg}\varphi} = \frac{1}{N_\varphi} \qquad (3-43)$$

经过整理式（3-43）可写成简单的形式：

$$\sigma_1 = \sigma_3 N_\varphi + 2c\sqrt{N_\varphi} \qquad (3-44)$$

不难证明，$2c\sqrt{N_\varphi}$ 即为岩石的单轴抗压强度 R_c。因此，上式最终可写成为

$$\sigma_1 = \sigma_3 N_\varphi + R_c \qquad (3-44)'$$

再来看莫尔—库仑破坏准则中破裂面的方位。

根据图 3-32 的几何关系（见图中的 T 点），甚易证明，破坏面法线与大主应力方向间的夹角为：

$$\alpha = 45° + \frac{\varphi}{2} \qquad (3-45)$$

六、格里菲思（Griffith）理论

以上各种理论都把材料看作连续的均匀介质，格里菲思理论则有所不同。格里菲思认为：材料内部存在着许多细微裂隙，在力的作用下，这些细微裂隙的周围，特别是缝端，可以产生应力集中现象。材料的破坏往往从缝端开始，裂缝扩展，最后导致材料的完全破坏。下面我们较详细地导出格里菲思破坏准则。

设岩石中含有大量的方向杂乱的细微裂隙，其中有一系列如图 3-35 所示，它们的长轴方向与大主应力 σ_1 成 β 角。按照格里菲思概念，假定这些裂隙是张开的，并且形状近似于椭圆。研究证明，即使在压应力情况下，只要裂隙的方位合适，则裂隙的边壁上也会

出现很高的拉应力。一旦这种拉应力超过材料的局部抗拉强度，在这张开裂隙的边壁上就开始破裂。

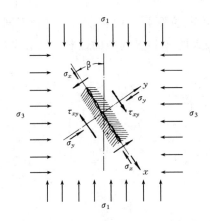

图 3-35 细微裂隙受力示意图

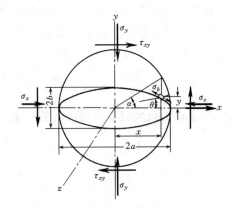

图 3-36 椭圆裂隙周围材料上的应力

为了确定张开的椭圆裂隙边壁周围的应力，作了如下简化假定：

1）这椭圆可以作为半无限弹性介质中的单个孔洞处理，即：假定相邻的裂隙之间不相互影响，并忽略材料特性的局部变化；

2）椭圆及作用于其周围材料上的应力系统可作为二维问题处理，即把裂缝的三维空间形状和裂缝平面内的应力 σ_z 的影响忽略不计。

这些假定所引起的误差将小于 $\pm 10\%$。

在分析中，按岩石力学中的习惯规定，应力以压为正，以拉为负，以及 $\sigma_1 > \sigma_2 > \sigma_3$。取 x 轴沿着裂隙的方向（椭圆长轴方向），y 轴正交于裂隙面方向（椭圆短轴方向）。椭圆裂隙的参数方程式如下（见图 3-36）：

$$x = a\cos\alpha; \quad y = b\sin\alpha \tag{3-46}$$

式中 a 和 b——椭圆的长半轴和短半轴（mm）；

α——对 x 轴的偏心角（°）。

椭圆的轴比用下式表示：

$$m = \frac{b}{a}$$

椭圆裂隙周壁上偏心角为 α 的任意点的切向应力 σ_b 可用弹性力学中的英格里斯（Inglis）公式表示：

$$\sigma_b = \frac{\sigma_y\{m(m+2)\cos^2\alpha - \sin^2\alpha\} + \sigma_x\{(1+2m)\sin^2\alpha - m^2\cos^2\alpha\} + \tau_{xy}\{2(1+m)^2 \sin\alpha\cos\alpha\}}{m^2\cos^2\alpha + \sin^2\alpha}$$

$$\tag{3-47}$$

因为在岩石内的裂隙很狭，即轴比 m 很小，形状扁平，所以最大的拉应力显然发生在靠近椭圆裂隙的端点处，也就是说，发生在 α 角很小的地方。考虑到当 $\alpha \to 0$ 时，$\sin\alpha \to \alpha$ 以及 $\cos\alpha \to 1$，我们可以将式（3-47）写成：

$$\sigma_b = \frac{2(\sigma_y m + \tau_{xy}\alpha)}{m^2 + \alpha^2} \qquad (3-48)$$

（其中高次项已略去）。

显然，切向应力 σ_b 是偏心角 α 的函数，周边上不同位置处（用 α 表示）有着不同的 σ_b。周边开裂必发生在 σ_b 为最大的位置。为了求得最大的 σ_b 以及对应的位置，将上式对 α 角求导，并令其导数等于零，即

$$\frac{\mathrm{d}\sigma_b}{\mathrm{d}\alpha} = \frac{\mathrm{d}}{\mathrm{d}\alpha}\left[\frac{2(\sigma_y m + \tau_{xy}\alpha)}{m^2 + \alpha^2}\right] = 0$$

从而求得 σ_b 的最大值及其对应的偏心角 α 为：

$$\sigma_{b,\ max} = \frac{1}{m}\left(\sigma_y \pm \sqrt{\sigma_y^2 + \tau_{xy}^2}\right) \qquad (3-49)$$

$$\alpha = \frac{\tau_{xy}}{\sigma_b} \qquad (3-50)$$

考虑到 σ_y 和 τ_{xy} 与大主应力 σ_1、小主应力 σ_3 有下列关系式：

$$\sigma_y = \frac{1}{2}(\sigma_1 + \sigma_3) - \frac{1}{2}(\sigma_1 - \sigma_3)\cos 2\beta \qquad (3-51)$$

$$\tau_{xy} = -\frac{1}{2}(\sigma_1 - \sigma_3)\sin 2\beta \qquad (3-52)$$

式（3-49）可以表示为

$$m\sigma_{b,\ max} = \frac{1}{2}(\sigma_1 + \sigma_3) - \frac{1}{2}(\sigma_1 - \sigma_3)\cos 2\beta \pm \left[\frac{1}{2}(\sigma_1^2 + \sigma_3^2) - \frac{1}{2}(\sigma_1^2 - \sigma_3^2)\cos 2\beta\right]^{\frac{1}{2}}$$

$$(3-53)$$

上式表明，在给定的 σ_1 与 σ_3 作用下，m 为定值时，裂隙周边壁上的最大切向应力 $\sigma_{b,max}$ 仅与所研究裂隙的方位角 β（裂隙与大主应力 σ_1 之间的夹角）有关，我们知道，岩石中的细微裂隙是杂乱的，任何一个方位都是存在的。不同方位的裂隙就有不同的最大切向应力 $\sigma_{b,max}$。在这许多方位的许多裂隙中间，必然存在着最大切向应力 $\sigma_{b,max}$ 为最大的裂隙，该裂隙的方位角 β 以及最大切向应力的极值 $\sigma_{b,m\cdot m\cdot}$，可用求导法则求取。为此将式（3-53）对 β 求导，并令其导数等于零

$$m\frac{\mathrm{d}\sigma_{b,\ max}}{\mathrm{d}\beta} = (\sigma_1 - \sigma_3)\sin 2\beta \times \left\{1 \pm \frac{\sigma_1 + \sigma_3}{2\left[\frac{1}{2}(\sigma_1^2 + \sigma_3^2) - \frac{1}{2}(\sigma_1^2 - \sigma_3^2)\cos 2\beta\right]^{\frac{1}{2}}}\right\} = 0$$

$$(3-54)$$

根据上式可知：

$$\sin 2\beta = 0 \qquad (3-55)$$

或者

$$1 \pm \frac{\sigma_1 + \sigma_3}{2\left[\frac{1}{2}(\sigma_1^2 + \sigma_3^2) - \frac{1}{2}(\sigma_1^2 - \sigma_3^2)\cos 2\beta\right]^{\frac{1}{2}}} = 0 \qquad (3-56)$$

或将上式化简为

$$\cos 2\beta = \frac{\sigma_1 - \sigma_3}{2(\sigma_1 + \sigma_3)} \qquad (3-57)$$

裂隙方向符合式（3-55）及式（3-57）时，该裂隙的最大切向应力达极值。将式（3-55)及式（3-57）分别代入式（3-53）即可求得极值 $\sigma_{b,m.m.}$。

当 $\sin 2\beta = 0$ 时，$\beta = 0°$ 或 $90°$，即 $\cos 2\beta = \pm 1$，将它代入式（3-53），即可求得 $m\sigma_{b,\max}$ 的四个可能极值

$$m\sigma_{b,m.m.} = 2\sigma_3 ; 0 ; 2\sigma_1 ; 0 \qquad (3-58)$$

当把式（3-57）代入式（3-53）时，又可求得 $m\sigma_{b,\max}$ 的另外两个可能极值

$$m\sigma_{b,m.m.} = \frac{(3\sigma_1 + \sigma_3)(\sigma_1 + 3\sigma_3)}{4(\sigma_1 + \sigma_3)} \qquad (3-59)$$

$$m\sigma_{b,m.m.} = -\frac{(\sigma_1 - \sigma_3)^2}{4(\sigma_1 + \sigma_3)} \qquad (3-60)$$

上面表明 $m\sigma_{b,m.m.}$ 共有六个极值，其中最大拉应力达到该处的抗拉强度时岩石就破坏，开裂就从该处开始。前面四个可能极值发生在方位与 σ_1 平行和正交的裂隙中，后面两个可能极值则发生在方位与 σ_1 斜交的裂隙中。如果发生在与 σ_1 斜交的裂隙中，则它只有在 $|\cos 2\beta| < 1$ 时才存在，这就要求

$$\frac{\sigma_1 - \sigma_3}{2(\sigma_1 + \sigma_3)} < 1 \text{ 或者 } \sigma_1 + 3\sigma_3 > 0 \qquad (3-61)$$

考察式（3-59）和式（3-60）的两个可能极值，得知式（3-60）为最大拉应力：

$$m\sigma_{b,m.m.} = -\frac{(\sigma_1 - \sigma_3)^2}{4(\sigma_1 + \sigma_3)} \qquad (3-62)$$

如果不等式（3-61）不被满足，即 $\sigma_1 + 3\sigma_3 < 0$，则可以知道，σ_3 必为负值（拉应力），危险裂隙的方位不是与 σ_1 斜交，而是平行或正交于 σ_1 方向。考察式（3-58）中四个可能极值，显然其中的第一个为最大拉应力

$$m\sigma_{b,m.m.} = 2\sigma_3 \qquad (3-63)$$

式（3-62）和式（3-63）中的 $m\sigma_{b,m.m.}$ 达到某一临界值就破坏。m 不易测量出来，但是如果做垂直于椭圆平面（即垂直于椭圆长轴）的岩石单轴抗拉试验，求得抗拉强度 R_t，则知道这时的 $\sigma_3 = -R_t$，从式（3-63）可以得到 $m\sigma_{b,m.m.} = -2R_t$。它说明了材料破坏时边壁应力 $\sigma_{b,m.m.}$ 与椭圆轴比的乘积必须满足的关系。把这一关系代入式（3-62）和式（3-63），即可得到下列格里菲思强度理论的破坏准则：

$$\left. \begin{array}{l} \text{当 } \sigma_1 + 3\sigma_3 > 0 \text{ 时，} (\sigma_1 - \sigma_3)^2 - 8R_t(\sigma_1 + \sigma_3) = 0 \\ \text{裂隙方位角 } \beta = \frac{1}{2}\arccos \frac{\sigma_1 - \sigma_3}{2(\sigma_1 + \sigma_3)} \end{array} \right\} \qquad (3-64)$$

$$\left. \begin{array}{l} \text{当 } \sigma_1 + 3\sigma_3 < 0 \text{ 时，} \sigma_3 = -R_t \\ \text{裂隙方位角 } \beta = 0 \end{array} \right\} \qquad (3-65)$$

这个准则也可用应力 τ_{xy} 和 σ_y 来表示，为此将 $m\sigma_{b,m.m.} = -2R_t$ 代入方程式（3-49）的左端，得到

$$\tau_{xy}^2 = 4R_t(R_t + \sigma_y) \tag{3-66}$$

式（3-66）是 $\tau_{xy} - \sigma_y$ 平面内的一个抛物线方程式，见图 3-37（a）。它表明一个张开椭圆细微裂隙边壁上破坏开始时的剪应力 τ_{xy} 和正应力 σ_y 的关系。由图看出，这条曲线的形状与莫尔包络线相似。该线在负象限内明显弯曲。它表明其抗拉强度要比由莫尔-库伦直线包络线推断出来的合理得多。它与实际测定的抗拉强度 R_t 是一致的。

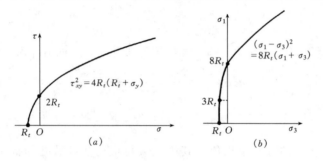

图 3-37　格里菲思破坏准则在平面内的图形

(a) 在 $\tau - \sigma$ 平面内；(b) 在 $\sigma_1 - \sigma_3$ 平面内

格里菲思准则在 $\sigma_1 - \sigma_3$ 平面内的图形如图 3-37（b）所示。它由直线段部分及与之相切的抛物线部分组成。从图中可知，当 $\sigma_3 = 0$ 时，即当单向加压时，$\sigma_1 = 8R_t$，即单轴抗压强度 $R_c = 8R_t$。这个由理论上求得的结果与实验测定的结果是吻合的。

七、修正的格里菲思理论

前面讨论的格里菲思理论是以张开椭圆裂隙为前提的。如果在压应力占优势的情况下，则在受压过程中材料的裂隙往往会发生闭合。这样，压应力就可以从一边的缝壁传递到另一边的缝壁，从而缝壁间产生摩擦。在这种情况下，裂隙的增长和发展就与张开裂隙的情况有所不同。麦克林托克（MeClintock）等考虑了这一影响（主要是裂隙间的摩擦条件），对格里菲思理论作了修正，修正后的理论通常称为修正格里菲思理论。这个理论的强度条件可以写成如下：

$$\sigma_1\left[(f^2+1)^{\frac{1}{2}} - f\right] - \sigma_3\left[(f^2+1)^{\frac{1}{2}} + f\right] = 4R_t\left[1 + \frac{\sigma_c}{R_t}\right]^{\frac{1}{2}} - 2f\sigma_c \tag{3-67}$$

式中　σ_c——裂隙闭合所需的压应力，由实验决定。

勃雷斯（Brace）认为使裂隙闭合所需的压应力 σ_c 甚小，一般可以忽略不计。因此，上式简化为：

$$\sigma_1\left[(f^2+1)^{\frac{1}{2}} - f\right] - \sigma_3\left[(f^2+1)^{\frac{1}{2}} + f\right] = 4R_t \tag{3-68}$$

当 $\sigma_y < 0$ 时（拉应力），裂隙不会闭合，以上两公式均不适用，这时仍采用式（3-64）和式（3-65）。

八、伦特堡（Lundborg）理论

伦特堡根据大量的岩石强度试验后认为，当岩石内的正应力达到一定限度，即相应于岩石的晶体强度时，由于晶体破坏，继续增加法向荷载就不再增大抗剪强度。他建议用下式来表明岩石在荷载下的破坏状态

$$(\tau - \tau_0)^{-1} = (\tau_i - \tau_0)^{-1} + (A\sigma)^{-1} \qquad (3-69)$$

式中 σ 和 τ ——所研究点的正应力和剪应力（MPa）；

τ_0 ——当没有正应力时（即当 $\sigma = 0$ 时）岩石的抗切强度（MPa）；

τ_i ——岩石晶体的极限抗切强度（MPa）；

A ——系数，与岩石种类有关。

当岩石内的剪应力 τ 与正应力 σ 达到上述关系时，岩石就发生破坏。因此，式中的 τ 实际上是代表最大的剪应力，因而是强度。

这样，岩石的抗剪强度可用三个参数 τ_0、τ_i 和 A 表示。

伦特堡对某些岩石所做试验的结果见表 3 – 5。

表 3 – 5 决定岩石强度的三个参数

岩 石	τ_0 (MPa)	τ_i (MPa)	A
花岗岩	50	1000	2
花岗片麻岩	60	680	2.5
伟晶片麻岩	50	1200	2.5
云母片麻岩	50	760	1.2
石英岩	60	620	2
石灰岩	30	890	1.2
磁铁矿	30	850	1.8
黄铁矿	20	560	1.7
灰色页岩	30	580	1.8
黑色页岩	60	490	1

九、经验破坏准则

因为现行的破坏理论能对岩石性态的某些方面的问题做出很好的解释，但对其他方面就解释不通，或者说不能推广到某一特定应力条件以外的范围。因此，多年来许多研究者探求经验的准则。这方面的准则较多，下面介绍霍克（Hoek）和布朗（Brown）的经验准则。霍克和布朗发现，大多数岩石材料（完整的岩块）的三轴压缩试验破坏时的主应力之间可用下列方程式来描述：

$$\frac{\sigma_1}{R_C} = \frac{\sigma_3}{R_C} + \left(m\frac{\sigma_3}{R_C} + 1 \right)^{\frac{1}{2}} \qquad (3-70)$$

式中 m 与岩石类型有关，根据对大量试验研究结果的分析，建议 m 随着岩石类型按下列顺序增加：

1）解理较发育的碳酸盐岩石（白云岩、石灰岩、大理岩），$m \simeq 7$。

2）岩化的泥质胶结岩（泥岩、粉砂岩、页岩、板岩），$m \simeq 10$。

3）强结晶和结晶解理不发育的砂质岩（砂岩、石英岩），$m \simeq 15$。

4）细粒的多矿物的岩浆岩（安山岩、粗玄岩、辉绿岩、流纹岩），$m \simeq 17$。

5）粗粒的多矿物的岩浆岩及变质岩（闪岩、辉长岩、片麻岩、花岗岩、苏长岩、石英闪长岩），$m \simeq 25$。

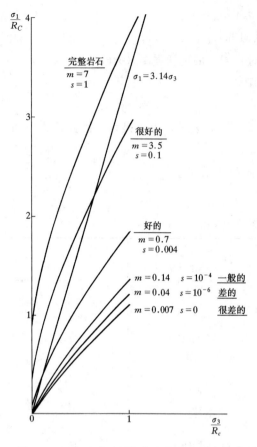

图 3-38 白云岩、石灰岩和大理岩的破坏准则

以上为岩石材料（岩块）的破坏准则，对于岩体，霍克和布朗建议如下的经验破坏准则：

$$\frac{\sigma_1}{R_C} = \frac{\sigma_3}{R_C} + \left(m\frac{\sigma_3}{R_C} + s\right)^{\frac{1}{2}} \qquad (3-71)$$

式中 R_C——完整岩块的单轴抗压强度（MPa）；

m 和 s——常数，取决于岩石的性质以及在承受破坏应力 σ_1 和 σ_3 以前岩石扰动或损伤的程度。

于是，令式（3-71）中的 $\sigma_3 = 0$，可得岩体的单轴抗压强度：

$$R_{Cm} = R_C\sqrt{s} \qquad (3-72)$$

令 $\sigma_1 = 0$，可得岩体的单轴抗拉强度：

$$R_{tm} = \frac{1}{2}R_C\left[m - \sqrt{m^2 + 4s}\right]$$

$$(3-73)$$

这两个方程式定出了 s 的界限值。如果 $s=1$，则 $R_{Cm}=R_C$，即为完整岩块的值。如果 $s=0$，则 $R_{Cm}=R_{tm}=0$，这就是完全破损的岩石。因此，对于完整岩石和破损岩石的中间阶段，s 值必定在 1 与 0 之间。对于 $s=1$ 的情况，大理岩、石灰岩及泥岩的常数 m 从 5 到 7，粗粒岩浆岩的 m 从 23 到 28。霍克等对某些典型岩体求得的 m、s 值见表 3-6 和图 3-38。图中的直线 $\sigma_1 = 3.4\sigma_3$ 表示脆性破坏与延性破坏的分界线。在直线左侧的曲线属脆性破坏，右侧属延性破坏。可以看出，只有完整岩块和质量很好的岩石属脆性破坏。

表 3-6 　　　　　　　　 m 和 s 值（按霍克和布朗的资料）

岩 石 质 量	岩体评分	白云岩 石灰岩 大理岩		泥 岩 粉砂岩 页岩，板岩		砂 岩 石英岩		安山岩 粗玄岩 流纹岩		辉长岩 片麻岩 花岗岩	
		m	s	m	s	m	s	m	s	m	s
完整岩石（实验室试样）	100	7	1	10	1	15	1	17	1	25	1
质量很好的岩体 紧密啮合、未扰动的岩石，含 3m 左右间距的未风化节理	85	3.5	0.1	5	0.1	7.5	0.1	8.5	0.1	12.5	0.1
质量好的岩体 新鲜至轻度风化的岩石、稍受扰动，含 1~3m 间距的节理	65	0.7	0.004	1	0.004	1.5	0.004	1.7	0.004	2.5	0.004

岩　石　质　量	岩体评分	白云岩 石灰岩 大理岩		泥　岩 粉砂岩 页岩，板岩		砂　岩 石英岩		安山岩 粗玄岩 流纹岩		辉长岩 片麻岩 花岗岩	
		m	s	m	s	m	s	m	s	m	s
质量一般的岩体 含几组间距 0.3～1m 的中等风化节理	44	0.14	10^{-4}	0.2	10^{-4}	0.3	10^{-4}	0.34	10^{-4}	0.5	10^{-4}
质量差的岩体 含间距 30～500mm 的许多风化节理，含断层泥清洁的废石堆	23	0.04	10^{-6}	0.05	10^{-6}	0.08	10^{-6}	0.09	10^{-6}	0.13	10^{-6}
质量很差的岩体 含间距小于 50mm 的许多严重风化节理，节理含有断层泥细颗粒的废石堆	3	0.007	0	0.01	0	0.015	0	0.017	0	0.025	0

第七节　岩石中水对强度的影响

　　水对岩石强度的影响在前面讨论岩石的软化系数时已涉及过了。一般来说，某些岩石受水影响而性质变坏主要是由于胶结物的破坏所致，例如砂岩在接近饱和时可以损失15％的强度。在极端的情况下，如像蒙脱质黏土页岩在被水饱和时可能全部破坏。然而，在大多数情况中，对岩石强度最有影响的是孔隙和裂隙中的水压力。今统称这种水压力为孔隙水压力。如果饱和岩石在荷载作用下不易排水或不能排水，那么，孔隙或裂隙中的水就有孔隙水压力 p_w，岩石固体颗粒所承受的压力将相应地减少，强度则相应降低。

　　在图 3-39 上示有页岩三轴试验的结果，可以看出孔隙水压力的发展以及引起的强度降低。图形中表示两种不同的试验结果：一种是用圆圈表示的饱和试样在三轴压缩时孔隙水压力不积累的结果（排水试验）；另一种是用三角形点子表示的试样在三轴压缩时没有排水，以致孔隙水压力积累的结果（不排水试验）。对于排水试验，偏应力 $\sigma_1-\sigma_3$ 与轴向应变的关系曲线表现出峰值，并随后而逐渐降低。对于不排水试验，由于孔隙水压力的增长，峰值应力大大降低，随后保持较平缓的曲线。

　　根据许多岩石力学研究者的研究，只要岩石中有连接的孔隙（包括细微裂隙）系统，对土力学中已经证明的太沙基有效应力定律，岩石中也是适用的。在土力学中有：

$$\sigma' = \sigma - p_w \tag{3-74}$$

式中　　σ——总应力（MPa）；

　　　　p_w——孔隙水压力（MPa）；

　　　　σ'——有效应力（或有效压力）（MPa）。

　　根据莫尔-库伦强度理论，考虑到孔隙水压力的作用，饱和多孔岩石的抗剪强度用下

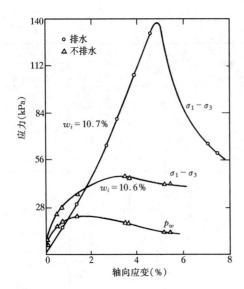

图 3-39 页岩的排水和不排水三轴试验结果〔根据梅斯利（Mesri）和吉白拉（Gibala）的资料，w_i 是初始含水量，p_w 是孔隙水压力〕

式表示：

$$\tau_f = c + \sigma' \mathrm{tg}\varphi \qquad (3-75)$$

或者

$$\tau_f = c + (\sigma - p_w)\mathrm{tg}\varphi \qquad (3-76)$$

可见岩石中由于孔隙水压力的存在而使强度降低。强度降低的程度视孔隙水压力 p_w 的大小而定。

为了在莫尔-库伦破坏准则（用主应力表示）中考虑到孔隙水压力的影响，只要在该准则中用有效主应力 σ'_1 和 σ'_3 来代替主应力 σ_1 和 σ_3。在干岩石的试验中，主应力与有效主应力没有差别。对受水饱和的岩石来说，方程式 (3-44)' 应当改为：

$$\sigma'_1 = \sigma'_3 N_\varphi + R_C \qquad (3-77)$$

或者

$$(\sigma'_1 - \sigma'_3) = \sigma'_3 (N_\varphi - 1) + R_C \qquad (3-78)$$

因为

$$\sigma'_1 = \sigma_1 - p_w, \ \sigma'_3 = \sigma_3 - p_w$$

所以式 (3-78) 可以写为：

$$(\sigma_1 - \sigma_3) = (\sigma_3 - p_w)(N_\varphi - 1) + R_C \qquad (3-79)$$

解上式的 p_w，我们就可求得岩石从初始作用应力 σ_1 和 σ_3 达到破坏时所需的孔隙（或裂隙）水压力的计算公式：

$$p_w = \sigma_3 - \frac{[(\sigma_1 - \sigma_3) - R_C]}{N_\varphi - 1} \qquad (3-80)$$

这个条件的图解表示见图 3-40。该图是亨定（Handin）对砂岩实验的结果。可以看出孔隙水压力对岩石破坏的影响。在这里，AB 是孔隙水压力为零的试验包络线。曲线 II 表示 $\sigma_1 = 540\mathrm{MPa}$、$\sigma_3 = 200\mathrm{MPa}$、孔隙水压力为零时的莫尔圆，可以看到该圆在莫尔包络线的里边。当孔隙水压力增加时，该曲线向左移动直到它和 AB 线相切（这时 $p_w \simeq 50\mathrm{MPa}$）就发生破坏（曲线 I）。

在靠近蓄水库处的岩石或在含水层内的岩石中的初始应力接近强度时，如果岩石内产生孔隙水压力，则这种孔隙水压力可能造成岩石破坏和引起地震。

岩石材料表现出由脆性到延性的变化有时也是由有效的侧向压力 $\sigma_3 - p_w$ 来控制的。图 3-41 表示当侧向压力 $\sigma_3 = 70\mathrm{MPa}$ 和各种孔隙水压力作用下石灰岩的应力应变曲线。

这些曲线表示了随着 p_w 的减少材料从脆性性状变化到延性性状的全面变化。孔隙水压力的作用是增加材料的脆性性质。

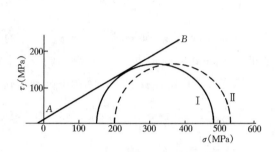

图 3-40　孔隙水压力对破坏的影响。

AB 为莫尔包络线；曲线 I 为有效应力莫尔圆；

曲线 II 为总应力莫尔圆

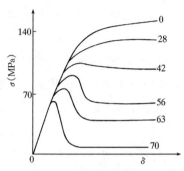

图 3-41　石英岩中孔隙水压力对

脆性—延性过渡的效应，曲线上

的数值是孔隙水压力（单位：MPa）

如果把有效应力的概念引入格里菲思破坏准则，则式（3-64）和式（3-65）中的 σ_1 和 σ_3 都应当用 σ_1' 和 σ_3' 分别代入，考虑到 $\sigma_1'=\sigma_1-p_w$ 以及 $\sigma_3'=\sigma_3-p_w$，破坏准则应当用下列公式表示：

$$
\left.
\begin{aligned}
&当\ \sigma_1+3\sigma_3>4p_w\ 时，(\sigma_1-\sigma_3)^2-8R_t(\sigma_1+\sigma_3-2p_w)=0\\
&裂隙方位角\ \beta=\frac{1}{2}\arccos\frac{\sigma_1-\sigma_3}{2(\sigma_1+\sigma_3-2p_w)}
\end{aligned}
\right\}
\tag{3-81}
$$

$$
\left.
\begin{aligned}
&当\ \sigma_1+3\sigma_3<4p_w\ 时，\sigma_3=-R_t+p_w\\
&裂隙方位角\ \beta=0
\end{aligned}
\right\}
\tag{3-82}
$$

许多学者都用试验证明了上列公式是合适的。这结果也是工程上常需应用的"水力破裂"方法[●]的理论基础。

第八节　岩体强度分析

岩体大体上可分为两种情况，一种是接近均质的，例如，同一种岩石组成的岩体，岩性较软弱，以致岩体内各种软弱结构面（节理、裂隙、层理等）对岩体强度的影响不占主导地位或影响甚微；又如岩体的岩性虽然非常坚硬，但结构面远未能组成分离的块体或者结构面所处位置及产状不致造成不利于岩体稳定的情况等，这些都可将岩体视作为均匀岩体来进行强度分析。另一种是岩体的强度主要由结构面的特征（强度、产状、粗糙度、充填物等等）所决定，例如岩石很坚硬，但结构面已将岩体切割成各种分离体，或其产状造成不利于岩体稳定的情况等，这些就不能把它们视作为均质岩体来强度分析了。

● 例如，以足够的压力将液体（水）注入钻孔中，由于孔壁水压力的作用，在钻孔周围的切向应力为拉应力，如果这个应力超过岩石的抗拉强度 R_t，岩石就发生拉伸破裂。和钻孔相交的节理或裂隙由于初始压应力场的作用，原来是保持"闭合"的，这时就"打开"了（这情况相应于 $R_t=0$），这种方法就是"水力破裂"方法。这个方法已在石油工业中广泛应用，以增加产量。

对于第一种情况，岩体的强度基本上可用室内外求得的岩石强度指标，按前述的破坏准则来判断岩体的稳定性。目前用得最多的还是莫尔—库伦准则［式（3-40）］。另外，前述霍克和布朗的经验破坏准则是专门针对岩体提出的［式（3-71）］，适用于岩体强度的分析。

按照莫尔—库伦准则，当岩体内某点的两个主应力 σ_1 和 σ_3 满足式（3-40）的关系时，该点就处于极限平衡状态。当然，如果 σ_1 比该式中的 σ_1 更大，或者 σ_3 比该式中的 σ_3 更小，则岩体就不稳定了。为了判断岩体的稳定或不稳定，我们可以采用下列判别式：

$$\frac{\sigma_1 - \sigma_3}{\sigma_1 + \sigma_3 + 2c\mathrm{ctg}\varphi} < \sin\varphi \qquad （稳定） \qquad (3-83)$$

$$\frac{\sigma_1 - \sigma_3}{\sigma_1 + \sigma_3 + 2c\mathrm{ctg}\varphi} = \sin\varphi \qquad （极限平衡） \qquad (3-84)$$

$$\frac{\sigma_1 - \sigma_3}{\sigma_1 + \sigma_3 + 2c\mathrm{ctg}\varphi} > \sin\varphi \qquad （不稳定） \qquad (3-85)$$

当岩体内有孔隙水压力时，判别式应写作：

$$\frac{\sigma_1 - \sigma_3}{\sigma_1 + \sigma_3 - 2p_w + 2c\mathrm{ctg}\varphi} < \sin\varphi \qquad （稳定） \qquad (3-86)$$

$$\frac{\sigma_1 - \sigma_3}{\sigma_1 + \sigma_3 - 2p_w + 2c\mathrm{ctg}\varphi} = \sin\varphi \qquad （极限平衡） \qquad (3-87)$$

$$\frac{\sigma_1 - \sigma_3}{\sigma_1 + \sigma_3 - 2p_w + 2c\mathrm{ctg}\varphi} > \sin\varphi \qquad （不稳定） \qquad (3-88)$$

如果主应力为负值（拉应力），则判别式为：

$$\sigma_3 > -R_t \qquad （稳定） \qquad (3-89)$$

$$\sigma_3 = -R_t \qquad （极限平衡） \qquad (3-90)$$

$$\sigma_3 < -R_t \qquad （断裂） \qquad (3-91)$$

当有孔隙水压力时，则判别式为：

$$\sigma_3 > -R_t + p_w \qquad （稳定） \qquad (3-92)$$

$$\sigma_3 = -R_t + p_w \qquad （极限平衡） \qquad (3-93)$$

$$\sigma_3 < -R_t + p_w \qquad （断裂） \qquad (3-94)$$

在实际工程中遇到均质岩体的情况不多，大多数情况中岩体强度主要由结构面（不连续面）所决定。这些结构面各种各样，有的大到断层，有的小到如裂隙和细微裂隙。一般而言，小的裂隙和细微裂隙可在研究岩块强度性质中加以考虑。宽度大于 20m 的结构面应当加以单独考虑，具体分析。其余的结构面则在研究岩体强度中考虑。这些结构面有的是单独出现或多条出现，有的是成组出现，有的有规律，有的无规律。这里，我们把成组出现的有规律的裂隙，称为节理，其相应的岩体称为节理岩体。图 3-42 表示岩基、岩坡及地下洞室围岩中的结构面的典型分布情况，借以表明它们对岩体稳定的影响。

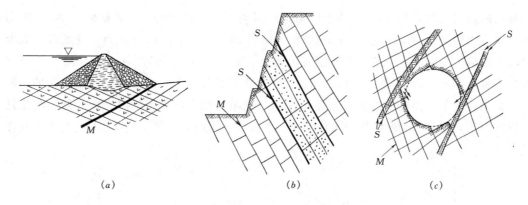

图 3-42　节理和其他结构面对岩体稳定的影响

(a) 岩基；(b) 岩坡；(c) 水工隧洞

S—不连续面；M—多种节理面

节理或其他结构面的强度指标都可以通过室内外的抗剪试验求得。目前室内外用得较多的还是直剪试验。试验方法与一般岩石的试验没有什么不同，只是要求剪切面必须是节理面，试验结果的整理也同一般岩石强度试验，要求得出节理面的内摩擦角 φ_j 以及凝聚力 c_j。求出节理面的强度指标后，就可根据节理面的产状来分析岩体的稳定性。

在均质岩体内岩体破坏面与主应力面总是成一定的关系。当剪切时破裂面总是与大主应力面（法线）成 $\alpha = 45° + \dfrac{\varphi}{2}$ 角。当拉断时，破裂面就是主应力面。可是，当有软弱结构面时，情况就不同了，剪切破坏时，破裂面可能是 $45° + \dfrac{\varphi}{2}$ 的面，但绝大多数情况下破裂面就是软弱结构面（节理面）。在后一情况中，破裂面与主应力面的夹角就是软弱结构面与主应力面的夹角。在实践中，可能会遇到两种类型产状的节理面，一种是节理面与一个主应力面的法线相平行的，另一种是节理面与主应力面的法线斜交的。第一种情况属于平面问题，在进行应力分析时比较简单；第二种情况属于三维空间问题，应力分析比较复杂，应当结合具体情况作具体分析。不管是哪种类型的节理面，它们都可用莫尔-库伦强度条件来判定节理面上的稳定情况。当节理面上的剪应力 τ 达到节理面的抗剪强度 τ_f 时，节理面处于极限平衡状态

$$\tau = \tau_f = c_j + \sigma \mathrm{tg} \varphi_j \tag{3-95}$$

式中　　σ——节理面上的正应力（MPa）。

节理面的抗剪强度一般总是低于岩石的抗剪强度，如图 3-43 所示（直线 2 低于直线 1）。但需注意，当岩体内代表某点应力状态的应力圆与节理面强度线相切或甚至相割时，岩体是否破坏，还要看应力圆上代表该节理面上应力的点子在那一段圆周上而定。为了清楚起见，设岩体内有一节理面 mm，其倾角为 β（亦即节理面法线与大主应力成 β 角），见图 3-44。根据该处岩体的应力状态 σ_1 和 σ_3 可以绘一应力圆，如图 3-43 中的 o_1 圆所示。从该圆的 m_1 点（圆与横轴的交点）作 mm（图 3-44）的平行线交圆周于 A 点，则 A 点就代表节理面上的应力。由于 A 点在节理面强度线的上方，说明节理面上的应力已大于

节理面的抗剪强度，即 $\tau > \tau_f$，节理面是早已滑动了，不稳定的。如果根据 σ_1 和 σ_3 绘出的莫尔应力圆为 o_2 圆，从该圆的 m_2 点作 mm 线的平行线交圆周于 B 点，B 点就代表节理面上的应力。由于 B 点在节理面强度线的下方，所以说明节理面上的剪应力小于节理面的强度，即 $\tau < \tau_f$，尽管莫尔应力圆已与节理面强度线相割，节理面却还是稳定的。显然，如果代表节理面应力的点刚好落在 B' 点，则节理面上就处于极限平衡状态。利用这种图解方法，很容易判断结构面的稳定性。下面我们再出导来判断节理面稳定与否的具体判别式。

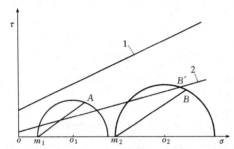

图 3-43　判断节理面稳定情况的图形解释

1—岩石强度线 $\tau_f = c + \sigma \mathrm{tg}\varphi$；2—节理面强度线 $\tau_f = c_j + \sigma \mathrm{tg}\varphi_j$

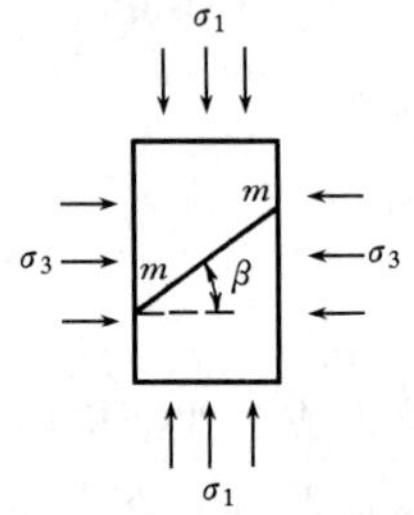

图 3-44　岩石中的节理面 mm

参见图 3-43 上以 o_1 圆代表的应力状态，当节理面处于稳定状态和极限平衡状态时，节理面上的剪应力 τ 应当满足下列条件：

$$| \tau | \leqslant c_j + \sigma \mathrm{tg}\varphi_j \tag{3-96}$$

式中等号表示极限平衡状态。

从材料力学中知道：

$$\tau = \frac{1}{2}(\sigma_1 - \sigma_3)\sin 2\beta = (\sigma_1 - \sigma_3)\sin\beta\cos\beta$$

$$\sigma = \frac{1}{2}(\sigma_1 + \sigma_3) + \frac{1}{2}(\sigma_1 - \sigma_3)\cos 2\beta$$

$$= \sigma_1 \cos^2\beta + \sigma_3 \sin^2\beta$$

将上式中的 τ 和 σ 代入式（3-96）得到：

$$(\sigma_1 - \sigma_3)\sin\beta\cos\beta \leqslant (\sigma_1 \cos^2\beta + \sigma_3 \sin^2\beta)\mathrm{tg}\varphi_j + c_j$$

或者

$$\sigma_1 \sin\beta\cos\beta - \sigma_3 \sin\beta\cos\beta \leqslant \sigma_1 \cos^2\beta\mathrm{tg}\varphi_j + \sigma_3 \sin^2\beta\mathrm{tg}\varphi_j + c_j$$

移项整理后可得：

$$\sigma_1 \cos\beta(\cos\beta\mathrm{tg}\varphi_j - \sin\beta) + \sigma_3 \sin\beta(\cos\beta + \sin\beta\mathrm{tg}\beta_j) + c_j \geqslant 0$$

通过三角运算，得出：

$$\sigma_1 \cos\beta\sin(\varphi_j - \beta) + \sigma_3 \sin\beta\cos(\varphi_j - \beta) + c_j\cos\varphi_j \geqslant 0 \tag{3-97}$$

这就是判断节理面稳定情况的判别式（式中等号表示极限平衡状态）。如果式（3-97）的左端小于零，则节理面处于不稳定状态。

式（3-97）常常可用来估算节理岩体内地下洞室边墙的稳定性。如图 3-45 所示，假定在层状（节理）岩体中开挖一个隧洞，岩体中节理的倾角为 β，现考虑边墙处岩体的稳定情况。从图 3-45 可知，开挖后洞壁上的水平应力 $\sigma_x = \sigma_3 = 0$，$\sigma_y = \sigma_1$。因此，式（3-97）成为：

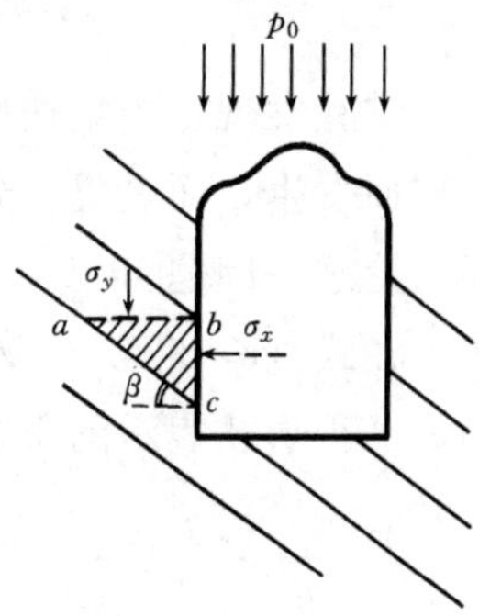

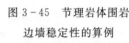

图 3-45　节理岩体围岩
边墙稳定性的算例

$$\sigma_y\cos\beta\sin(\varphi_j - \beta) + c_j\cos\varphi_j \geqslant 0 \qquad (3-98)$$

边墙岩体是否处于平衡状态，可分以下几种情况来讨论：

1）$\beta < \varphi_j$ 的情况　当 $\beta < \varphi_j$ 时，此时 $\sin(\varphi_j - \beta) > 0$。因此，式（3-98）左边两项均为正值，不等式（3-98）显然能满足，这就说明边墙岩块 abc 处于平衡状态。

2）$\beta = \varphi_j$ 的情况　当 $\beta = \varphi_j$ 时，式（3-98）显然能够成立。因此，岩块处于平衡状态。

3）$\beta > \varphi_j$ 的情况　当 $\beta > \varphi_j$ 时，此时 $\sin(\varphi_j - \beta) < 0$，因而式（3-98）左边第一项为负值，但第二项却为正值。因此，在此情况下不等式（3-98）是否能被满足就取决于式（3-98）中第一项的绝对值是否小于第二项，视具体情况而定。

4）$\beta = 45° + \varphi_j/2$ 的情况　当 $\beta = 45° + \varphi_j/2$，即节理的倾角与一般均质岩体中所产生的破裂面方向相同时，这时将 $\beta = 45° + \varphi_j/2$ 代入式（3-98）则有：

$$\sigma_y\cos(45° + \varphi_j/2)\sin[\varphi_j - (45° + \varphi_j/2)] + c_j\cos\varphi_j \geqslant 0$$

或者

$$\sigma_y \leqslant \frac{2c_j\cos\varphi_j}{1 - \sin\varphi_j}$$

以上讨论了如何应用裂隙岩体的稳定判别式（3-97）来估算洞室边墙的稳定状态。如果验算发觉边墙稳定性较差，则可应用式（3-97）算出为了维持洞室边墙的稳定应由衬砌或锚杆提供水平应力 σ_x 的数值（图 3-45）。现举例说明如下：

例题 3-1　假设洞室边墙处的节理面倾角 $\beta = 50°$（图 3-45），内摩擦角 $\varphi_j = 40°$，凝聚力 $c_j = 0$，由实测知道洞室处平均的垂直应力 $\sigma_y = 2\text{MPa}$，试计算岩石锚杆在边墙处应提供多大水平应力 σ_x 才能维持边墙的平衡？

解　由式（3-97）可得：

$$\frac{\sigma_x}{\sigma_y} = \frac{\text{tg}(\beta - \varphi_j)}{\text{tg}\beta} = \frac{\text{tg}(50° - 40°)}{\text{tg}50°} = \frac{0.176}{1.191} = 0.148$$

$$\sigma_x = 0.148 \times 2 = 0.296\text{MPa}$$

最后，当节理面内有孔隙（裂隙）水压力时，可用下列判别式来判断节理岩体的稳定情况：

$$\sigma_1\cos\beta\sin(\varphi_j - \beta) + \sigma_3\sin\beta\cos(\varphi_j - \beta) + c_j\cos\varphi_j - p_w\sin\varphi_j \geqslant 0 \qquad (3-99)$$

（稳定，极限平衡状态）

如果上式左端小于零，则岩体处于不稳定状态。

第九节　结构面方位对强度的影响

试验发现，当结构面处于某种方位时（用倾角 β 表示）在某些应力条件下，破坏不沿结构面发生，而是仍在岩石材料内发生。在理论上也可证明结构面方位对强度的影响。下面讨论这一问题。

在式（3-97）中取等号，经过必要的三角运算，可得结构面破坏准则（极限平衡）的另一种形式表示的公式：

$$\sigma_1 - \sigma_3 = \frac{2c_j + 2\sigma_3 \mathrm{tg}\varphi_j}{(1 - \mathrm{tg}\varphi_j \mathrm{ctg}\beta)\sin2\beta} \tag{3-100}$$

上式中 c_j，φ_j 均为常数。假如 σ_3 固定不变，则上式的 $\sigma_1 - \sigma_3$（或者说 σ_1）随着 β 而变化。所以上式可以看作是，当 σ_3 固定时造成破坏的应力差 $\sigma_1 - \sigma_3$ 随 β 而变化的方程式。当 $\beta \to$ $90°$ 以及当 $\beta \to \varphi_j$ 时，$\sigma_1 - \sigma_3 \to \infty$ 或者 $\sigma_1 \to \infty$。这就表明，当结构面平行于 σ_1 时以及结构面法线与 σ_1 成 φ_j 角时，在 σ_3 固定的条件下，σ_1 可无限增大，结构面不致破坏。当然，实际上 σ_1 是不会无限大的，当 σ_1 达到某种大小时岩石材料就破坏了。由此得知，只有当结构面的倾角 β 满足 $\varphi_j < \beta < 90°$ 的条件时，才可能沿着结构面发生破坏，并且发生在式（3-100）所给出的 $\sigma_1 - \sigma_3$ 的情况。当 β 不满足上述条件时，破坏沿着岩石材料内部发生。

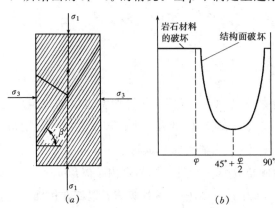

图 3-46　破坏时轴向压力 σ_1 随 β 角的变化

（a）受力图；（b）σ_1 随 β 的变化

将式（3-100）对 β 求导，并令导数 $\dfrac{\mathrm{d}(\sigma_1 - \sigma_3)}{\mathrm{d}\beta} = 0$，可以求得

当 $\beta = 45° + \dfrac{\varphi_j}{2}$ 时，$\sigma_1 - \sigma_3$ 有最小值，相应的 σ_1 的最小值 $\sigma_{1,\min}$ 为：

$$\sigma_{1,\min} = \sigma_3 + \sigma_3(N_{\varphi j} - 1) + 2c_j\sqrt{N_{\varphi j}} \tag{3-101}$$

式中　$N_{\varphi j} = \mathrm{tg}^2\left(45° + \dfrac{\varphi_j}{2}\right)$。

图 3-46 给出了当 σ_3 不变时 σ_1 随倾角 β 的变化，说明了岩石强度的各向异性。

第十节　结构面粗糙度对强度的影响

过去所讨论的发生滑动破坏的面是平行于剪力的方向的。实际上，绝大多数结构面既不光滑也不是平面，它是凹凸起伏的，也就是相当粗糙的，在剪应力作用下滑动时，并不各处平行于作用剪应力的方向。因此，结构面凹凸起伏的程度或粗糙度必然影响到结构面的强度。下面用模型来讨论这一情况。

图 3-47（a）表示直剪试验时水平剪力与结构面方向为一致的情况下达到极限平衡状态。设滑动面的摩擦角为 φ_j，凝聚力 c_j 为零，则

$$\frac{T}{P} = \mathrm{tg}\varphi_j$$

如果结构面不是水平的，而是有一倾角 i，见图 3-47（b），则结构面发生滑动时其上的剪力 T^* 与法向力 P^* 之间的关系为：

$$\frac{T^*}{P^*} = \mathrm{tg}\varphi_j \tag{3-102}$$

将 T 和 P 在结构面方向内分解，得到：

$$T^* = T\cos i - P\sin i$$

$$P^* = P\cos i + T\sin i$$

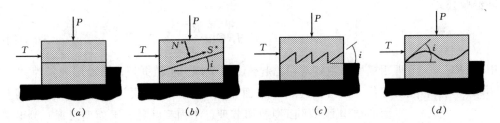

图 3-47　说明粗糙角 i 的粗糙度模型理想面

将以上两式代入方程式（3-102）并加以简化整理，得到滑动条件为：

$$\frac{T}{P} = \mathrm{tg}(\varphi_j + i) \tag{3-103}$$

因此，倾斜结构面具有"表观"摩擦角（$\varphi_j + i$）。帕顿（Patton）把这个模型推广到呈锯齿状的结构面，见图 3-47（c）、（d）。他通过一系列模型试验发现，当 P 较小时，结构面的滑动遵循式（3-103），随着剪切，试样在垂直方向不断增大体积（扩容）。当 P 值增加到某种临界值时，滑动不沿倾斜面产生，而是穿过锯齿底面破坏，不发生扩容性垂直运动。因此，抗剪强度包络线成为双线型的，如图 3-48 所示。具体应用时，结构面的抗剪强度应当写为：

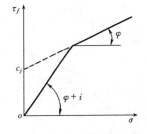

图 3-48　结构面的强度包络线

当低的正应力时

$$\tau_f = \sigma\,\mathrm{tg}(\varphi_j + i) \tag{3-104}$$

当高的正应力时

$$\tau_f = c_j + \sigma\,\mathrm{tg}\varphi \tag{3-105}$$

式中 i 称为粗糙角；φ_j 应当用平面型面所作试验求取。φ_j 值大多在 21°～40°范围内变化，一般为 30°。当结构面上存在云母、滑石、绿泥石或其他片状硅酸盐矿物时，或者当有粘

土质断层泥时，φ_j 可降低很多。结构面内饱和黏土中的孔隙水一般不易排除，充填有蒙脱质黏土的结构面的 φ_j 可低到 $6°$。结构面的黏糙角 i 变化范围很大，可从 $0°\sim40°$。

在无试验资料可资应用时，φ_j 可参见表 3-7。

表 3-7　　　　　　各种岩石结构面基本摩擦角 φ_j 的近似值

岩　石	φ_j (°)	岩　石	φ_j (°)
闪　岩	32	花岗岩（粗粒）	31~35
玄武岩	31~38	石灰岩	33~40
砾　岩	35	斑　岩	31
白　垩	30	砂　岩	25~35
白云岩	27~31	页　岩	27
片麻岩（片状的）	23~29	粉砂岩	27~31
花岗岩（细粒）	29~35	板　岩	25~30

另一种预估节理抗剪强度的方法是由巴顿（Barton）提出的。他通过试验和观察建议下列经验公式：

$$\tau_f = \sigma \mathrm{tg}\left(\varphi_j + JRC\lg\frac{R_{cj}}{\sigma}\right) \qquad (3-106)$$

式中　JRC——节理粗糙度系数，对粗糙起伏（张节理、粗糙页理、粗糙层理）为 20；对光滑起伏（光滑页理、非平面型页理、起伏的层理）为 10；对光滑且近于平面的结构面（平面型剪切节理、平面型叶理、平面型层理）为 5；

　　　　R_{cj}——靠近结构面的岩石的单轴抗压强度，由于表面风化松散，此强度一般都低于完整岩石的单轴抗压强度 R_c；

其余符号同前。

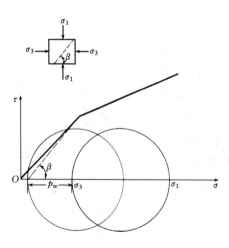

图 3-49　说明结构面在水压力作用下
开始破坏的莫尔图

实际上该公式是在方程式（3-104）中用 $JRC\lg\dfrac{R_{cj}}{\sigma}$ 代替粗糙角 i 而得的。

如果结构面内有水压力，那么由于这种水压力使有效正应力降低，结构面强度也相应降低。有意义的是计算引起结构面滑动所需的水压力。这时必须确定从代表结构面原来应力状态的莫尔圆到代表极限状态的莫尔圆向左移动的距离（图 3-49）。这个计算比无结构面的岩石稍复杂些，因为现在除了初始应力和强度参数之外，还需考虑结构面的方位（结构面法线与大主应力成 β 角）。如果初始应力状态为 σ_1 和 σ_3，则根据推导，造成结构面开始破坏的水压力用下式表示：

$$p_w = \frac{c_j}{\mathrm{tg}\varphi_j} + \sigma_3 + (\sigma_1 - \sigma_3) \times \left(\cos^2\beta - \frac{\sin\beta\cos\beta}{\mathrm{tg}\varphi_j}\right) \qquad (3-107)$$

计算时，可以先用 $c_j=0$ 和 $\varphi_j=\varphi+i$ 代入上式求得一个 p_w，再用 $c_j\neq0$ 和 $\varphi_j=\varphi$ 代入上式计算另一个 p_w，从中取较小的一个 p_w。

由有效应力定律导得的这个公式，曾经用来解释美国卡罗拉达州登维尔（Denver）附近由于注水入深污水井引起的地震，获得成功，曾用来解释西卡罗拉达州朗格莱（Rangely）油田地震，也得到满意结果。这个公式可以用来预估在靠近活动断层地区修建水库时诱发地震的可能性。然而，地壳内的初始应力场以及断层的摩擦性质必须知道。

习　　题

习题 3-1　将一个岩石试件进行单轴试验，当压应力达到 120MPa 时即发生破坏，破坏面与大主应力平面的夹角（即破坏所在面与水平面的仰角）为 60°，假定抗剪强度随正应力呈线性变化（即遵循莫尔库伦破坏准则），试计算：

1）内摩擦角。

2）在正应力等于零的那个平面上的抗剪强度。

3）在上述试验中与最大主应力平面成 30° 夹角的那个平面上的抗剪强度。

4）破坏面上的正应力和剪应力。

5）预计一下单轴拉伸试验中的抗拉强度。

6）岩石在垂直荷载等于零的直接剪切试验中发生破坏，试画出这时的莫尔圆。

7）假若岩石的抗拉强度等于其抗压强度的 10%，你如何改变莫尔包络线去代替那种直线型的破坏包络线。

8）假若将一个直径为 8cm 的圆柱形试件进行扭转试验，试预计一下要用多大的扭矩才能使它破坏？

习题 3-2　将直径为 3cm 的岩心切成厚度为 0.7cm 的薄岩片，然后进行劈裂试验，当荷载达到 10000N 时，岩片即发生开裂破坏，试计算试件的抗拉强度。

习题 3-3　岩石试件的单轴抗压强度为 130MPa，泊松比 $\mu=0.25$。

1）岩石试件在三轴试验中破坏，破坏时的最小主应力为 130MPa，中间主应力为 260MPa，试根据八面体剪应力理论的破坏准则推算这时的最大主应力 σ_1；

2）根据最大正应变理论的破坏准则，回答 1）提出的问题。

习题 3-4　设岩体内有一组节理，其倾角为 β，节理面上的凝聚力为 c_j，内摩擦角为 φ_j，孔隙水压力为 p_w，岩体内大主应力为垂直方向，试推导节理面上达到极限平衡时所满足的公式。

习题 3-5　上题中，设 $\beta=50°$，$\varphi_j=35°$，$c_j=100\text{kPa}$，垂直应力 $\sigma_y=1000\text{kPa}$。在这岩体内开挖一个洞室，必须对边墙施加 150kPa 的水平压力才能使边墙稳定，试推算节理面上的孔隙水压力 p_w。

第四章 岩石的变形

第一节 概　　述

　　岩石的变形是指岩石在任何物理因素作用下形状和大小的变化。工程上最常研究的变形是由于外力作用下引起的，例如在岩石上建造大坝或在岩石中开挖都要引起岩石变形。岩石的变形对工程建筑物的安全和牢固影响很大，因为当岩石产生大量位移时，建筑物内的应力可能大大增加。作为一例，见图4-1，设大坝建在多种岩石组成的岩基上，这些岩石的变形性质不同，则由于基岩的不均匀变位可以使坝体内的剪应力和主拉应力增长，造成开裂错位等不良后果。如果岩基中岩石的变形性质已知并且在岩基内这些性质的变化也已确定，那么在施工中可以采取某些措施防止不均匀变位。此外，像重力坝这样大体积混凝土建筑物中，混凝土内的变温应力也与岩石的变形性质有关；在分析岩基的应力时也必须知道岩石的变形性质指标。

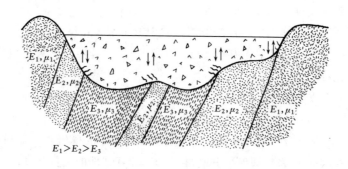

图4-1　由于基岩内变形性质不同而引起的剪应力（箭头）

　　有许多情况需要计算岩石的位移。在设计有压隧洞时，应当知道在内水压力作用下衬砌的膨胀以及当压力降低时的恢复量。拱坝坝座的变位对坝内的应力影响也很大。对于长跨度的预应力顶板结构物和桥梁、岩石内锚固、挡石结构物或岩石上的重力墩，在设计时都要用到关于岩石位移和转动方面的知识。因此，研究岩石的变形性质对于工程建筑有着重大意义。

　　大多数造岩矿物都可以认为是线性弹性体，但是岩石是多矿物的多晶体，有些晶体发育并不完全。此外，岩石构造中总有这样或那样的缺陷，如晶粒排列不细密，有细微裂隙、孔隙、软弱面等等，这样就使得岩石在荷载作用下的变形特性与造岩矿物有所不同。至于岩石在天然状态下有大的裂隙，则其影响就更大了。

　　岩石的变形特性常用弹性模量 E 和泊松比 μ 两个常数来表示。当这两个常数为已知时，就可计算在给定应力状态下的变形，这时用适于三维应力条件的广义虎克定律：

$$
\left\{
\begin{array}{c}
\varepsilon_x \\
\varepsilon_y \\
\varepsilon_z \\
\gamma_{xy} \\
\gamma_{yz} \\
\gamma_{zx}
\end{array}
\right\}
=
\left[
\begin{array}{cccccc}
\dfrac{1}{E} & -\dfrac{\mu}{E} & -\dfrac{\mu}{E} & 0 & 0 & 0 \\[2mm]
-\dfrac{\mu}{E} & \dfrac{1}{E} & -\dfrac{\mu}{E} & 0 & 0 & 0 \\[2mm]
-\dfrac{\mu}{E} & -\dfrac{\mu}{E} & \dfrac{1}{E} & 0 & 0 & 0 \\[2mm]
0 & 0 & 0 & \dfrac{2(1+\mu)}{E} & 0 & 0 \\[2mm]
0 & 0 & 0 & 0 & \dfrac{2(1+\mu)}{E} & 0 \\[2mm]
0 & 0 & 0 & 0 & 0 & \dfrac{2(1+\mu)}{E}
\end{array}
\right]
\left\{
\begin{array}{c}
\sigma_x \\
\sigma_y \\
\sigma_z \\
\tau_{xy} \\
\tau_{yz} \\
\tau_{zx}
\end{array}
\right\}
\tag{4-1}
$$

式中 σ_x、σ_y、…——应力；

ε_x、ε_y、…——相应的应变。

如果已知应变，则可用下式计算应力：

$$
\left\{
\begin{array}{c}
\sigma_x \\
\sigma_y \\
\sigma_z \\
\tau_{xy} \\
\tau_{yz} \\
\tau_{zy}
\end{array}
\right\}
=
\left|
\begin{array}{cccccc}
\lambda+2G & \lambda & \lambda & 0 & 0 & 0 \\
\lambda & \lambda+2G & \lambda & 0 & 0 & 0 \\
\lambda & \lambda & \lambda+2G & 0 & 0 & 0 \\
0 & 0 & 0 & G & 0 & 0 \\
0 & 0 & 0 & 0 & G & 0 \\
0 & 0 & 0 & 0 & 0 & G
\end{array}
\right|
\left\{
\begin{array}{c}
\varepsilon_x \\
\varepsilon_y \\
\varepsilon_z \\
\gamma_{xy} \\
\gamma_{yz} \\
\gamma_{zx}
\end{array}
\right\}
\tag{4-2}
$$

式中 G 为岩石的剪切模量；λ 为拉梅常数，它们都可用 E 和 μ 来计算出来：

$$
G=\frac{E}{2(1+\mu)} \tag{4-3}
$$

以及

$$
\lambda=\frac{E\mu}{(1+\mu)(1-2\mu)} \tag{4-4}
$$

另一个很有用的变形常数是体积弹性模量 K，其定义是平均应力 $\sigma_m=(\sigma_x+\sigma_y+\sigma_z)/3$ 与体积应变 $\Delta V/V$（这里 V 为原来的体积，ΔV 为体积改变量）之比，即

$$
K=\frac{\sigma_m}{\dfrac{\Delta V}{V}} \tag{4-5}
$$

于是

$$
K=\frac{E}{3(1-2\mu)} \tag{4-6}
$$

应当指出，仅仅用这些弹性常数来表征岩石的变形性质是不够的，因为许多岩石的变形是非弹性的。所谓弹性是指荷载卸去后岩石变形能够完全恢复的性质。许多新鲜的坚硬岩石的试验室试件是弹性的。但是在现场条件下，岩石有裂隙、破碎、层理面、黏土夹

层，大多数岩体不是完全弹性的。荷载卸除后变形不完全恢复，有永久变形（残余变形）。这种永久变形对坝的设计是重要的。图 4-2 的拱坝表示一例。当拱坝后面的水库蓄水时，坝基岩石随着水位的上升按曲线 1 变形。曲线是向上凹的，这是因为岩石内裂隙闭合，在压应力作用下岩石压密之故。当由于某种原因库水位下降并且库水泄空时，岩石卸载按曲线 2 的途径变形，发生了永久变形。拱坝基本上没有永久变形（因为坝的弹性常常比岩体的弹性大得多），它在卸荷时就有移离岩基的倾向，这就可能引起坝与混凝土之间产生缝隙，对安全有影响。重复加荷（蓄水）、卸荷（放水）可以造成回滞环。如果这种回滞环过大，则在有些情况下是不宜建造混凝土坝的。这个例子说明了对于岩石不能只考虑岩石的弹性性质，只用弹性模量 E 和 μ 等来表示

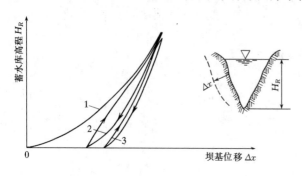

图 4-2　水库蓄水和放水循环所引起的基岩永久变形
1—加荷曲线；2—卸荷曲线；3—第三次再加荷曲线

岩石的变形性质是不够的。因此，对岩石来说，为了表征岩石的总的变形（包括弹性变形和永久变形）常常用变形模量 E_0 和侧膨胀系数 μ_0（在有些场合下也有用永久变形模量 E_p 来代表岩石永久变形特性的）。显然，在根据 E_0 和 μ_0 计算时，在式（4-1）～式（4-6）中的 E、μ、G、λ 和 K 也应当用反映岩石总变形性质的 E_0、μ_0、G_0、λ_0 和 K_0 来代替。关于总变形性质的考虑将在本章第五节有关承载板法的内容中一并论及。

　　岩石变形指标以及应力—应变关系，可以在实验室内测定，也可在现场测定。不论在实验室还是在现场，试验方法还可分为静力法和动力法两种。目前用得较多的方法是：实验室的单轴压缩试验、实验室或现场的波速测定法、用扁千斤顶或承压板的现场试验以及钻孔膨胀计法。此外，有时也做室内三轴试验、弯曲试验、现场水压试验等。

第二节　实验室变形试验

一、单轴压缩试验

　　研究岩石变形最普通的方法是单轴压缩试验。试样大多采用圆柱形（例如，用钻孔岩芯）。"规程"要求试样的直径为 5cm，高度为 10cm。两端磨平光滑，在侧面粘贴电阻丝片，以便观测变形。用压力机对试样加压，见图 4-3。在任何轴向压力下都测量试样的轴向应变和侧向应变。设试样的长度为 l，直径为 d，试样在荷载 P 作用下轴向缩短 Δl，侧向膨胀 Δd，则试样的轴向应变为

$$\varepsilon_y = \frac{\Delta l}{l}$$

以及侧向应变为

$$\varepsilon_x = \frac{\Delta d}{d}$$

如果试样截面积为 A，则应力是：

$$\sigma = \frac{P}{A}$$

假如岩石服从虎克定律（线性弹性材料），则压缩时的弹性模量 E 由下式给出：

$$E = \frac{\sigma}{\varepsilon} = \frac{P/A}{\Delta l/l} = \frac{Pl}{\Delta lA} \tag{4-7}$$

比及泊松比为：

$$\mu = \frac{\varepsilon_x}{\varepsilon_y} = \frac{\Delta dl}{d\Delta l} \tag{4-8}$$

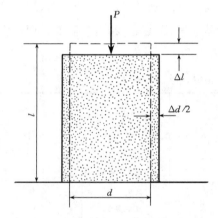

图 4-3　岩石单轴试验时的变形

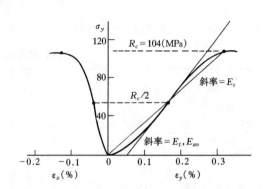

图 4-4　岩石单轴压缩试验所得的结果

图 4-4 表示做单轴压缩试验中绘制的岩石在轴向力作用下轴向应力 σ 与轴向应变 ε_y 的关系曲线，以及轴向应力 σ 与侧向应变 ε_x 的关系曲线。由图可见，要精确地定义 E 是比较困难的。曲线的坡度（斜率）分别代表 E 和 μ，它们都是随着应力（或应变）而变化的。它表明 E 和 μ 都是非线性的。在实用上，还可以定义出下列几种弹性模量：

1）初始弹性模量 E_i，它就是 σ-ε_y 曲线在零荷载时的切线斜率（图中未表示）。

2）切线弹性模量 E_t，它是 σ-ε_y 曲线在某点处的（一般为抗压强度的 50%）切线斜率。对于图 4-4 所示的例子，$E_t = 51.0$ GPa。

3）平均弹性模量 E_{av}，它是 σ-ε_y 曲线的近乎直线段的平均斜率，图 4-4 的例子中，$E_{av} = 51.0$ GPa。

4）割线弹性模量 E_s，即图中原点与 σ-ε_y 曲线上某点的连接直线的斜率，在图 4-4 中，原点与抗压强度处点子相连，$E_s = 32.1$ GPa。

相应于任何弹性模量的泊松比用下式计算：

$$\mu = \frac{\Delta\varepsilon_x}{\Delta\varepsilon_y}$$

对于图 4-4 的情况，相应于前面算得的 E_t、E_{av}、E_s 的泊松比 μ 分别大致为 0.29、0.31、0.40。

因为试样是轴对称的，所以在任何试验阶段的体积应变是

$$\varepsilon_v = \varepsilon_y + 2\varepsilon_x$$

例如，当应力 $\sigma = 80$MPa（见图 4-4），$\varepsilon_y = 0.220\%$，$\varepsilon_x = -0.055\%$ 以及 $\varepsilon_v = 0.110\%$。

二、三轴压缩试验

用岩石三轴仪也可直接测定岩石的弹性模量。设施加在试件上的轴向应力为 σ_1，压力室的侧压力为 σ_3，测得的轴向应变为 ε_1，则弹性模量用下式计算：

$$E = \frac{(\sigma_1 - 2\mu\sigma_3)}{\varepsilon_1} \tag{4-9}$$

如测得侧向应变 ε_3，令 $\varepsilon_3/\varepsilon_1 = B$，则可用下式计算泊松比

$$\mu = \frac{B\sigma_1 - \sigma_3}{\sigma_3(2B-1) - \sigma_1} \tag{4-10}$$

在表 4-1 上列出了某些岩石的 E 和 μ 值的参考值。利用该表，结合岩石的物理性质，借经验可以估计出任何岩石的弹性模量，一般误差为 $\pm 20\%$。

表 4-1   零荷载时岩石的弹性常数

岩　　石	E (MPa)	μ	岩　　石	E (MPa)	μ
花岗岩	$2\sim6\times10^4$	0.25	砂　岩	$0.5\sim8\times10^4$	0.25
细粒花岗岩	$3\sim8\times10^4$	0.25	页　岩	$1\sim3.5\times10^4$	0.30
正长岩	$6\sim8\times10^4$	0.25	泥　岩	$2\sim5\times10^4$	0.35
闪长岩	$7\sim10\times10^4$	0.25	石灰岩	$1\sim8\times10^4$	0.30
粗玄岩	$8\sim11\times10^4$	0.25	白云岩	$4\sim8.4\times10^4$	0.25
辉长岩	$7\sim11\times10^4$	0.25	煤	$1\sim2\times10^4$	0.30
玄武岩	$6\sim10\times10^4$	0.25			

第三节　岩石变形性质

一、岩石应力—应变的一般关系

现在以单向压缩试验结果讨论岩石的应力—应变关系。

对于较多数的岩石来说，应力—应变曲线具有近似直线的形式，并在直线的末端 F 点处发生突然破坏，如图 4-5（a）所示。这种应力—应变关系可用下式表示

$$\sigma = E\varepsilon \tag{4-11}$$

式中　E——弹性模量，即 OF 线的斜率。

如果岩石严格地遵循式（4-11）的关系，那么这种岩石就是线性弹性的。弹性力学的理论完全适用于这种岩石。

如果岩石的应力—应变关系不是直线，而是曲线，但应力与应变之间有着唯一的关系，即

$$\sigma = f(\varepsilon) \tag{4-12}$$

则这种材料称为**完全弹性的**，见图 4-5（b）。当荷载逐渐施加到任何点 P，得加载曲线 OP。如果在 P 点将荷载逐渐卸去，则卸载曲线仍沿 OP 曲线的路线退到原点 O，亦即仍

按上式相同的路线进行。这时，当荷载释放时所有的能量都积蓄在试件内。由于应力—应变是一曲线关系，所以这里没有唯一的模量，但对于相应于 P 点的任何的 σ 值，都有一个切线模量和割线模量。切线模量就是 P 点在曲线上的切线 PQ 的斜率

$$\frac{\mathrm{d}\sigma}{\mathrm{d}\varepsilon}$$

而割线模量就是割线 OP 的斜率，它等于 σ/ε。

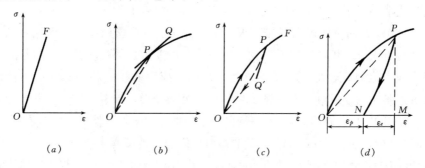

图 4-5　岩石的应力—应变曲线

(a) 线性弹性材料；(b) 完全弹性材料，切线模量用 PQ 的斜率表示割线模量用 OP 的
斜率表示；(c) 加、卸荷形成滞回环的弹性材料；(d) 弹塑性材料

如果逐渐加载至某点 P，然后再逐渐卸载至零，应变也退至零，但卸荷曲线不走加载曲线 OP 的路线，如图 4-5 (c) 中虚线所示，则这种材料称为**弹性的**。这时产生了所谓滞回效应。在这种情况下，加载时在物体上做的功大于卸载时所做的功。因此，在加载与卸载的循环中能量在物体中消散。卸载曲线上 P 点的切线 PQ' 的斜率就是相应于该应力的**卸载模量。**

如果逐渐加荷至某点 P，得加载曲线 OP，然后再逐渐卸载至零，不仅卸载曲线不走加载曲线的路线，而且应变也不恢复到零（原点），见图 4-5 (d) 的 N 点，则这种材料称为**弹塑性的**。能够恢复的变形叫做弹性变形，以 ε_e 表示（MN 段），而不可恢复的变形，称为塑性变形或残余变形或永久变形，以 ε_p 表示。加载曲线与卸载曲线所组成的环，叫做塑性滞回环。弹性模量 E 就是加载曲线直线段的斜率，而加载曲线直线段大致与卸载曲线的割线相平行。这样，一般可将卸载曲线的割线的斜率作为弹性模量，即

$$E=\frac{PM}{NM}$$

而岩石的变形模量 E_0 取决于总的变形量，即取决于弹性变形 ε_e 与塑性变形 ε_p 之和，$\varepsilon=\varepsilon_e+\varepsilon_p$。它是正应力 σ 与总的正应变之比。其值可按下式计算：

$$E_0=\frac{\sigma}{\varepsilon} \tag{4-13}$$

在图 4-5 (d) 上，它相应于割线 OP 的斜率

$$E_0=\frac{PM}{OM}$$

在线性弹性材料中，变形模量等于弹性模量。在弹塑性材料中，当材料屈服后，其变

形模量不是常数，它与荷载的大小或范围有关。在应力—应变曲线上的任何点与坐标原点相连的割线的斜率，表示该点所代表的应力的变形模量。

对于图4-5的前面三种情形来说，理想材料在F点突然破坏之前都以不同的形式表现出不同的弹性性质，而后一情况表现出弹塑性的性质。实际典型的岩石应力—应变曲线则往往是如图4-6所示的形式。这种曲线一般可以分为四个区段：①在OA区段内，该曲线稍微向上弯曲；②在AB区段内，很接近于直线；③BC区段内，曲线向下弯曲，直至C点的最大值；④下降段CD。

在OA和AB这两个区段内，岩石很接近于弹性的，可能稍有一点滞回效应，但是在这两个区段内加载与卸载对于岩石不发生不可恢复的变形。第三区段BC的起点B往往是在C点最大应力值的2/3处，从B点开始，应力—应变曲线的斜率随着应力的增加而逐渐降低到零。在这一范围内，岩石将发生不可恢复的变形，加载与卸载的每次循环都是不同的曲线。在图4-6上的卸载曲线PQ在零应力时还有残余变形ε_p。如果岩石上再加载，则再加载曲线QR总是在曲线OABC以下，但最终与之连接起来。

第四区段CD，开始于应力—应变曲线上的峰值C点，其特点是这一区段上曲线的斜率为负值。在这一区段内卸载可能产生很大的残余变形。图中ST表示卸载曲线，TU表示再加载曲线。可以看出，TU线在比S点低得多的应力下趋近于CD曲线。这一范围内的特点是岩石表现出脆性性质。但是，应当指出，压力机的特性对岩石的破坏过程有很大的影响。假如压力机在对试件加压的同时本身变形也相当大，则能量就积蓄在压力机内，而当试件破坏来临时突然释放，从而引起急骤变形，试件碎片猛烈飞溅。在这种情况下就做不出图4-6上所示的CD曲线，而在C点附近就发生突然破坏。反之，如果压力机的变形甚小（刚性压力机），积蓄在机器内的能量很小，试件不会破坏成碎片。由于试件的反作用力在破坏时开始减小，作用在试件上的力也要随着发生微小移动而相应地缓慢地减小。有人用这样的刚性压力机对已发生破坏但仍保持完整的岩石测出了破坏后的变形，如图4-6所示。通过这一讨论，我们就不难理解在矿山开采中有些矿柱虽已破坏但仍保持完整的机理。从图4-6上所示破坏后的荷载循环STU来看，破坏后的岩石仍可能具有一定的刚度，从而也就可能具有一定的承载能力。

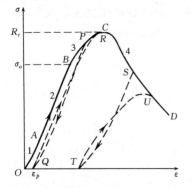

图4-6　岩石的完全的应力—应变曲线

1，2—弹性阶段曲线；3—弹塑性

阶段曲线；4—脆性阶段曲线

以上分析了应力—应变曲线的四个区段。研究指明：第一区段属于压密阶段，这是由于细微裂隙受压闭合造成的；第二区段AB相应于弹性工作阶段，应力与应变关系曲线为直线；第三阶段BC为材料的塑性性状阶段，主要是由于平行于荷载轴的方向内开始强烈地形成新的细微裂隙，B点是岩石从弹性转变为塑性的转折点，也就是所谓屈服点，相应于该点的应力σ_0称为屈服应力；最后区段CD为材料的破坏阶段，C点的纵坐标就是大家熟知的单轴抗压强度R_c。

二、应力—应变曲线的几种类型

上面讨论了应力—应变曲线的一种类型，这是岩石应力—应变曲线中的主要类型。岩石的应力—应变曲线随着岩石的性质有各种不同类型。在这方面已经摸出了一定的规律。奥人米勒（Miller）采用28种岩石进行了大量的单轴试验后，将岩的应力—应变曲线分成6种类型，如图4-7所示。

类型Ⅰ，表示应力与应变的关系是一直线或者近似直线，直到试样发生突然破坏为止。具有这种变形类型的岩石有玄武岩、石英岩、白云岩以及极坚固的石灰岩。由于塑性阶段不明显，这些材料具有弹性性质。

类型Ⅱ，在应力较低时，应力—应变关系近似于直线。当应力增加到一定数值后，应力—应变曲线向下弯曲变化，且随着应力逐渐增加，曲线斜率也越来越小，直至破坏。具有这种变形性质的典型岩石有较软弱的石灰岩、泥岩以及凝灰岩等等。这些材料具有弹—塑性性质。

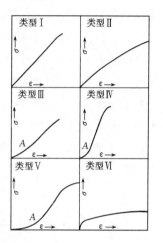

图4-7　岩石的典型应力—应变
曲线类型

类型Ⅰ—弹性；类型Ⅱ—弹—塑性；
类型Ⅲ—塑—弹性；类型Ⅳ—塑—
弹—塑性；类型Ⅴ—塑—弹—塑
性；类型Ⅵ—弹—塑—蠕变

类型Ⅲ，在应力较低时，应力—应变曲线略向上弯曲。当应力增加到一定数值后（如曲线上的 A 点），应力—应变曲线就逐渐变为直线，直至试样发生破坏。具有这种变形性质的代表性岩石有砂岩、花岗岩、片理平行于压力方向的片岩以及某些辉绿岩等等。从力学属性来看，这种变形性质属于塑—弹性。

类型Ⅳ，压力较低时，曲线向上弯曲。当压力增加到一定值后，变形曲线就成为直线。最后，曲线向下弯曲。曲线似 S 形。具这种变形类型的岩石大多数是变质岩，例如大理岩、片麻岩等等。这种材料具有塑—弹—塑性质。

类型Ⅴ，基本上与Ⅳ相同，也呈 S 形，不过曲线的斜率较平缓。一般发生在压缩性较高的岩石中。压力垂直于片理的片岩具有这种性质。

类型Ⅵ，应力—应变曲线是岩盐的特征，开始先有很小一段直线部分，然后有非弹性的曲线部分，并继续不断地蠕变。某些软弱岩石也具有类似特性。这种材料属弹—塑—蠕变性质。

在以上这些应力—应变关系曲线中，向下弯的曲线（类型Ⅱ）和 S 形曲线在高应力时出现的下弯段，是由于高压力作用下岩石内部形成细微裂隙和局部破坏的缘故；而向上弯曲的曲线（类型Ⅲ）以及 S 形曲线在低压时出现的向上弯曲段，是由于岩石在压力作用下其张开裂隙或微裂隙闭合的结果。由于张开裂隙或微裂隙闭合而引起的岩石变形是不可恢复的，这就属于塑性变形的性质。此外，在裂隙两侧面上一般并不光滑平整，而总是在裂隙面上有高低不平的"丘状"部分。裂隙闭合过程中，裂隙面上的"丘状"部分先接触，这些"丘状"部分就产生弹性变形。随着荷载的增加，这些"丘状"部分接触处的总面积也就增大，而"丘状"部分的高度减小，这就决定着应力—应变曲线的非线性性质（非线性弹性）。这一部分曲线的长度依据岩石裂隙性的状态和性质而定。在无裂隙的完整岩石中，一般实际上不出现这种性质（类型Ⅰ）。

三、反复加载与卸载条件下的变形特性

前面已经提到，对于线性弹性的岩石，卸载曲线与加载曲线相同，即两根曲线重合，例如图 4-6 上曲线的 AB 段以及图 4-7 上类型 I 的弹性性质岩石即属于这种情况。如果在这类岩石上多次反复加、卸载，则每次加、卸载曲线都是一根重合直线。

对于非弹性岩石，例如弹塑性岩石，如果卸载点 P 超过屈服点，则卸载曲线不与加载曲线重合，形成塑性滞回环。根据经验卸载曲线的平均斜率一般与加载曲线直线段的斜率相同，或者和原点切线的斜率相同。

如果多次反复加载与卸载，且每次施加的最大荷载与第一次加载的最大荷载一样，则每次加、卸载曲线都形成一个塑性滞回环（图 4-8）。这些塑性滞回环随着加、卸载的次数增加而越来越狭窄，并且彼此越来越靠近，一直到某次循环没有塑性变形为止，如图 4-8 中的 HH' 环。

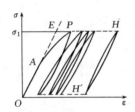

图 4-8　当循环加、卸载时的应力—应变曲线

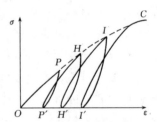

图 4-9　应力—应变曲线

如果多次反复加载、卸载循环，每次施加的最大荷载比前一次循环的最大荷载为大，则可得图 4-9 所示的曲线。随着循环次数的增加，塑性滞回环的面积也有所扩大，卸载曲线的斜率（它代表着岩石的弹性模量）也逐次略有增加。这个现象称为强化。此外，每次卸载后再加载，在荷载超过上一次循环的最大荷载以后，变形曲线仍沿着原来的单调加载曲线上升（图 4-9 中的 OC 线），好像不曾受到反复加卸荷载的影响似的。

四、岩石在三向荷载下的变形特性

在室内，岩石在三向荷载下的变形特性常常采用三轴压力试验的方法来测定。

在三向应力作用下，岩石的应力—应变曲线也同图 4-6 上的单轴压缩情况下的曲线类似。例如，图 4-10 上示有苏长岩在三向应力条件下的完全的应力—应变曲线，该图也说明了反复加载、卸载的影响。

在三轴试验中，垂直轴向压力引起岩石试件的轴向压缩，从而产生轴向应变 ε_1，同时也引起试件的径向膨胀，从而产生 ε_2 和 ε_3（这一情况在单轴压缩中也是一样的）。试件的径向膨胀甚易通过排出的加压液体（油）的体积而测出，从而可求得 $\varepsilon_2 + \varepsilon_3$ 之和。这样就可绘出完全的轴向应力 σ_1 与轴向应变 ε_1 的关系曲线以及径向应变 $\varepsilon_2 + \varepsilon_3$ 与轴向应变 ε_1 的关系曲线。图 4-11 上绘有砂岩的这种曲线的例子。

在图 4-12 上绘有一组完全的轴向应力—应变曲线以及相应的径向应变—轴向应变曲线，这些曲线是对黏土质石英岩试件用三轴试验在不同的侧限压力下测得的。重要指出，这里的径向应变—轴向应变曲线远不是线性的，特别是在侧限压力不大的情况下更为显著。

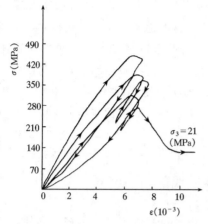

图 4-10　苏长岩试件在反复加、卸载条件下
的完全的应力—应变曲线（侧限应力 21MPa）

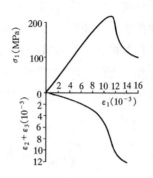

图 4-11　砂岩轴向应力—轴
向应变曲线以及径向应变—
轴向应变曲线

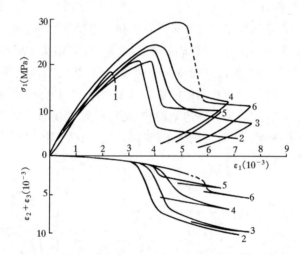

图 4-12　黏土质石英岩在不同侧限压力下的轴向应力—应变曲线以及
径向应变—轴向应变曲线

1—$\sigma_3 = 0$；2—$\sigma_3 = 3.5$MPa；3—$\sigma_3 = 6.9$MPa；4—$\sigma_3 = 13.8$MPa；
5—$\sigma_3 = 27.6$MPa；6—$\sigma_3 = 27.6$MPa

图 4-13 表示三轴试验中测定的轴向应力—应变曲线和轴向应力—体积应变曲线，是用图 4-12 上的曲线 3 重新绘制的。体积应变 $\Delta V / V_0$ 就是三个主应变之和 $\varepsilon_1 + \varepsilon_2 + \varepsilon_3$，这里 ΔV 是试件压缩时的体积变化，而 V_0 是原来没有施加任何应力时的体积。从图中看出，当轴向应力 σ_1 较小时，岩石符合线弹性材料的性状。体积应变 $\Delta V / V$ 是具有正斜率的直线，这是由于 $\varepsilon_1 > |\varepsilon_2 + \varepsilon_3|$，

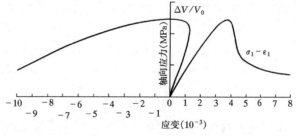

图 4-13　岩石的轴向应力—应变曲线和轴向
应力—体积应变曲线

亦即体积随着压力的增加而减小。当应力大约达到强度的一半时，体积应变开始偏离线弹性材料的直线。随着应力的增高，这种偏离的程度也越来越大，在接近破裂时，偏离程度是变得如此之大，使得岩石在压缩阶段的体积超过其原来的体积，产生负的压缩体积应变，通常称为扩容。扩容就是扩大体积的现象。它往往是岩石破坏的前兆。为解释这个扩容，试件在接近破裂时的侧向应变之和必须超过其轴向应变，即 $|\varepsilon_2 + \varepsilon_3| > \varepsilon_1$。扩容是由于岩石试件内张开细微裂隙的形成和扩张所致，这种裂隙的长轴与最大主应力的方向是平行的。

第四节　岩石应力—应变曲线的影响因素

试验证明，影响岩石应力—应变的因素较多，例如试样的尺寸、荷载板条件、荷载速率、温度、侧向压力、各向异性等。下面对主要因素作一简单论述。

一、荷载速率

做单轴压缩试验时，施加荷载的速率对岩石的变形性质有明显影响。从日常生活中知道，当把塑料球向一个平面撞击时，塑料球能够像皮球一样弹回来。但是，当把塑料球夹在两块平板中间慢慢加压时，则它就像黏滞体一样缓慢变形，甚至塑性流动。岩石试验中，用冲击荷载测得的弹性模量比用静荷载测得的要高得多。图 4-14 表示混凝土在不同加荷速率时的应力—应变曲线。由此可见加荷速率越快，测得的弹性模量越大；加荷速率越慢，弹性模量越小，峰值应力不显著。岩石与混凝土相类似，完全有着类似的变形性质。

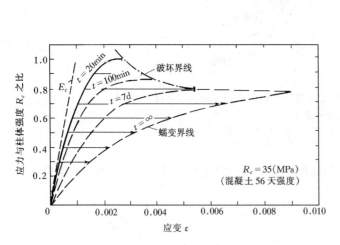

图 4-14　加荷速率对混凝土应力—应变性状的影响
〔根据勒许（Rusch）的资料〕

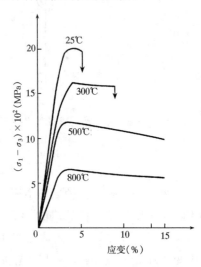

图 4-15　侧限压力为 500MPa 时的花岗岩在不同温度下的应力—应变曲线

二、温度

温度对于岩石的变形有很大影响。根据研究，在室温时表现为脆性的岩石，在较高的温度时可以产生大量永久变形。在图 4-15 上示有花岗岩在不同温度时的应力—应变曲线。这一问题在地质学和地球物理学中具有重大意义。工程建筑中遇到的岩石温度变化幅度甚小，一般可以不去考虑。

三、侧向压力

侧向压力 σ_3 对于岩石的强度和变形都有很大影响，这可以从第三章中的图 3-29 清楚看出：

1）在单向应力状态下（$\sigma_3=0$），大理岩试件在变形不大的情况下就产生脆性破坏，这一点可以从图 3-29 的曲线组中 $\sigma_3=0$ 的变形曲线看出来，该曲线稍微有一点向下弯曲，试件就破坏了。图中看出，由于侧向压力 σ_3 的存在，岩石在破坏时总的变形增加了，并且随着 σ_3 的增大而增加，这也说明岩石的塑性变形也是随着 σ_3 的增加而表现得更加明显了。

2）当 σ_3 增大到一定的范围时，岩石开始几乎符合理想塑性变形。若 σ_3 再增大，岩石的变形特性变化不大。由图 3-29 可见，在 $\sigma_3=249$MPa 和 $\sigma_3=326$MPa 的曲线已几乎接近重合；在 $\sigma_3=165$MPa 时，岩石的塑性变形已经表现得很大了。

3）在有 σ_3 的情况下，岩石的变形不仅与 σ_3 的大小有关，而且还与 $\sigma_1-\sigma_3$ 的数值有关。不论 $\sigma_3=0$ 或者 σ_3 很大，岩石的应力—应变曲线起初都有一段近似的直线阶段，说明当 $\sigma_1-\sigma_3$ 的数值在一定范围内岩石的变形总是符合线性弹性的，而当 $\sigma_1-\sigma_3$ 的数值超出一定范围时，岩石的变形才合乎塑性变形的性质。

研究还证明，对于孔隙率很低的岩石，侧向压力对于弹性模量的影响是比较小的；但是对于部分开裂的、孔隙率高的以及软弱的岩石，这个影响就大得多。霍夫曼（Hoffmann）用砂岩做试验证明，随着侧向压力的升高，弹性模量可以增加 20%，但是当接近破裂时，弹性模量可以降低 20%～40%。对黏土岩和煤也得到类似结果。一般来说，在岩石弹性界限内，侧向压力的影响是增加岩石的初始切线模量，因而也增加任何应力水平时的切线模量（以及割线模量）。在侧向压力作用下岩石的弹性模量与应力之间的非线性关系，可用下列的邓肯（Duncan）公式表示：

$$E_t=E_i\left[1-\frac{(\sigma_1-\sigma_3)R_f}{(\sigma_1-\sigma_3)_f}\right]^2 \tag{4-14}$$

式中　　E_t——应力为 σ_1 时的切线模量；

　　　　E_i——初始切线模量；

　　$\sigma_1-\sigma_3$——应力差（MPa）；

　$(\sigma_1-\sigma_3)_f$——当破坏时的应力差（MPa）；

　　　　R_f——破坏比，它等于：

$$R_f=\frac{(\sigma_1-\sigma_3)_f}{(\sigma_1-\sigma_3)_{ult}} \tag{4-15}$$

$(\sigma_1-\sigma_3)_{ult}$——应力差的渐近值（MPa），见图 4-16。

R_f 的值总是小于 1，并且与侧向压力无关。

初始切线模量与侧向压力的关系可以写作：

$$E_i=Kp_a\left(\frac{\sigma_3}{p_a}\right)^n \tag{4-16}$$

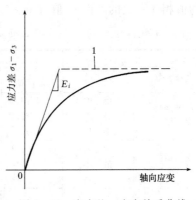

图 4-16　应力差—应变关系曲线

1—$(\sigma_1-\sigma_3)_{ult}$ 的渐近线

式中　K——模量系数；

　　　n——模量指数；

　　　p_a——大气压力（MPa）。

在图 4-17 上列出了某些岩石的试验结果。

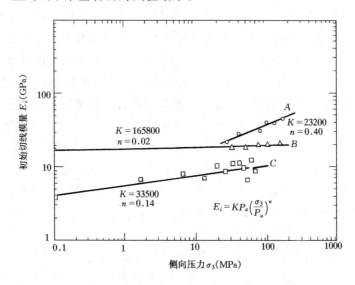

图 4-17　初始切线模量随着侧向压力的变化

［根据库尔哈威（Kulhawy）］

A—安山岩；B—粗面岩；C—大理岩

　　大气压力 p_a、侧压力 σ_3 以及模量 E_i 应当用同一种单位表示，以保证 K 和 n 为素数。在表 4-2 上列有典型岩石的 K、n 及 R_f 值，供参考应用，它们是根据许多同类型岩石试验结果统计而来的。这些参数的一般趋向是：①低孔隙率的、坚硬的、结晶的或均质的岩石具有高的 K 值和低的 n 和 R_f 值。低的 n 值表示侧向压力对弹性模量的影响不大，低的 R_f 值表明应力—应变曲线是接近线性的；②多孔的、弹性的或节理闭合的岩石具有比较低的 K 值和比值高的 n 和 R_f 值，意味着应力与应变关系是非线性的；③表中 n 和 R_f 的平均值相互一致的，而 K 值有重大变化。

表 4-2　　　　　　　　　一些典型岩石的 K、n 和 R_f 值

参　数 岩石种类		岩　浆　岩		变　质　岩		沉　积　岩	
		深成的	浅成的	非叶片状的	叶片状的	碎屑的	化学的
模量系数 K（10^3）	最　大	1101.0	756.0	730.0	434.0	161.8	742.0
	最　小	63.2	1.4	39.5	23.8	0.1	1.0
	平　均	683.9	181.4	398.6	134.9	62.2	186.4
模量指数 n	最　大	0.19	1.15	0.14	0.36	1.22	0.67
	最　小	−0.01	−0.08	0.00	0.02	0.00	0.00
	平　均	0.03	0.12	0.02	0.19	0.20	0.17
破坏比 R_f	最　大	0.72	0.80	0.92	0.68	0.84	0.96
	最　小	0.18	0.23	0.43	0.18	0.25	0.33
	平　均	0.40	0.52	0.74	0.49	0.57	0.64

四、各向异性

由于岩石内有层理或者在某一方向内的节理特别发育，所以即使对于同一种岩石来说，它们的弹性模量和泊松比也是随着其方向的不同而异的，这就是岩石的变形各向异性，这对有些沉积岩表现得特别显著。在图 4-18 上绘有某些岩石的实验室试验和现场试验的结果。天然情况下的层状岩石一般可看作横观各向同性体。横观各向同性体材料要用5 个弹性常数来描述。这 5 个常数是：E_1 和 E_2 分别为平行于和垂直于各向同性面的弹性模量；μ_1 和 μ_2 分别为各向同性面内压缩时和垂直该面压缩时决定各向同性面内膨胀的泊松比；$G_2 = E_2/1 + \mu_2$。

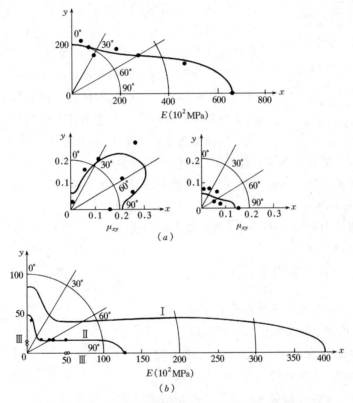

图 4-18　某些岩石的弹性模量和泊松比的各向异性
(a) 片状岩石（实验室试验）；(b) 三种片岩 I，II，III（现场试验，
根据炳托 Pinto 的资料）

第五节　现 场 变 形 试 验

现场变形试验也称原位变形试验。比起实验室变形试验来，它更能反映天然岩体的性质（例如裂隙、节理等地质缺陷），所以有条件最好做这种试验。但是现场试验所需工作量大、时间长、费用高，故这种试验并不是所有工程都能采用的，一般对于一些重要的建筑物如等级高的水工隧洞、地下厂房、大坝地基，采用这种方法。

试验方法分静力法和动力法两种。本节介绍静力法。

一、承压板法

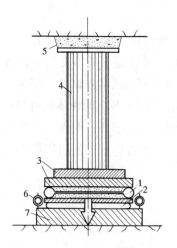

图 4-19　承压板法试验装置图
1—加压钢枕；2—测力钢枕；
3—传压钢板；4—传力柱；5—顶板；
6—千分表；7—垫板

该法就是通过刚性或柔性承压板将荷载加在岩面上，测定其变形的一种试验方法。试验可以在平地上或在平硐中进行。先在已选择好的有代表性的地段上，清除爆破影响深度内的破碎岩石，并且把岩面整平，然后安装油压千斤顶，通过承压板对岩面施加静荷载，定时测量岩体表面的变形。试验装置见图 4-19 所示。

试验采用的承压板多半是刚性承压板，其尺寸大小是根据岩体中裂隙的间距和试验所选用的最大压力来确定的，通常采用的是 $2000\sim2500cm^2$。施加荷载的方法，视岩体结构和工程实际使用的情况而定。当岩体比较完整时，采用分级加荷。每级荷载作一次加荷、卸荷过程，叫逐级一次循环，用以确定岩体在不同荷载条件下的变形特性；当岩体内有断层、裂隙和软弱夹层时，采用逐级多次循环加荷的方法，即在每一级荷载条件下，作多次加荷、卸荷过程，借以了解各种结构面的存在对岩体变形的影响。

试验时，根据施加的单位压力 p 和实测的岩面变形 S，绘制 p-S 关系曲线，如图 4-20 所示。然后，按照所采用的承压板的刚度和形状，用下列弹性力学公式计算变形（弹性）模量：

$$E = \frac{pD(1-\mu^2)\omega}{S} \qquad (4-17)$$

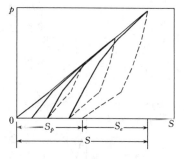

图 4-20　承压板试验岩体的
p-S 关系曲线

式中　E——岩体的变形（弹性）模量（MPa）；

p——作用在岩面上的压力（MPa）；

S——岩面的变形（或受截面积的平均变形）（m），当用弹性变形 S_e 代入式（4-17）时，得弹性模量 E；当用总变形 S 代入时，得变形模量 E_0；当用永久变形 S_p 代入时，得永久变形模量 E_p；

D——承压板尺寸（圆形板为直径，方形板为边长）（m）；

ω——与承压板的刚度和形状有关的系数。刚性圆形板取 0.79，方形板取 0.88；柔性圆形板若按板中心变形计算取 1，按板边缘计算取 $2/\pi$，柔性环形板如按中心变形计算，取 2 倍的内、外直径之差；

μ——泊松比，一般通过室内试验决定。

二、狭缝法（刻槽法）

该法是根据椭圆孔受内水压力作用，产生应力与变形关系的原理建立起来的。试验时，通过埋置在狭缝中的钢枕（扁千斤顶），对狭缝两侧的岩体施加压力，同时测量岩体的变形，从而算出岩体的变形特性。

试验是在选定的有代表性的试验点上开凿一条狭缝中进行，狭缝的方向与受力方向垂直，槽的大小视钢枕的尺寸而定。试验装置见图 4 - 21 所示。

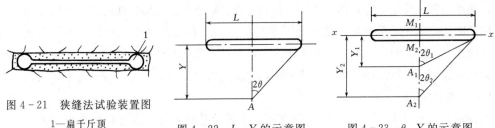

图 4 - 21　狭缝法试验装置图

1—扁千斤顶

图 4 - 22　L，Y 的示意图　　　图 4 - 23　θ，Y 的示意图

根据试验结果，按下列不同情况计算变形（弹性）模量：

（一）按绝对变形计算

$$E = \frac{pL}{2u_A B}\left[(1-\mu) + \frac{2(1+\mu)B^2}{B^2+1}\right] \tag{4-18}$$

$$B = \frac{2Y + \sqrt{4Y^2 + L^2}}{L}$$

式中　u_A——钢枕对称轴上，A 点（见图 4 - 22）处的绝对变形（m）；

E——当 u_A 为总变形时是变形模量，u_A 为弹性变形时，则为弹性模量（MPa）；

p——刻槽岩壁上的压力（MPa）；

L——狭缝长度（m）；

B——与狭缝长度和测量点位置有关的数；

Y——测量点至狭缝中心线距离（m）。

（二）按相对变形计算

$$E = \frac{pL}{2u_R}\left[(1-\mu)(\mathrm{tg}\theta_1 - \mathrm{tg}\theta_2) + (1+\mu)(\sin2\theta_1 - \sin2\theta_2)\right] \tag{4-19}$$

式中　u_R——钢枕对称轴线上的 A_1、A_2 两点间的相对位移（m）；

θ_1——如图 4 - 23 所示，与测点 A_1 的位置有关的角度（°）。即 $\theta_1 = \frac{1}{2}\mathrm{tg}^{-1}\left(\frac{L}{2Y_1}\right)$，其中

Y_1 为 A_1 点至狭缝中轴线 X - X 的距离。

目前，在试验工作中应用较多的是按相对变形计算。

狭缝法的设备简单轻便，挖槽施工对岩体的扰动较小，它能适应各种方向加压，所以也可以在软弱夹层或断层带中做试验。由于在测试技术和计算方法上还存在一些问题，如采用的计算公式是半无限平面应力状态下椭圆孔孔周的变形公式，而实际上，测量断面是试区范围的自由端表面，加上受固定端约束的影响，该断面不属平面应力状态。因此，狭缝法比起承压板法来可靠性要差。

目前，国内还广泛使用单、双轴压缩法。它是在狭缝法的基础上形成的。在试验体的四周切槽，相邻的两个槽要互相垂直。所谓单轴压缩就是在相对的两个槽中，放入钢枕对试验体加压。所谓双轴压缩，就是在四个槽中都放入钢枕，同时对试验体加压，在加压的过程中测定岩体的变形。单、双轴压缩的试验方法，适用性比较广，除了用于坚硬、半坚硬的岩体外，还适用于具有一定厚度的夹层、断层和裂隙密集带等地段。此外，这种方法

还可以同时测得岩体的变形模量和泊松比两个参数。

三、环形加荷法

该法是一种适用于测定岩体处于压、拉两种应力状态下的变形特性的试验方法。为了进行这种试验，必需先选择与建筑物的地质条件相近的、有代表性的地段，开凿一条试验隧洞。洞径大小一般是取 2～3m；洞长不小于 3 倍洞径。然后对洞壁岩面加压，并量测洞壁变形。对洞壁加压，可以采用各种不同的方法，目前应用较多的是水压法和径向千斤顶法。

（一）水压法

就是利用高压水对洞壁加压的一种方法。在试验进行之前，须要在试验洞内选定几个测量断面，并且安装测量洞径变形的仪器（如钢弦测微计、电阻测微计等），再在试验洞端用钢筋混凝土加以封闭。在试验时向洞中充灌高压水，对洞壁进行加压。与此同时，测定相应的径向变形值。根据实际测定的资料，可以绘制出压力与变形关系曲线。水压法试验的装置见图 4－24 所示。

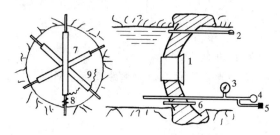

图 4－24　水压法试验装置示意图
1—出入孔；2—排气管；3—压力表；4—水量计；5—放水孔；6—电缆管；7—钢钢测杆；8—钢弦应变计；9—电缆

水压法试验的特点是，岩石的受荷面积大，压力分布均匀，能测得各个方向上的变形。另外，它的受力条件与压力隧洞的受力条件完全一样。所以它是研究压力隧洞岩体变形的较好方法。水压法还用来确定岩体的弹性抗力系数，为隧洞的衬砌设计提供依据。不过，这种试验方法在破碎岩体中或透水性大的地段不宜采用，而且比起其他方法来，费用大、时间长。所以，一般只是在重要工程的设计阶段进行。

（二）径向千斤顶法（奥地利法）

在这个方法中，不是用水压力对洞壁加压，而是借助于一个圆形的钢支撑圈（国内有的单位采用十二边形反力框架），与洞壁间安放的扁千斤顶加压。扁千斤顶是沿着环向均匀布置，每个断面一般放 12～16 个。以试验洞的中心轴为基准，沿径向布置测杆，使之呈辐射状，测杆上装有测量仪表。此外，在传力的衬砌外部也要预先埋置各种量测仪表。扁千斤顶逐级增加压力，就可以测定洞壁岩体的相应变形。试验装置见图 4－25 所示。

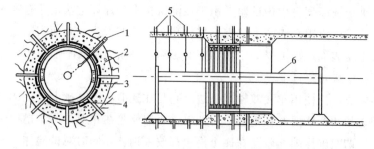

图 4－25　径向千斤顶法装置示意图
1—锚定点；2—混凝土衬砌；3—扁千斤顶；4—钢支撑圈；5—钢测杆；6—钢性钢圆管

（三）钻孔膨胀计法

这种方法又叫钻孔变形计法。在进行这种试验时，先在岩体中打钻孔，并将孔壁修整光滑，然后将膨胀计放入孔内，其装置见图4-26。这种膨胀计，实质上就是一种圆筒形千斤顶，如图4-27所示。用它对孔壁加压，并通过线性差动传感器测出孔壁的变形，从而计算岩体的变形常数。

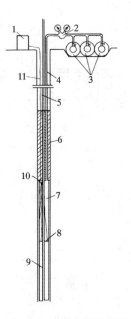

这一方法自20世纪60年代起发展很快。其主要原因是它有下列优点：扰动岩体小；不需专门开挖试验洞，因而费用较少；设备简单、轻便、可以装拆供多次使用和进行大面积范围测定使用，特别是可以在岩体的深部和有地下水的地方进行（可在地下200m或更深的钻孔中进行试验）。但是也存在一些缺点，例如：钻孔直径较小，一般只有几个厘米至几十厘米。因此，压力作用在岩体上影响范围较小；在垂直钻孔中测定的岩体变形，只能求出岩体在水平方向的模量等等。

根据上述三种环形法试验结果，岩体的变形（弹性）模量均可按下式计算：

$$E = \frac{pr(1+\mu)}{y} \qquad (4-20)$$

图4-26 岩石钻孔膨胀
计法试验装置图

1—测量站；2—调压器；3—压缩空气瓶；4—高压管；5—钻孔；6—混凝土塞；7—薄壁钢圆筒；8—传感器；9—胶结用的管子；10—压盖；11—电缆

式中 p——作用在围岩岩面上的压力（MPa）；

y——岩面的径向变形值（水压法可取直径伸长量的一半）（m）；

r——试验洞（或钻孔）的半径（m）；

其余符号意义同前。

上面介绍了几种测定岩体变形的现场试验方法。在实际应用时究竟用哪一种方法为适宜，这要根据建筑物设计的需要、现场地质条件和现有设备与技术条件来定。例如，当研究大坝和船闸的地基、拱坝的拱座变形时，一般可采用承压板法；当研究船闸的侧墙变形或研究岩体的各向异性时，则采用狭缝法；当研究软弱夹层、断层、裂隙密集带的变形特性时，一般可采用单、双轴加压法。应当说明，什么条件采用什么方法，并不是严格规定了的。例如，用单、双轴加压法也可以去研究岩体的各向异性；又如，在岩壁上切槽，用狭缝法试验也可以测定闸、坝地基的垂向变形特性等。

四、岩石反力系数的确定

当水工有压隧洞受到洞内水压力作用时（图4-28）衬砌就向岩石方向变形，这时衬砌一定会遭到岩石的抵抗，也就是说岩石会对衬砌发生一定的反力，这个反力有时也称弹性抗力。反力的大小能反映出岩石的好坏。在进行隧洞衬砌的静力计算时，必须确定周围岩石的这个反力。

（一）岩石反力（弹性抗力）系数

岩石反力（弹性抗力）的大小常常用岩石反力（弹性抗力）系数 k 来表示：根据温克

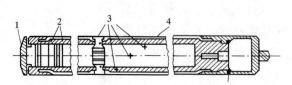

图 4 - 27　钻孔膨胀计结构图

1—堵头；2—"○"形环；3—线性差动

传感器；4—橡皮外套

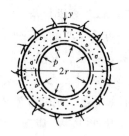

图 4 - 28　有压隧洞的内水
压力和岩石反力

勒（Winkler）假定得

$$k = \frac{p}{y} \tag{4-21}$$

式中　p——岩石承受的压力（MPa）；

　　　y——洞壁的径向变形（m）；

　　　k——岩石的反力（弹性抗力）系数（MPa/m）。

从上式可以看出，k 的物理意义就是使隧洞周围的岩石达到一个单位变形时所需要的压力大小。假设岩石是理想的弹性体，则圆形隧洞的 k 值与岩石模量 E 之间的关系，可用式（4-22）表示：

$$k = \frac{E}{(1 + \mu)r} \tag{4-22}$$

式中　E——岩体的变形（弹性）模量（MPa）；

　　　μ——泊松比；

　　　r——隧洞的半径（m）。

由上式可以看出，弹性抗力系数不仅与岩石性质有关，而且与隧洞的尺寸也有关系，即隧洞的半径越大，则岩体的弹性抗力系数越小。为了便于比较，对于承受内水压力的圆形隧洞，工程上多采用单位弹性抗力系数 k_0，即隧洞半径等于 1m 时的岩石弹性抗力系数，用下式表示

$$k_0 = kr \tag{4-23}$$

对于非圆形隧洞及其他荷载作用下的隧洞，由于其圆周应力状态与圆形隧洞的不同，因此，不满足上式 k_0 与 k 的关系，在具体采用时应加以分析。

当用水压法测定岩石反力系数时，如果隧洞无衬砌，可直接用式（4-21）计算 k 值；如有混凝土衬砌，则采用下式计算：

$$k = \frac{p_w}{y} - \frac{bE_c}{r^2} \tag{4-24}$$

式中　p_w——作用于衬砌内部的水压力（MPa）；

　　　y——岩石沿半径方向的变形（m）；

b——混凝土的衬砌厚度（m）；

r——隧洞的半径（m）；

E_C——混凝土的弹性模量（MPa）。

（二）确定岩石反力系数的方法

岩石反力系数的现场测定方法较多，目前应用较广的就是上一节的隧洞水压法和千斤顶法以及承压板法，其方法原理与现场测定岩体变形特性基本相同，不再重复。

应用式（4-22）的基本条件是假定岩体为均匀连续弹性体。实际上岩体往往不符合这一假定。因此，应用式（4-22）所得 k 值偏大。考虑到开挖后隧洞周围形成一个环形开裂区的影响，可以将式（4-22）改写成以下形式：

$$k = \frac{E}{\left(1 + \mu + \ln \frac{R}{r}\right) r} \tag{4-25}$$

式中　R——开裂区的半径；

其余符号意义同前。

根据实测资料统计分析，对于新鲜完整岩体，$\ln \frac{R}{r}$ 为1.1；页岩一类软弱岩体或多裂隙岩体为5.7。目前国内多采用 $\ln (p_w/R_t)$ 取代 $\ln (R/r)$，因为 p_w 和 R_t 均为容易确定的数值。因此式（4-25）改写成为：

$$k = \frac{E}{\left(1 + \mu + \ln \frac{p_w}{R_t}\right) r} \tag{4-26}$$

下面列出某些岩石的 k_0 值，供参考。

密实黏土、泥质岩　　　　　$k_0 = 100 \sim 500$（MPa/m）

半坚硬岩石　　　　　　　　$k_0 = 500 \sim 5000$（MPa/m）

坚硬岩石　　　　　　　　　$k_0 = 500 \sim 40000$（MPa/m）

第六节　岩石弹性常数测定的动力法

在实验室内和现场都可采用动力法来测定岩石的弹性常数。特别是在现场，由于动力法测定的速度快、成本低、适用面广，且可大面积测试。因此，获得了广泛的应用。下面介绍现场测试的动力法。室内测试可参阅有关专著。

当现场岩体受振激发时，岩体内就产生一种应力波，即弹性波。动力法现场测试工作主要包括激发、接收弹性波、记测弹性波的传播时间、振幅和波形。根据激发波采用的方法和产生波的频率不同，通常分超声波法，声波法和地震波法三种。超声波法主要用于现场比较大的岩块；声波法用于测试岩体表面和声波测井，它的测试范围在5~50m之间，最优范围是5~10m；地震波法的能量较大、频率低、传播距离远，一般可在大范围内测试。这些方法都要求测定岩体内的弹性波波速，然后用弹性力学的公式计算。

设岩体为均质的、各向同性以及弹性的，则按照弹性力学的推导，弹性波在岩体介质中传播的纵波速度和横波速度可用下列两个公式表示：

$$C_p = \sqrt{\frac{E_d}{\rho} \frac{(1-\mu_d)}{(1+\mu_d)(1-2\mu_d)}} \qquad (4-27)$$

以及

$$C_s = \sqrt{\frac{E_d}{\rho} \frac{1}{2(1+\mu_d)}} \qquad (4-28)$$

式中　C_p——弹性介质的纵波传播速度（m/s）；

　　　C_s——弹性介质的横波传播速度（m/s）；

　　　E_d——介质的动弹性模量（MPa），以区别于静力法求得的弹性模量 E；

　　　μ_d——介质的动泊松比，以区别于静力法求得的泊松比 μ；

　　　ρ——岩体介质的密度（kg/m³）。

根据这两个式子，不难证明：

$$\mu_d = \frac{(C_p^2/C_s^2)-2}{2\left[(C_p^2/C_s^2)-1\right]} \qquad (4-29)$$

以及

$$E_d = 2(1+\mu_d)\rho C_s^2 \qquad (4-30)$$

或者

$$E_d = \frac{(1-2\mu_d)(1+\mu_d)}{(1-\mu_d)}\rho C_p^2 \qquad (4-31)$$

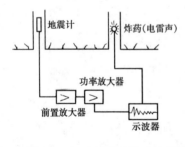

图 4-29　地震波法测试示意图

在现场测试岩体弹性模量和泊松比时，在洞壁上打两个钻孔，在一个钻孔内埋设炸药，在另一个孔内安设接受地震波的地震计，并把它连接在接收仪器上，见图4-29。炸药爆炸时产生的弹性波，通过地震计接收，由示波器显示并记录下来。由于地震计与震源（炸药埋设点）的距离 L 为已知，只要测定弹性波从震源传播到地震计的时间 t，就可直接计算波速 C_p 和 C_s，然后用式（4-29）～式（4-31）计算 μ_d 和 E_d。

　　事实表明，岩体中各种物理因素的改变，如岩性、密度、裂隙、弹性模量及岩体应力状态的改变，都能引起波速、振幅和频率的变化。一般情况是在岩性坚固、裂隙少、风化微弱的岩体中，弹性波的振幅大、波速高；反之，在岩性软弱、裂隙多、风化严重的岩体中，则弹性波的波速降低、被吸收或衰减严重、振幅小。岩体的生成年代和岩性对弹性波的传播速度影响也较大，如在生成年代较老的古生代和中生代岩层中，传播速度比较快；而在生成年代较新的、软弱的第三纪岩层中，传播速度就比较慢。当然岩质的不同要比岩类的不同对弹性波传播速度的影响更大，如新鲜坚硬的长石—石英砂岩没有裂隙时，传播速度为5000～6000m/s；裂隙发育时，就减少到2000～3000m/s；若岩石受到风化，传播速度更要降低。

　　岩体中破裂结构面的存在，不仅使传播速度变慢，而且还造成弹性波能量的迅速衰减。如果破裂宽度足够大时，弹性波就会被遮断而不能传播。因此，可以用完整岩块的波速和天然岩体的波速加以比较，来确定岩体的完整程度。通常采用岩体完整系数即用岩体中纵波波速的平方与岩块中纵波波速的平方之比值，作为评价指标。

用动力法求得的弹性模量一般比用静力法测定的静弹性模量为大。塞寿朗特（Sutherland）对两种方法在弹性模量 E、剪切模量 G 以及泊松比 μ 的差别，进行了比较研究，见表 4-3。

表 4-3　　　　动弹性模量与静弹性模量的比较（根据塞寿朗特的实验）

岩　　　　石	E_d (GPa)	E (GPa)	μ_d	μ	G_d (GPa)	G (GPa)
石英岩	89	68	0.083	0.17	41	30
砾　岩	79	72	0.024	0.13	39	32
砾　岩	72	75	0.022	0.22	35	31
片　岩	89	69	0.180	0.27	38	27
具有硫化物夹层的石英碳酸盐	114	86	0.146	0.16	50	37
石英—绢云母—碳酸盐	92	96	0.098	0.33	42	36
砾　岩	88	76	0.156	0.19	38	32
砂　岩	27	26	0.133	0.28	12	10

注　E 是根据 $\sigma\text{-}\varepsilon$ 曲线的零荷载点的切线斜率求出的；μ 是用直接测定的方法求得的；G 是用公式 $G = E/2(1+\mu)$ 算得的，而 E_d、G_d 是用共振法求出的，μ_d 是根据 $\mu_d = E_d/2G_d^{-1}$ 公式而得的。

从表 4-3 中可以看出，一般而言 $E_d > E$，其差值可达 25%；$G_d > G$，其差值可达 30% 左右。因为 μ_d 是根据 E_d 和 G_d 的实际测定值用计算方法求出的，所以该计算值一定会由于 E_d 和 G_d 测定上的误差而有很大的影响。由于这个原因，所以 μ_d 表现出比 μ 要小得多。

第七节　破碎岩石的变形性质

破碎岩石是指岩石内节理、裂隙、层理等比较发育、张开的裂口比较显著的岩石，一般均指天然岩体而言。这种岩石的变形远比完整岩石为大，永久变形非常明显。图 4-30 是用承压板试验对破碎岩石测定的变形与压力的关系曲线。这一曲线对描述破碎岩石的变形特性是有代表性的。各再压曲线与各卸荷曲线组成回滞环，各再压曲线的斜率大致相同（即曲线平行），它们的斜率即为弹性模量 E。当再压曲线的荷载达到屈服点后就按单调加载曲线的路径缓倾斜上升，其斜率 Γ 比起 E 来要小得多。许涅特尔（Schnider）发现，对于有张开裂隙的很破碎的岩石，E/Γ 的比值可以高达 4.5。这个比值越高，说明岩石内的张开裂隙越大越多，破碎程度越大。因此，他建议可以按照 E/Γ 的大小来对岩体进行分类，见表 4-4。

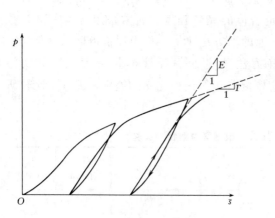

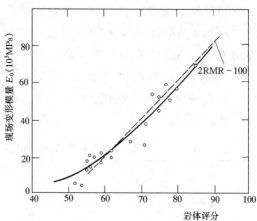

图 4-30　破碎岩石承压板试验的典型曲线　　　　　图 4-31　岩体评分与岩体变形的关系
　　　　　（根据许涅特尔的资料）　　　　　　　　　　　（根据比尼奥斯基的资料）

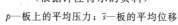
p—板上的平均压力；$\bar{s}$—板的平均位移

　　比尼奥斯基研究指明，如果用地质力学分类系统来对岩石评分，则可以近似地估计岩体的模量。图 4-31 表示在一些场地上用各种大型现场试验测定的原位变形模量值与岩体评分（RMR）的关系。对于岩体评分高于 55 的岩体，其变形模量 E_0 可用下列的经验公式来表示：

$$E_0 = 2 \text{（RMR）} - 100 \qquad\qquad (4-32)$$

上式中变形模量 E_0 的单位是 GPa（$10^3 \times$ MPa）。这一经验关系对于估计原位变形模量很有用处，但要注意不能用于岩体评分小于 55 的岩体。图 4-31 上的点子包括泥岩、砂岩、辉绿岩、板岩、千枚岩以及石英岩。

表 4-4　　岩　体　分　类

类　　别	E/Γ
完整岩石	<2
裂隙中等张开的岩石	2～10
裂隙很张开的岩石	>10

　　破碎岩石中的动力模量 E_d 比起静荷载测定的或如上述计算的岩体模量 E_0 要高得多。根据许涅特尔的测定，对于破碎的硬岩，比值 E_d/E_0 可以达到 13。他发现在破碎岩石中高频率减弱。这一现象也由金（King）等人通过试验所证实。图 4-32 是他们在破碎程度不同的伟晶岩中实测的振动曲线，可见岩石越破碎，频率越低。可以预料到，当震源类型为一定时，在标准距离处接收到的频率（或波长）将与 E_d/E_0 的比值有关。图 4-33 是许涅特尔对一个坝址实测的结果。随着每米破碎数（破碎程度）以及 E_d/E_0 的增加，振动频率 f 不断减小。

　　最后，根据对岩石进行现场动力测试，可以建立起现场静变形模量 E_0 与剪切波频率的直接关系，如图 4-34 所示。从图中看出，许涅特尔的结果与比尼奥斯基的结果是一致的，两人的点子在同一条直线上，E_0 可用下列公式表示：

$$E_0 = 0.054f - 9.2 \qquad\qquad (4-33)$$

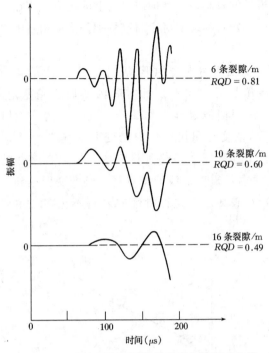

图 4-32　破碎程度不同的伟晶岩中的振动曲线

（根据金等的资料）

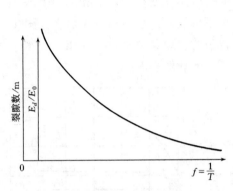

图 4-33　频率与岩石破碎程度的关系

（根据许涅特尔的资料）

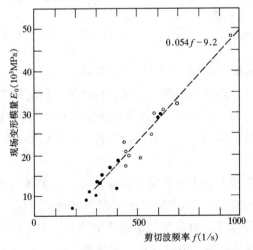

图 4-34　现场静变形模量 E_0 与剪切波频率的关系

• —比尼奥斯基资料；。—许涅特尔资料

第八节　岩石的蠕变

（一）蠕变概念和蠕变曲线

岩石的蠕变就是指在应力 σ 不变的情况下岩石变形（或应变 ε）随着时间 t 而增长。

已经发现，在岩石中开挖洞室以后一段很长的时间内，支护或衬砌上的压力一直在变化的，这可解释为由于蠕变的结果。因此，研究岩石的蠕变对于洞室特别是深埋洞室围岩的变形，有着重要意义。

根据试验，岩石的蠕变曲线（$\varepsilon-t$ 曲线）具有两种典型的形式。图 4-35 上的花岗岩蠕变曲线的特点是，蠕变变形甚小，荷载施加后，在不长的时间内变形就趋稳定。这种蠕变一般可以忽略不计。图 4-35 中间一根曲线是砂岩的蠕变，在蠕变的开始阶段，变形增长较快，以后就趋于稳定。稳定后的变形量可能比原始变形量（即 $t=0$ 时的瞬时弹性变形量）ε_e 增大 $30\%\sim40\%$。由于这种蠕变最终是稳定的，所以在多数情况下可能对工程不致造成危害。图 4-35 上页岩的蠕变曲线的特点是，蠕变变形达到一定值时就以某种常速度无限地增长，直至岩石破坏。有这种特性的岩石不很多，主要是一些软弱岩石。

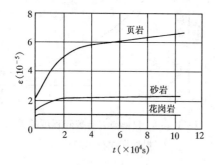

图 4-35 在 10MPa 的常应力下以及
在室温下，页岩、砂岩和花岗
岩的典型蠕变曲线

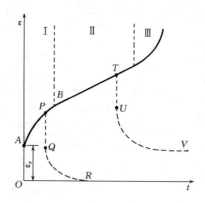

图 4-36 典型蠕变曲线的三阶段

一般而言，软弱岩石的蠕变曲线可以分为三个阶段，见图 4-36。在阶段Ⅰ内，应变一时间曲线向下弯曲，在这个阶段内的蠕变叫做初期蠕变或暂时蠕变。这一阶段结束后就进入阶段Ⅱ（图 4-36 上的 B 点开始）。在该阶段内，曲线具有近似不变的斜率。这一阶段的蠕变称为二次蠕变或稳定蠕变。最后，阶段Ⅲ称为加速蠕变或第三期蠕变，这种蠕变导致迅速破坏。

如果在阶段Ⅰ内把所施加的应力骤然降低到零，则 $\varepsilon-t$ 曲线具有 PQR 的形式，见图 4-36。其中 $PQ=\varepsilon_e$ 为瞬时弹性变形，QR 则随着时间慢慢退至应变为零。这时候没有永久变形。因此，材料仍保持弹性。如果在稳定蠕变阶段Ⅱ内将所施加的应力骤然降到零，则 $\varepsilon-t$ 曲线即走 TUV 曲线的路线，最终保持一定的永久变形。

在图 4-37 上示有一组石膏的蠕变曲线。它们是用单轴试验获得的。每一根曲线代表一种应力。可以看出，蠕变与所加应力的大小有很大关系。在低应力时，蠕变可以渐渐趋于稳定，材料不致破坏；在高应力时，蠕变加速，引起破坏。应力越大，蠕变速率越大，反之越小。这一现象也说明蠕变试验是比较困难的，因为如果所加的应力太小，则只产生微小的蠕变影响；如果应力太大，则加速蠕变和破坏随即就发生。因此，应力的选择是一件重要而困难的事。

（二）蠕变模型

就微观而言，任何固体都是聚集体，它是由坚硬的（弹性的或塑性的）骨架和充填其间的液体、半液体或半气态的物质所共同组成，因而才能产生蠕变（或称流变）现象，明显的例子就是土。然而，从这些微观结构着手来研究固体的蠕变可能是相当困难的。为了描述固体的蠕变现象，目前常常采用简单的机械模型来模拟材料的某种性状，再将这些简单的机械模型进行不同的组合，就可求得固体（岩石）的不同蠕变方程式，以模拟不同的岩石蠕变。通常用的简单模型有两种，一是弹性模型，另一是黏性模型。

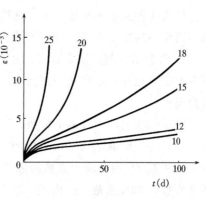

图 4-37 石膏的蠕变，曲线上的数字表示以 MPa 计的单轴向压应力 [格立格斯（Griggs）资料]

1. 弹性模型　或称弹性单元。这种模型是线性弹性的，完全服从虎克定律，所以也称虎克物质。因为在应力作用下应变瞬时发生，而且应力与应变成正比关系，例如剪应力 τ 与剪应变 γ 的关系为：

$$\tau = G\gamma \tag{4-34}$$

所以这种模型可用刚度为 G 的弹簧来表示，见图 4-38（a）。

2. 黏性模型　或称黏性单元。这种模型完全服从牛顿黏性定律，它表示应力与应变速率成比例，例如剪应力 τ 与剪应变速率 $\dot{\gamma}$ 的关系为：

$$\tau = \eta \dot{\gamma} \tag{4-35}$$

或者

$$\tau = \eta \frac{d\gamma}{dt} \tag{4-36}$$

式中　t——时间；

　　　η——黏滞系数。

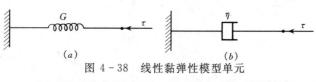

图 4-38　线性黏弹性模型单元

（a）线性弹簧（弹性单元）；（b）线性缓冲壶（黏性单元）

这种模型也可称为牛顿物质，它可用充满黏性液体的圆筒形容器内的有孔活塞（称它为缓冲壶）来表示，见图 4-38（b）。因为应变是无因次的，所以 η 的因次为 $FL^{-2}T$，例如兆帕·秒（MPa·s）。

大多数岩石都表现出瞬时变形（弹性变形）和随着时间而增长的变形（黏性变形）。因此，可以说岩石是黏弹性的。

将这两种简单的机械模型（弹性单元和黏性单元）用各种不同方式加以组合，就可得到不同介质的蠕变模型。对于均质的、各向同性的线弹性材料来说，其变形性质可用常数 K 和 G 来表示，前者决定着静水压力式荷载（球应力）下的纯体积变形，而后者计算着所有畸变。现在，摆在我们面前的问题是，为了描述岩石依赖于时间的变形需要用多少个常数呢？

图 4-39 表示带有多个常数的可能几种模型。

（1）马克斯威尔（Maxwell）模型：这种模型是用弹性单元和黏性单元串联而成，见图 4-39（a）。当剪应力骤然施加并保持为常量时，变形以常速率不断发展。这个模型用两个常数 G 和 η 来描述。由于串联，所以，这两个单元上作用着相同的剪应力 τ。

$$\tau = \tau_a = \tau_b \tag{4-37}$$

同时有：

$$\gamma = \gamma_a + \gamma_b \tag{4-38}$$

对式（4-38）微分，得：

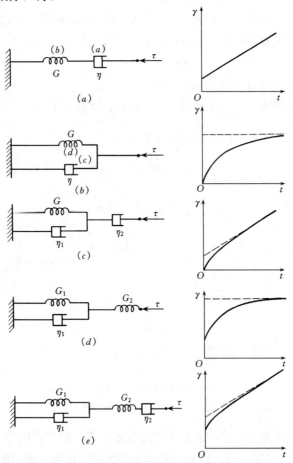

图 4-39　简单的线性黏弹性模型及其蠕变曲线

（a）马克斯威尔模型；（b）伏埃特模型；（c）广义的马克斯威尔模型；
（d）广义的伏埃特模型；（e）鲍格斯模型

$$\dot{\gamma} = \dot{\gamma}_a + \dot{\gamma}_b \tag{4-39}$$

又因为 $\tau_a = \eta \dot{\gamma}_a$ 以及 $\tau_b = G\gamma_b$，代入上面各式得：

$$\dot{\gamma} = \frac{\tau}{\eta} + \frac{\dot{\tau}}{G} \tag{4-40}$$

或者

$$\left(\frac{1}{\eta} + \frac{1}{G}\frac{\mathrm{d}}{\mathrm{d}t} \right)\tau = \left(\frac{\mathrm{d}}{\mathrm{d}t} \right)\gamma \tag{4-41}$$

上式表示描述马克斯威尔材料黏弹性体剪应力 τ 与剪应变 γ 关系的微分方程式。对于单轴压缩试验在 $t=0$ 时骤然施加轴向应力 σ_1 的情况（σ_1 保持为常量），这个方程式的解答（见附录一）是：

$$\varepsilon_1 \ (t) = \frac{\sigma_1 t}{3\eta} + \frac{\sigma_1}{3G} + \frac{\sigma_1}{9K} \tag{4-42}$$

式中 $\varepsilon_1(t)$ ——轴向应变。

（2）伏埃特（Voigt）模型：该模型又称凯尔文模型，它由弹性单元和黏性单元并联而成，见图 4-39（b）。当骤然施加剪应力时，剪应变速率随着时间逐渐递减，在 t 增长到一定值时，剪应变就趋于零。这个模型用两个常数 G 和 η 来描述。由于并联，介质上的剪应力是弹性单元和黏性单元剪应力之和，由下列方程式给出：

$$\tau = \tau_c + \tau_d \tag{4-43}$$

以及

$$\gamma = \gamma_c = \gamma_d \tag{4-44}$$

黏性单元（c）的剪应力与剪应变的关系由式（4-35）给出：

$$\tau_c = \eta \dot{\gamma}_c \tag{4-45}$$

弹性单元（d）的剪应力与剪应变的关系是：

$$\tau_d = G\gamma_d \tag{4-46}$$

将方程式（4-43）到式（4-46）组合，得到

$$\tau = \eta \dot{\gamma} + G\gamma \tag{4-47}$$

或者

$$\tau = \left(\eta \frac{\mathrm{d}}{\mathrm{d}t} + G \right)\gamma \tag{4-48}$$

上式是描述伏埃特材料剪应力 τ 与剪应变 γ 关系的微分方程式。对于单轴压缩蠕变试验的情况，σ_1 在 $t=0$ 时骤然施加，并随后保持为常量，方程式的解答（见附录一）为：

$$\varepsilon_1 \ (t) = \frac{\sigma_1}{9K} + \frac{\sigma_1}{3G} \ (1 - \mathrm{e}^{-(Gt/\eta)}) \tag{4-49}$$

（3）广义马克斯威尔模型：见图 4-39 (c)，该模型由伏埃特模型与黏性单元串联而成。用三个常数 G、η_1 和 η_2 描述。剪应变开始以指数速率增长，逐渐趋近于常速率。

（4）广义伏埃特模型：见图 4-39 (d)，模型由伏埃特模型与弹性单元串联而成，用三个常数 G_1、G_2 和 η_1 表示该种材料的性状。开始时产生瞬时应变，随后剪应变以指数递减速率增长，最终应变速率趋于零，应变不再增长。

（5）鲍格斯（Burgers）模型：这种模型由伏埃特模型与马克斯威尔模型串联而组成，见图 4-39 (e)。模型用 4 个常数 G_1、G_2、η_1 和 η_2 来描述。蠕变曲线上开始有瞬时变形，然后剪应变以指数递减的速率增长，最后趋于不变速率增长。从形成一般的蠕变曲线（见图 4-36）的观点来看，这种模型是用来描述第三期蠕变以前的蠕变曲线的较好而最简单的模型。当然，用增加弹性单元和黏性单元的办法还可组成更复杂而合理的模型，但是鲍格斯模型对实用而言已足够了，该模型已获得较广泛的应用。

我们知道，如果两个弹簧串联，受到荷载作用，那么这个弹簧系统的位移就是等于每一个弹簧的位移之和。类似地，鲍格斯模型是由伏埃特模型与马克斯威尔模型串联而成的。因此，鲍格斯体在受到剪应力作用时产生的应变应当是伏埃特体应变与马克斯威尔体应变之和。考虑到图 4-39 (e) 上的常数符号，利用式 (4-42) 和式 (4-49)，我们可以得到鲍格斯体受轴向应力 σ_1 时的轴向应变 $\varepsilon_1(t)$ 为：

$$\varepsilon_1(t) = \frac{2\sigma_1}{9K} + \frac{\sigma_1}{3G_2} + \frac{\sigma_1}{3G_1} - \frac{\sigma_1}{3G_1}e^{-(G_1 t/\eta_1)} + \frac{\sigma_1}{3\eta_2}t \qquad (4-50)$$

（三）黏弹性常数的室内测定

确定黏弹性常数的最简单的方法是在实验室内用圆柱体试样进行长期的单轴压缩试验。这种试验要求在整个试验期间（可能数小时、数星期或更长时间）都保持常应力、常温度和常湿度，以保证试验测定的精确度。

式 (4-50) 中的 $K = E/3 (1-2\mu)$ 是体积模量，假定与时间无关，岩石的四个常数 η_1、η_2、G_1 和 G_2 的确定可采用下列方法。

图 4-40 是岩石长期单轴压缩试验测出的 ε_1 与时间 t 的关系曲线。假定这曲线满足方程式 (4-50)。在 $t=0$ 时，曲线在纵轴上的截距是瞬时弹性应变，它等于 $\varepsilon_e = \sigma_1 [(2/9K) + (1/3G_2)]$。在 t 较大时应变速率为常数，蠕变曲线为一直线。该直线延长线在纵轴上的截距为 $\varepsilon_B = \sigma_1 [(2/9K) + (1/3G_2) + (1/3G_1)]$，斜率为 $\sigma_1/3\eta_2$。由于荷载往往不能瞬时施加，所以在实用上还需采用下法求 ε_e。令 q 等于蠕变曲线与直线延长线（第二期蠕变曲线的渐近线）间的垂直距离（见图 4-40）。于是从几何关系中得出：

$$\log_{10} q = \log_{10} \frac{\sigma_1}{3G_1} - \frac{G_1}{2.3\eta_1}t \qquad (4-51)$$

在半对数格纸上绘出 $\log_{10} q$ 与 t 的关系曲线，该线的截距为 $\sigma_1/3G_1$，斜率为 $-G_1/2.3\eta_1$，从而可确定 G_1 和 η_1。

体积应变根据测定的轴向应变 ε_1 和侧向应变 ε_3 计算，即 $\Delta V/V = \varepsilon_1 + 2\varepsilon_3$。平均应力为 $\sigma_1/3$。因而 K 可用下式求出：

$$K = \frac{\sigma_1}{3(\varepsilon_1 + 2\varepsilon_3)} \qquad (4-52)$$

G_2 可以从下列方程式来决定：

$$\frac{\sigma_1}{3G_2} = \varepsilon_B - \sigma_1\left(\frac{1}{3G_1} + \frac{2}{9K}\right) \qquad (4-53)$$

作为一例，图 4-41 上表示某石灰岩的蠕变试验曲线〔根据哈迪（Hardy）等资料〕，用以确定鲍格斯体常数。岩石是均质的，平均颗粒尺寸为 14mm，孔隙率为 17.2%。单轴抗压强度 R_c 为 63～77MPa（干岩石）。圆柱体试样的直径为 2.8cm，长 5.6cm。采用不同的轴向应力，得出相应的蠕变曲线。当轴向应力小于 $40\%R_c$ 时没有时间依赖关系，当 σ_1 小于 $60\%R_c$ 时第二期蠕变不显著。表 4-5 列出了分析数据。作每根蠕变曲线的直线渐近线，如图 4-41 所示，得到斜率 $\Delta\sigma_1/3\eta_2$ 以及截距 ε_B。根据 $\log_{10}q$ 与 t 的关系曲线和式（4-51）确定常数 $\Delta\sigma_1/3G_1$ 以及 G_1/η_1。在表 4-6 上列出了求得的 K、G_1、G_2、η_1 和 η_2 的值。我们看到，对于前面两级荷载而言，G_1 和黏滞项很大，当轴向应力增长时它们就逐渐变得较小。G_2 和 K 几乎与应力无关。这是非线性黏弹性，主要是由于开裂的发生和增长而引起的。这些变形常数具有实际上的物理意义：G_2 是弹性剪切模量；G_1 控制着迟延弹性的数量、η_1 决定着迟延弹性的速率；η_2 描述黏滞流动的速率。

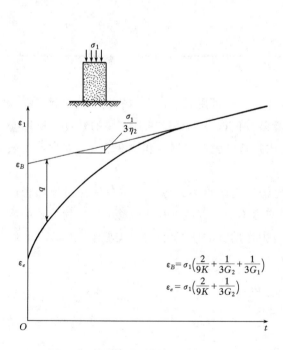

图 4-40　岩石的单轴蠕变曲线及
常数确定方法

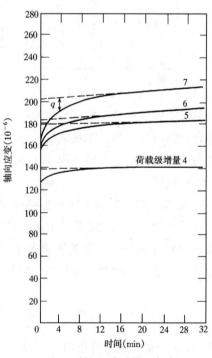

图 4-41　单轴压缩时某石灰岩的
蠕变曲线（根据哈迪资料）

4，5，6，7—对应于表 4-5 中的荷载级增量

表 4–5 某石灰岩的增量蠕变

荷载级 增量	初始[a] σ_1 (MPa)	增量 $\Delta\sigma_1$ (MPa)	渐近线斜率 $\Delta\sigma_1/3\eta_2$	渐近线[b] 截距 ε_B	初始轴[b] 向应变 ε_e	初始侧[b] 向应变 ε_3	$q(t)=(\Delta\sigma_1/3G_1)\mathrm{e}^{-(G_1t/\eta_1)}$	
							$\Delta\sigma_1/3G_1$	G_1/η_1
1+2	0	26	0	685	685	−175	不依赖于时间	
3	26	14	0	436	407	−128	16.7×10^{-6}	
4	40	5	$0.105\mu\varepsilon/\min$	139	125	−33	9.7×10^{-6}	0.32
5	45	5.5	$0.16\mu\varepsilon/\min$	179	150	−39	16.2×10^{-6}	0.28
6	50	5.5	$0.41\mu\varepsilon/\min$	183	147	−41	19.1×10^{-6}	0.295
7	55	5.5	$0.42\mu\varepsilon/\min$	203	142	−42	33.5×10^{-6}	0.27

注 (a) $R_c=69$MPa（试验最后 40 分钟的）；(b) 所有应变值为 $\mu\varepsilon$（10^{-6}）。

表 4–6 由表 4–5 求得的鲍格斯体常数

荷载级	荷载大小 (R_c 的%)	K (GPa)	G_1 (GPa)	G_2 (GPa)	η_1 (GPa·min)	η_2 (GPa·min)
1 和 2		26	很大	18.9	∞	∞
3		31	202	14.7	588	∞
4		27	161	17.5	497	1484
5		25	127	16.1	400	1141
6		28	95	15.4	322	448
7		32	54	14	202	434

（四）黏弹性常数的现场测定

荷载能够保持数天或数星期的任何现场试验，都可用米估计岩体的黏弹性常数。在地表进行试验时（例如承压板试验），由于环境条件的改变往往影响到试验的精度，所以必须进行校正。但是，在钻孔内或在地下坑道内进行试验时，温度和湿度常常不变化，一般可以不作校正。

1. 钻孔膨胀计试验 钻孔膨胀计用于现场蠕变试验甚为方便。当在钻孔内施加径向压力时，从理论上可知孔周围岩石内的平均应力不变。因此，径向位移 $u_r(t)$ 的公式中将不会有包括 K 的一项（因为 K 决定着平均应力作用下的体积变形）。类似于式(4–50)，经过推导可以证明，在鲍格斯材料内钻孔孔壁（$r=r_0$）的径向位移为：

$$u_r(t)=\frac{pr_0}{2G_2}+\frac{pr_0}{2G_1}-\frac{pr_0}{2G_1}\mathrm{e}^{-(G_1t/\eta_1)}+\frac{pr_0}{2\eta_2}t \qquad (4-54)$$

式中 p——钻孔膨胀计内的内压力。

图 4–42 上示有用钻孔膨胀计测得的径向位移 u_r 与时间 t 的关系曲线。类似于前述室内单轴压缩试验结果，资料的整理分析可采用已述的方法。在 $t=0$ 时，径向位移是：

$$u_e=\frac{pr_0}{2G_2}$$

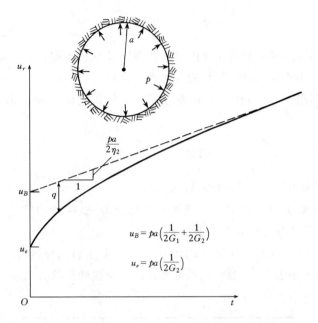

图 4 - 42　当岩石在偏应力作用下表现为鲍格斯体时
钻孔膨胀计或隧洞中试验的蠕变曲线

位移—时间曲线渐近线在纵轴上的截距为：

$$u_B = pr_0 \left(\frac{1}{2G_2} + \frac{1}{2G_1} \right) \tag{4-55}$$

斜率为 $pr_0/2\eta_2$。再令 q 等于渐近线与位移—时间曲线间的正垂直距离，得知：

$$\log_{10} q = \log_{10} \frac{pr_0}{2G_1} - \frac{G_1}{2.3\eta_1} t \tag{4-56}$$

因此，在钻孔膨胀计试验中施加一系列的压力，就可确定常数 G_1、G_2、η_1 和 η_2。

2. 承压板试验　承压板试验也可求得黏弹性常数。然而在有关的位移公式中应当包含有体积模量 K 的项，因为当施加压力时，岩体内的平均应力和偏应力都是变化的。对于在柔性圆形（半径为 a）承压板上骤然施加常压力 p 的情形，其平均位移 s 与时间的关系用下式表示

$$s = \frac{1.70pa}{4} \left\{ \frac{1}{G_2} + \frac{1}{K} + \frac{t}{\eta_2} + \frac{1}{G_1} \left[1 - e^{-(G_1 t/\eta_1)} \right] \right.$$
$$\left. + \frac{3}{G_1 + 3K} \left[1 - e^{-(G_1+3K)t/\eta_1} \right] - \frac{G_2}{K(3K+G_2)} e^{-3KG_2 t/[\eta_2(3K+G_2)]} \right\} \tag{4-57}$$

为了简化起见，可以假设岩石在受压时体积不变$\left(K = \infty, \mu = \frac{1}{2} \right)$，在此情况中，式（4-57）简化为：

$$s = \frac{1.70pa}{4} \left\{ \frac{1}{G_2} + \frac{t}{\eta_2} + \frac{1}{G_1} \left[1 - e^{-(G_1 t/\eta_1)} \right] \right\} \tag{4-58}$$

于是，当 $t=0$ 时，得初始位移 $s_e = (1.70pa)(1/G_2)$，在迟延弹性发生之后，承压板的沉降就沿着直线进行。该直线在纵轴上的截距为：

$$s_B = \frac{1.70pa}{4}\left(\frac{1}{G_2} + \frac{1}{G_1}\right) \qquad (4-59)$$

直线斜率为 $1.70pa/4\eta_2$。数据整理和分析同钻孔膨胀计试验类似，可以求出 G_1、G_2、η_1 以及 η_2 的值，但当 μ 小于 0.5 时，不可避免地产生误差。

对于刚性承压板试验，只需在以上有关公式中用 $\pi/2$ 代替 1.70。但是在黏弹性情况中不严格正确。

习　　题

习题 4-1　试求证式（4-9）和式（4-10）。

习题 4-2　在三轴压缩试验中，如果要使平均应力 σ_m 保持为常量的条件下进行试验，试问如何进行加荷，并列出逐级荷载的式子。

习题 4-3　用直径为 5cm、高度为 10cm 的圆柱形黏土岩试样进行单轴压缩试验，已测得的轴向力和变形量如表 4-7 所示，试计算相应于弹性变形的 E 和 μ。

表 4-7

轴　向　力 （N）	轴向压缩量 （mm）	侧向膨胀量 （mm）	轴　向　力 （N）	轴向压缩量 （mm）	侧向膨胀量 （mm）
0	0	0	0	0.080	0.016
600	0.030		2500	0.140	
1000	0.050		5000	0.220	
1500	0.070		6000	0.260	
2000	0.090		7000	0.300	
2500	0.110	0.018	7500	0.330	0.056
0	0.040	0.009	0	0.120	0.025
2500	0.110		7500	0.330	
3000	0.130		9000	0.400	
4000	0.170		10000	0.440	0.075
5000	0.220	0.037	0	0.160	0.035

习题 4-4　在用地震波法动力测试中，已经测得纵波波速 $C_p = 4500\mathrm{m/s}$，横波波速 $C_s = 2500\mathrm{m/s}$，设岩体的密度 $\rho = 2700\mathrm{kg/m^3}$，试计算 E 和 μ。

习题 4-5　试解释图 4-30 上承压板试验得到的曲线（压力—位移曲线）的物理现象。

第五章 岩体天然应力与洞室
围岩的应力分布

第一节 概　　述

自然界中的地壳是由多种岩层和岩体结合而成。在这漫长的地质年代里地壳始终处于不断运动与变化之中。例如，由于地壳的构造运动常使岩层和岩体产生褶皱、断裂和错动，这些现象的出现都是岩层或岩体受力的结果。由地壳构造运动在岩体中所引起的应力称之为构造应力。当然引起岩体产生应力的原因很多，除构造运动所产生的构造应力外，还有由上覆岩体的重量所引起的自重应力、气温变化所引起的温度应力、地震力以及由于结晶作用、变质作用、沉积作用、固结作用、脱水作用所引起的应力，其次还有由于地下开挖在洞室围岩中所引起的应力重分布和高坝等建筑物在岩基中所引起的附加应力等。由此可见岩体中的应力有的是由于人类活动而引起的；有的则在工程建筑之前早就产生了。不论是哪种原因引起的岩体应力，一般泛称为地应力。习惯上常将工程施工前就存在于岩体中的地应力，称之为初始应力或天然应力（上述构造应力和自重应力显然都属于初始应力）。初始应力的大小主要取决于上覆岩层的重量、构造作用的类型、强度和持续时期的长短等。

目前，对于岩体中初始应力的大小及其分布规律的研究，还缺乏完整的系统的理论。当岩体的形状比较规律、表面平整、产状平缓、岩体本身又没有经受构造作用与呈现显著的不均匀性时，此时可认为岩体中的垂直应力与上覆岩体的重量成正比，水平应力可按垂直应力乘以侧压力系数而计算。一般水平应力约为垂直应力的 30％。但自然界中的岩体很少具备上述那些典型条件，岩体中的初始应力分布是极其复杂的。特别是岩体遭受地质构造运动之后应力状态更为复杂，分布规律千变万化。近几年来很多学者对于初始应力的现场量测和理论研究都做了大量工作，并取得了一定的进展。但是，要达到能够确切掌握岩体中初始应力的大小及其分布规律，目前还有相当大的距离。

本章将讨论岩体应力的量测方法和原理，以及洞室围岩应力重分布的计算。

第二节　岩体中的地应力

一、地应力的变化规律

由于受到地质构造、岩性、地形、地貌等因素的影响，位于地壳浅部的地应力分布规律较为复杂，但根据目前现有实测资料的分析，对于 3000m 以内的地壳地应力的变化规律，可大致归纳为以下几点：

（一）地应力场属于不稳定应力场

一般情况下，地应力场是一个三向不等压的空间应力场，其中主应力大小和方向是随空间与时间的变化而变化。就地应力的空间变化而言，在同一工程区域中，从一个工程段到另一工程段都会发现应力大小与方向的显著变化；地应力随时间变化更为明显，以 1976 年的唐山地震为例，在震前的 1971 年到 1973 年，自顺义吴雄寺测得的 τ_{max} 由 0.65MPa 积累到 1.1MPa；然而在震后的 1976 年 9 月到 1977 年 7 月，τ_{max} 则由 0.95MPa 释放到 0.3MPa。此外，在地震期间最大主应力方向可发生 10° 的变化，但主震后的一年左右，其应力方向又会恢复到震前方向。

（二）垂直与水平地应力的特征

H. K. 布林曾经分析世界主要地区大量的地应力实测资料表明，在深度为 25～2700m 范围内，垂直应力 σ_v 基本上等于上覆岩层重量 (γH) 亦即 $\sigma_v \approx \gamma H$，其中 $\gamma = 27$kN/m³。根据我国以及前苏联的地应力实测资料的分析，也同样证实具有类似的关系式 $(\sigma_v \approx 1.2\gamma H)$。

此外，根据国内外实测资料的统计，水平地应力 σ_h 多数大于 σ_v，这从我国部分实测资料表 5-1 可以明显看出这一特点。

表 5-1   我国某些工程地区的水平应力与垂直应力实测资料

测 量 地 点	岩　　性	深　度 （m）	水平应力 （MPa）	垂直应力 （MPa）	水平应力 与垂直应 力之比
511 工程二号厂房	原状厚层砂岩	98	3.86	2.57	1.50
映秀湾地下厂房	花岗及花岗闪长岩	200	12.36	9.92	1.25
西藏羊桌雍湖电站厂房	泥质页岩及砂岩		0.528	1.545	0.34
二滩电站厂房	花岗岩	100	9.0	21.6	0.41
511 工程	花岗岩	50～60	12.0	4.00	0.30
三峡××坝区	薄层中厚层微结晶泥质条带	128	15.75	6.93	2.30
三峡××坝区	龙洞灰岩	100	8.98	4.38	2.05
太平坝二号洞	黄陵花岗岩—闪长岩		20.5	10.7	1.98
白山工程	混合岩	60	45.6	17.8	2.50
以礼河三级电站	破碎玄武岩	60	1.98	2.22	0.98
以礼河三级电站	火山角砾岩	60	0.816	0.954	0.86
以礼河三级电站	玄武岩	175	1.99	2.38	0.87
以礼河三级电站	火山角砾岩	220	8.87	7.97	1.12
西洱河一级电站	眼球状片麻岩及石英云母片岩 夹黑云母眼球片麻岩	60	8.13	6.67	1.30
云南第四电厂	石灰岩	0～70	1.72～2.40	1.28～1.46	1.36

注　本表摘自"地下工程围岩稳定分析"（于学馥等）。

人们常将平均水平应力 $\sigma_{h,av}$ 与垂直应力 σ_v 的比值 λ 称之为侧压比，其值随深度的增大而减小。对于不同地区，λ 值略有差异。但其变化范围基本上介于下述不等式所圈定的范围：

$$\frac{100}{H} + 0.30 \leqslant \lambda \leqslant \frac{1500}{H} + 0.5$$

其中 H 为实测应力的深度，以 m 为单位。

图 5-1 中的阴影面积就是由上述不等式所圈定的 λ 值的变化范围。由该图可知，λ 值的变化幅度是 0.5～5.5，并随 H 的增大而减小。在深度不大的情况下（例如 H<1000m），λ 值较为分散，并且数值较大；随着深度的增加，λ 值的分散度逐渐变小，由实测资料表明，此时 λ 值逐渐趋于 1 的附近；由此可知，在较大深度时，应力状态接近于静水压力状态，这也是瑞士地质学家海姆（Heim）早就指出的情况。

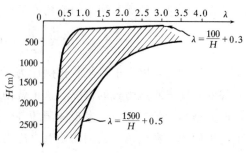

图 5-1　侧压比 λ 与深度 H 的关系

地应力随深度增加的这一特征，在我国三大矿产资源综合利用基地之一的金川矿区有着极为典型的反映。根据对金川矿区及其外围的地应力测量表明，最大主应力与中间主应力的方向都接近于水平方向，最小主应力方向近于垂直。地表附近最大主应力为 3MPa 左右，然而距地表 300～500m 以下则为 30MPa 左右。地应力测量结果还表明：水平主应力值随深度呈线性规律增加；最大与最小应力的差值也有随深度增加的趋势。

二、自重应力与海姆假说

根据大量应力的实测资料已经证实，对于没有经受构造作用、产状较为平缓的岩层，它们的应力状态十分接近于由弹性理论所确定的应力状态。

易于证明，对于以坐标面 xy 为表面，z 轴垂直向下的半无限体，在深度为 z 处的垂直应力 σ_z，显然可按下式计算

$$\sigma_z = \gamma z \tag{5-1}$$

式中　γ——岩体的容重（kN/m^3）。

半无限体中的任一微分单元体上的正应力 σ_x、σ_y、σ_z 显然都是主应力；而且水平方向的两个应力与应变彼此相等，亦即：

$$\sigma_x = \sigma_y, \quad \varepsilon_x = \varepsilon_y$$

如果考虑到半无限体中的任一单元体都不可能产生侧向变形，亦即 $\varepsilon_x = \varepsilon_y = 0$。

由此可得：

$$\frac{\sigma_x}{E} - \frac{\mu}{E}(\sigma_y + \sigma_z) = 0$$

式中　E、μ——岩石的弹性模量与泊松比。

因为 $\sigma_x = \sigma_y$，所以上式可以写成：

$$\sigma_x = \sigma_y = \frac{\mu}{1-\mu}\sigma_z$$

如令　$K_0 = \dfrac{\mu}{1-\mu}$，则有：

$$\sigma_x = \sigma_y = K_0 \sigma_z \tag{5-2}$$

$$K_0 = \frac{\mu}{1-\mu} \tag{5-3}$$

式中　K_0——岩石的静止侧压力系数。

一般在试验室条件下所测定的泊松比 $\mu = 0.2 \sim 0.3$，此时静止测压力系数

$$K_0 = \frac{\mu}{1-\mu} = 0.25 \sim 0.4$$

由式（5-2）可以看出，当静止侧压力系数 $K_0 = 1$ 时，就出现侧向水平应力与垂直应力相等的所谓静水压力式的情况。这也就是海姆所指出的情况。他根据在开挖贯穿阿尔卑斯山的大型隧洞的观察中，发现隧洞的各个方向上都承受着很高的压力。于是他提出了著名的海姆假说：在岩体深处的初始垂直应力与其上覆岩体的重量成正比，而水平应力大致与垂直应力相等。

第三节　岩体应力的现场量测

在工程设计时岩体中初始应力的大小及其分布状态，是不可缺少的重要资料之一。由于初始应力不易计算，最好的办法是现场量测。此外，即使在工程建成后的使用阶段，为了监测岩体中应力的变化和活动情况以及对理论计算进行校核，也需对岩体应力进行量测。下面介绍工程上常用的应力解除法和应力恢复法。

一、应力解除法

应力解除法既可量测洞室周围较浅部分的岩体应力，又可量测岩体深部的应力。

（一）应力解除法的基本原理

现在就以测定洞室边墙岩体深部的应力为例，说明应力解除法的基本原理。如图 5-2 (a) 所示，为了测定距边墙表面深度为 Z 处的应力，这时利用钻头自边墙钻一深度为 Z 的钻孔，然后再用嵌有细粒金刚石的钻头将孔底磨平、磨光。为了简化问题，现假定钻孔方向与该处岩体的某一主应力方向重合（譬如与第三主应力重合），这时钻孔底面即为应力的主平面。因此，确定钻孔底部的主应力也就十分方便（如果钻孔轴线与主应力方向并不一致，这时则按后面所述方法确定主应力）。为了确定这个主应力，在钻孔底面贴上三个互成 $120°$ 交角的电阻应变片，如图 5-2 (b) 所示（有的钻孔应变计内部已装好互成一定角度的三个电阻应变片，使用时直接将此应变元件胶结于钻孔底部即可）。这时通过电阻应变仪读出相应的三个初始读数。然后再用与钻孔直径相同的"套钻钻头"在钻孔底部的四周进行"套钻"掏槽（槽深约 5cm 左右），如图 5-2 (c) 所示，掏槽的结果就在钻孔底部形成一个与周围岩体相脱离的孤立岩柱——岩芯。这样一来，掏槽前周围岩体作用于岩芯上的应力就被解除，岩芯也就产生相应的变形。因此，根据所测的岩芯变形就可以换算出掏槽前岩芯所承受的应力。应力解除后，在应变仪上可读出三个读数。它们分别与掏槽前所读的

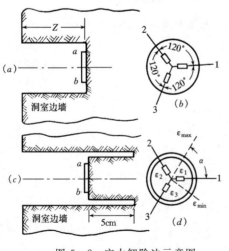

图 5-2　应力解除法示意图

三个相应初始读数之差，就表示图 5-2 （d）中岩芯分别沿 1、2、3 三个不同方向的应变值，现在分别以 ε_1、ε_2 和 ε_3 表示。

根据材料力学的原理，大小主应变可由下式计算：

$$\left.\begin{array}{c}\varepsilon_{\max}\\ \varepsilon_{\min}\end{array}\right\}=\frac{1}{3}\ (\varepsilon_1+\varepsilon_2+\varepsilon_3)\pm\frac{\sqrt{2}}{3}\sqrt{(\varepsilon_1-\varepsilon_2)^2+\ (\varepsilon_2-\varepsilon_3)^2+\ (\varepsilon_3-\varepsilon_1)^2}\qquad (5-4)$$

最大主应变与 ε_1 之间的夹角 α 由下式确定如图 5-2 （d）：

$$\mathrm{tg}2\alpha=\frac{\sqrt{3}\ (\varepsilon_2-\varepsilon_3)}{2\varepsilon_1-\varepsilon_2-\varepsilon_3}\qquad (5-5)$$

求得主应变 $\varepsilon_{\max}$、$\varepsilon_{\min}$ 之后，可按下式计算相应于这两个方向的主应力 $\sigma_{\max}$ 与 $\sigma_{\min}$：

$$\left.\begin{array}{c}\sigma_{\max}=\dfrac{E}{1-\mu^2}\ (\varepsilon_{\max}+\mu\varepsilon_{\min})\\[3mm]\sigma_{\min}=\dfrac{E}{1-\mu^2}\ (\varepsilon_{\min}+\mu\varepsilon_{\max})\end{array}\right\}\qquad (5-6)$$

在一般情况下，量测浅处岩体应力时，可按平面应力问题计算主应力，亦即可按式（5-6）计算；如果量测深处岩体应力则按平面变形问题计算主应力，此时式（5-6）中的 E 和 μ 分别以 $\dfrac{E}{1-\mu^2}$ 和 $\dfrac{\mu}{1-\mu}$ 代替。

（二）岩体的三向应力量测

我们知道，岩体中任一点的应力状态应由六个应力分量 σ_x、σ_y、σ_z、τ_{xy}、τ_{yz} 以及 τ_{zx} 表示。为了便于计算，这里以压应力为正，如图 5-3 （a）所示。由本节第一部分的论述可知，每一钻孔仅能提供两个正应变与一个剪应变的值。因此，确定岩体中的六个应力分量时，一般情况下需通过三个钻孔的量测资料才能确定。下面介绍两种按应力解除法原理来确定岩体三向应力状态的方法。

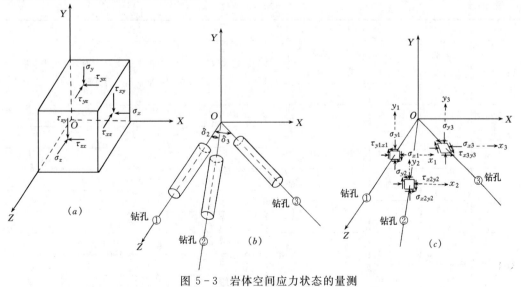

图 5-3 岩体空间应力状态的量测

1. 采用共面三钻孔法确定三维应力　在钻孔的应力量测中，有各种不同方法。有的通过孔底处岩体的应变来测定孔底平面中的三个应力分量；有的则通过钻孔中孔径的变化来测定与孔轴正交平面中的三个应力分量。前者称为孔底应变法，后者称为孔径变形法。但是，这些方法只能确定与孔轴正交的平面中的平面应力状态。为了确定岩体的空间应力状态，不论是采用孔底应变法，还是孔径变形法都必须首先利用这些方法在岩体中测定三个钻孔中的平面应力分量，然后根据这些实测数据确定岩体的空间应力。这里介绍的共面三钻孔法就是讨论如何确定岩体空间应力的问题。

为了测定图 5-3 （a）所示的三向应力，可在 XZ 平面中分别打三个钻孔①、②、③如图 5-3 （b）所示。为了方便起见，使钻孔①与 Z 轴重合，其余两钻孔与 Z 轴的交角分别为 δ_2 与 δ_3。各钻孔底面的平面应力状态，如图 5-3 （c）所示；各钻孔底面中的坐标分别以 x_i、y_i 表示（$i=1，2，3$），其中 y_i 与 Y 轴平行。由弹性理论可知，图 5-3 （c）中坐标系为 x_i、y_i 的平面应力分量 σ_{xi}、σ_{yi}，τ_{xiyi} 与六个待求的空间应力分量之间具有以下关系：

$$
\left.
\begin{aligned}
\sigma_{xi} &= \sigma_x l_x^2 + \sigma_y m_x^2 + \sigma_z n_x^2 + 2\tau_{xy} l_x m_x + 2\tau_{yz} m_x n_x + 2\tau_{zx} n_x l_x \\
\sigma_{yi} &= \sigma_x l_y^2 + \sigma_y m_y^2 + \sigma_z n_y^2 + 2\tau_{xy} l_x m_y + 2\tau_{yz} m_y n_y + 2\tau_{zx} n_y l_y \\
\tau_{xiyi} &= \sigma_x l_x l_y + \sigma_y m_x m_y + \sigma_z n_x n_y + \tau_{zx}\ (n_x l_y + n_y l_x) \\
&\quad + \tau_{xy}\ (l_x m_y + l_y m_x) + \tau_{yz}\ (m_x n_y + m_y n_x)
\end{aligned}
\right\}
\tag{5-7}
$$

式中 l_x、m_x、n_x 以及 l_y、m_y 和 n_y 分别表示 x_i 与 y_i 轴对于 X、Y、Z 轴的方向余弦。

表 5-2 第 （3）栏列出各钻孔 i 中相应坐标系 x_i、y_i 对于轴 X、Y、Z 的方向余弦的具体数值，该表第 （4）栏根据 （5-7）式列出相应的平面应力分量 σ_{xi}、σ_{yi} 以及 τ_{xiyi} 的表达式。由于各钻孔中的这些平面应力分量可按本节第一部分所述方法（或其他方法）进行测定。因此，利用表 5-2 中所列的有关公式即可确定待求的六个空间应力分量。

表 5-2

（1）	（2）	（3）			（4）
钻孔编号	各钻孔底面坐标轴	x_i、y_i 对于轴 X、Y、Z 的方向余弦			根据式 （5-7）以及第 （3）栏的方向余弦列出各钻孔的三个平面应力分量
		l	m	n	
钻孔①	x_1	1	0	0	$\sigma_{x1} = \sigma_x$
					$\sigma_{y1} = \sigma_y$
	y_1	0	1	0	$\tau_{x1y1} = \tau_{xy}$
钻孔②	x_2	$\cos\delta_2$	0	$\sin\delta_2$	$\sigma_{x2} = \sigma_x\cos^2\delta_2 + \sigma_y\sin^2\delta_2 + \tau_{zx}\sin^2\delta_2$
					$\sigma_{y2} = \sigma_y$
	y_2	0	1	0	$\tau_{x2y2} = \tau_{xy}\cos\delta_2 + \tau_{yz}\sin\delta_2$
钻孔③	x_3	$\cos\delta_3$	0	$\sin\delta_3$	$\sigma_{x3} = \sigma_x\cos^3\delta_3 + \sigma_z\sin^2\delta_3 + \tau_{zx}\sin^2\delta_3$
					$\sigma_{y3} = \sigma_y$
	y_2	0	1	0	$\tau_{x3y3} = \tau_{xy}\cos\delta_3 + \tau_{yz}\sin\delta_3$

值得指出的是，这里是对共面三钻孔①、②、③进行讨论的。如果这些钻孔互相正交，在此情况下这里所介绍的方法也同样完全适用。为了节省篇幅起见，这种正交钻孔法的有关公式，这里不再详细讨论。

2. 孔壁应变测试法 孔壁应变测试法的优点是只需在一个钻孔中通过对洞壁应变的量测，即可完全确定岩体的六个空间应力分量。因此，量测工作十分简便。为了便于理解，先介绍这种方法的基本原理、然后再说它的具体测试方法。

(1) 孔壁应变测试的原理：现假定在弹性岩体中钻一半径为 r_0 的圆形钻孔，如图 5-4 (a) 所示。钻孔前岩体中的应力分量是 σ_x^0、σ_y^0、σ_z^0 以及 τ_{xy}^0、τ_{yz}^0、τ_{zx}^0。钻孔后由于钻孔附近的应力发生变化。因此，钻孔附近的应力不再保持岩体中原有的均匀应力场。为了方便起见，我们采用圆柱坐标系 r-θ-z 来表示钻孔孔壁各点的应力分量，如图 5-4 (b) 所示。孔壁上坐标为 r_0、θ、z 的任意一点，其应力分量是 σ_z、σ_θ、$\tau_{\theta z}$。孔壁上的这些应力可以通过钻孔前岩体中的六个应力分量 σ_x^0、σ_y^0、…、τ_{zx}^0 表示如下：

$$
\left.
\begin{aligned}
\sigma_z &= -\mu \left[2 (\sigma_x^0 - \sigma_y^0) \cos 2\theta + 4\tau_{xy}^0 \sin 2\theta \right] + \sigma_z^0 \\
\sigma_\theta &= (\sigma_x^0 + \sigma_y^0) - 2 (\sigma_x^0 - \sigma_y^0) \cos 2\theta - 4\tau_{xy}^0 \sin 2\theta \\
\tau_{\theta z} &= 2\tau_{yz}^0 \cos\theta - 2\tau_{zx}^0 \sin\theta
\end{aligned}
\right\}
\tag{5-8}
$$

上式左边的三个应力 σ_z、σ_θ 以及 $\tau_{\theta z}$ 可在孔壁上直接测出。因此，是已知的。上式右侧的 6 个应力分量 σ_x^0、σ_y^0、…，正是所要求的应力。要确定这六个应力分量必须建立六个关系式。自式 (5-8) 可以看出，每测定孔壁上一个点的应力，只能获得类似于式 (5-8) 的三个关系式。因此，可在孔壁上任选三个测点进行应力测量，这样就可建立九个关系式，然后再在其中挑选六个关系式，由此即可确定所求的六个未知应力 σ_x^0、σ_y^0、…、τ_{zx}^0（若采用最小二乘法确定这六个应力分量，则更为合理）。上述三测点位置是任选的，为方便起见，这三个测点可选在同一圆周上。它们的角度分别是 $\theta_1 = \pi$，$\theta_2 = \pi/2$，$\theta_3 = 7\pi/4$，如图 5-4 (c) 所示。其中第 i 测点的应力分量以 $\sigma_{z(i)}$、$\sigma_{\theta(i)}$、$\tau_{\theta z(i)}$ 表示，该测点的相应角度为 θ_i（$i=1$, 2, 3），利用式 (5-8) 对上述三测点可写出以下九个关系式：

第一测点（$\theta_1 = \pi$）：

$$
\left.
\begin{aligned}
\sigma_{z(1)} &= -2\mu (\sigma_x^0 - \sigma_y^0) + \sigma_z^0 \\
\sigma_{\theta(1)} &= -\sigma_x^0 + 3\sigma_y^0 \\
\tau_{\theta z(1)} &= -2\tau_{yz}^0
\end{aligned}
\right\}
\tag{5-9}
$$

第二测点（$\theta_2 = \pi/2$）：

$$
\left.
\begin{aligned}
\sigma_{z(2)} &= 2\mu (\sigma_x^0 - \sigma_y^0) + \sigma_z^0 \\
\sigma_{\theta(2)} &= 3\sigma_x^0 - \sigma_y^0 \\
\tau_{\theta z(2)} &= -2\tau_{zx}^0
\end{aligned}
\right\}
\tag{5-10}
$$

第三测点（$\theta_3 = 7\pi/4$）：

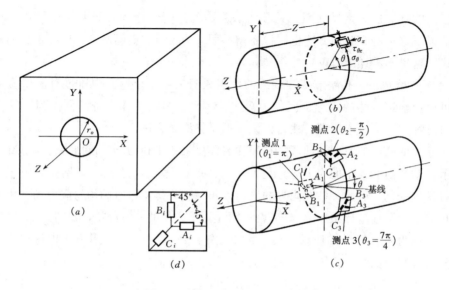

图 5-4　孔壁应变测试法原理示意图

$$
\left.\begin{array}{l}
\sigma_{z(3)} = 4\mu\tau_{xy}^0 + \sigma_z^0 \\[2mm]
\sigma_{\theta(3)} = (\sigma_x^0 + \sigma_y^0) + 4\tau_{xy}^0 \\[2mm]
\tau_{\theta z(3)} = \sqrt{2}\,(\tau_{yz}^0 + \tau_{zx}^0)
\end{array}\right\} \tag{5-11}
$$

以上各式左侧的应力分量都是由应力量测来确定的。因此，下面介绍各测点的应力量测原理和方法。现在就以其中第 i 测点为例进行说明。为了测定第 i 测点的三个应力分量，必须在第 i 测点上布置三个应变元件（譬如是量测应变的应变计），分别以 A_i、B_i、C_i 表示，如图5-4 (d)所示。这些应变计的具体方位是：A_i 和 B_i 应分别与第 i 测点的 z 和 θ 方向平行，而且 A_i 与 B_i 之间的夹角为 $\frac{\pi}{2}$；元件 C_i 应放置在 A_i 与 B_i 之间的角平分线上，如图5-4 (c)和图5-4 (d) 所示。沿 A_i、B_i 以及 C_i 三方向所测的应变值分别以 ε_{Ai}、ε_{Bi}、ε_{Ci} 表示，根据这三个应变值（这些应变以拉为正，以压为负）可直接由下式计算出测点 i 的三个应力分量：

$$
\left.\begin{array}{l}
\sigma_{z(i)} = \dfrac{E}{2}\left[\dfrac{\varepsilon_{Ai}+\varepsilon_{Bi}}{1-\mu} + \dfrac{\varepsilon_{Ai}-\varepsilon_{Bi}}{1+\mu}\right] \\[3mm]
\sigma_{\theta(i)} = \dfrac{E}{2}\left[\dfrac{\varepsilon_{Ai}+\varepsilon_{Bi}}{1-\mu} + \dfrac{\varepsilon_{Bi}-\varepsilon_{Ai}}{1+\mu}\right] \\[3mm]
\tau_{\theta z(i)} = \dfrac{E}{2}\left[\dfrac{2\varepsilon_{Ci}-(\varepsilon_{Ai}+\varepsilon_{Bi})}{1+\mu}\right]
\end{array}\right\} \tag{5-12}
$$

通过应力量测按照式（5-12）可确定孔壁上所选定的三个测点的九个应力分量。因此，式（5-9）~式（5-11）中所有左侧的应力分量都是已知的。现在可利用式（5-9）中的三个关系式，式（5-10）中的第（2）、第（3）式，式（5-11）中的第（2）式，直接解出所求的六个应力分量如下：

$$\sigma_x^0 = \frac{1}{8} \left[3\sigma_{\theta(2)} + \sigma_{\theta(1)} \right]$$

$$\sigma_y^0 = \frac{1}{8} \left[3\sigma_{\theta(1)} + \sigma_{\theta(2)} \right]$$

$$\sigma_z^0 = \sigma_{\theta(1)} + \frac{\mu}{2} \left[\sigma_{\theta(2)} - \sigma_{\theta(1)} \right]$$

$$\tau_{xy}^0 = -\frac{1}{8} \left[\sigma_{\theta(1)} + \sigma_{\theta(2)} - 2\sigma_{\theta(3)} \right]$$

$$\tau_{yz}^0 = -\frac{1}{2} \tau_{\theta z(1)}$$

$$\tau_{zx}^0 = -\frac{1}{2} \tau_{\theta z(2)}$$

(5-13)

（2）孔壁应变测试法的具体应用：采用孔壁应变测试法测定岩体的三向应力时，需用到套取岩芯的应力解除法。具体方法是用钻机钻孔，钻到需测定应力的深度为止，如图5-5（a）所示。钻孔底面应用金刚石钻头磨平，然后再用较小的钻头自钻孔底面沿孔轴方向钻一深度约45cm的小钻孔，如图5-5（b）所示。这时就在小钻孔的中部孔壁上选定三个测点，并在每一测点上按前述规定方向安置三个应变元件，如图5-5（c）所示。此时读出各测点应变计的初始读数，并将应变计的量测导线引出孔外，然后封住小钻孔的孔口，以防止随后进行套取岩芯时的冷却水流入小钻孔而损坏孔内的应变元件。最后再选用适当大小的钻头在小钻孔外围进行套钻并取出岩芯，如图5-5（d）与图5-5（e）所示。此时再读出完全解除了应力之后的岩芯中各应变元件的读数，然后用套取岩芯前后应变元件读数之差 ε_{Ai}、ε_{Bi}、ε_{Ci} 按式（5-12）、式（5-13）来计算所求的岩体应力 σ_x^0、σ_y^0、σ_z^0 以及 τ_{xy}^0、τ_{yz}^0、τ_{zx}^0。

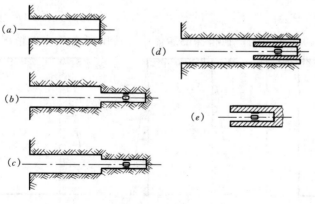

图5-5　采用孔壁应变测试法测定岩体应力

二、应力恢复法

利用应力恢复法量测岩体表面应力时，应在岩体表面沿不同方向安置三个应变计，以

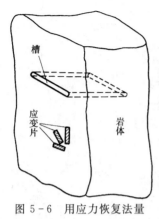

图 5-6 用应力恢复法量
测岩体应力

便能够测出岩体沿这三个不同方向的伸缩变形。先读出应变计的初始读数。然后，沿着与所测应力相垂直的方向开挖一狭长槽，如图 5-6 所示。挖槽后，槽壁上的岩体应力即被解除，此时岩体表面上的三个应变计的读数显然与挖槽之前不同。其次将扁千斤顶装于槽中，并逐渐增加千斤顶中的油压，使千斤顶对槽壁逐渐施加压力，直到岩体表面上的三个应变计读数恢复到挖槽之前的数值，这时千斤顶施加于槽壁上的单位压力近似为槽壁上原有的法向应力。采用这种方法测定岩体应力可以不用岩体中的应力应变关系而直接得出岩体的应力。但应指出，如果槽壁不是岩体的主应力作用面，则在挖槽前的槽壁上有剪应力，显然这种剪应力的作用在应力的恢复过程中没有考虑进去，这就必须引起一定的误差。其次，如果应力恢复时，岩体的应力和应变关系与应力解除前并不完全相同，这也必然影响量测的精度。

第四节　水平洞室围岩的应力计算

在设计各种类型的洞室时，为了分析洞室的稳定性，除了要研究岩体的强度特性以外，还必须掌握围岩的初始应力和重分布应力。前面曾讨论过初始应力的计算和量测，本节着重介绍利用弹性力学公式计算洞室围岩的重分布应力及其分布规律。由于岩体并不是理想的均质、各向同性的弹性体。因此，应用弹性力学来计算围岩应力将会引起一定的误差，故在洞室的稳定性计算中，往往采用较大的安全系数。

由第二节的讨论可知，对于没有经受构造作用的岩体，由岩体自重所形成的初始应力场可由式 (5-1) 与式 (5-2) 确定，其中侧压力系数 $K_0 = \mu / (1-\mu)$。在图 5-7 中，给出了对应于三种不同侧压力系数 $K_0 = 0$、$K_0 = 1/3$、$K_0 = 1$ 的初始应力场。一般情况下，距地表较浅的岩体中会产生 $K_0 = 0$ 的初始应力场；在没有经受构造作用的深部岩体中会呈现 $K_0 = 1/3$ 的初始应力场；在很深的岩体中往往出现 $K_0 = 1$ 的情况。

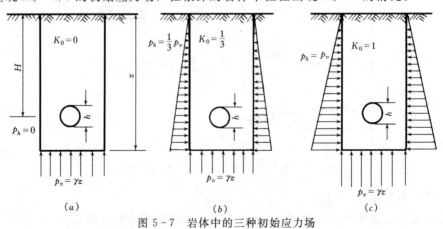

图 5-7　岩体中的三种初始应力场

自图 5-7 可以看出，当洞室高度 h 远小于洞室的埋置深度 H 时，沿洞室高度的应力变化就可忽略不计。根据若干分析资料表明，在岩体的自重应力场中，当洞室埋置深度 H 大于洞室高度的三倍时，这时可近似假定洞室围岩的受力状态如图 5-8 所示，亦即上、下的垂直应力都是均等的，其值为 $p_v = \gamma H$；围岩两侧的水平应力 p_v 也假定为均匀分布，其值为 $p_h = K_0 p_v$。

采取上述的简化假定后，在计算洞室围岩的应力时，就可直接应用弹性力学中计算有孔平板在周围外荷作用下的应力公式。下面依次讨论圆形、椭圆形、矩形等洞室以及复式洞室的围岩应力计算。

一、圆形洞室

当圆形洞室的围岩，承受如图 5-8 所示的作用力时，这时围岩中的径向应力 σ_r，切向应力 σ_θ 以及剪应力 $\tau_{r\theta}$ 可分别按照下列公式进行计算：

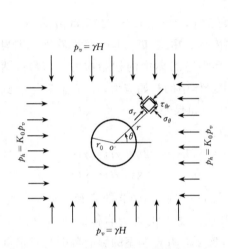

图 5-8　围岩应力计算简图

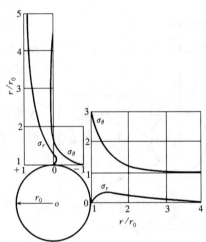

图 5-9　圆形洞室围岩应力集中系数

$$\left.\begin{array}{l}
\sigma_r = \left(\dfrac{p_h + p_v}{2}\right)\left(1 - \dfrac{r_0^2}{r^2}\right) + \left(\dfrac{p_h - p_v}{2}\right)\left(1 - \dfrac{4r_0^2}{r^2} + \dfrac{3r_0^4}{r^4}\right)\cos 2\theta \\[3mm]
\sigma_\theta = \left(\dfrac{p_h + p_v}{2}\right)\left(1 + \dfrac{r_0^2}{r^2}\right) - \left(\dfrac{p_h - p_v}{2}\right)\left(1 + \dfrac{3r_0^4}{r^4}\right)\cos 2\theta \\[3mm]
\tau_{r\theta} = -\left(\dfrac{p_h - p_v}{2}\right)\left(1 + \dfrac{2r_0^2}{r^2} - \dfrac{3r_0^4}{r^4}\right)\sin 2\theta
\end{array}\right\} \qquad (5-14)$$

式中　r_0——洞室半径（m）；

　　　r——自洞室中心算起的径向距离（m）；

　　　θ——自水平轴算起的极坐标中的角度（°）；

　　　p_v——垂直方向的压应力（MPa），等于 γH；

　　　p_h——水平方向的压应力（MPa），等于 $K_0 p_v = K_0 \gamma H$。

自式（5-14）可以看出，围岩中的应力与岩石的弹性常数（E，μ）无关，而且也与洞室的尺寸无关（因为公式中包含着洞室半径 r_0 与矢径长度 r 的比值。因此，应力的大小与此比值直接有关）。其次，从切向应力的表达式可以看出，洞壁处有较大的切向应力，由此可知在洞室边界附近产生应力集中现象。

图 5-9 上的曲线，是在 $K_0=0$ 的单向受力情况下，根据式（5-14）所计算的水平轴线与垂直轴线上的各点应力集中系数。自图中曲线可明显地看出，位于洞室水平轴端点的切向应力 σ_θ 产生了较大的应力集中；位于垂直轴端点的切向应力则为负值（拉应力）。因此，在洞室的设计中对于洞室边界上的这两处部位，必须予以足够的重视。

以下再讨论 $K_0=1$ 的情况，这时洞室围岩的四周处于等压状态，亦即 $p_h=p_v=\gamma H$，此时式（5-14），可简化成：

$$\left.\begin{array}{l} \sigma_r=\left(1-\dfrac{r_0^2}{r^2}\right)\gamma H \\[2mm] \sigma_\theta=\left(1+\dfrac{r_0^2}{r^2}\right)\gamma H \\[2mm] \tau_{r\theta}=0 \end{array}\right\} \qquad (5-15)$$

在 $K_0=1$ 的情况下，岩体的初始应力是 $p_v=p_h=\gamma H$。开挖洞室后，由式（5-15）可以看出：围岩中的径向应力 σ_r 都小于岩体中的初始应力（γH）；然而切向应力则大于岩体中的初始应力，并在洞壁上达到最大值 $2\gamma H$。其次，如果令 $r=6r_0$ 代入式（5-15），这时所得的应力是：

$$\sigma_r=(1-0.028)\gamma H\approx\gamma H$$
$$\sigma_\theta=(1+0.028)\gamma H\approx\gamma H$$

可见在离开洞室中心三倍洞的直径（亦即 6 倍半径）的地方，其应力基本上仍为岩体的初始应力 γH。这就从理论上证实了，开挖洞室的影响范围是三倍洞直径。图 5-10 上绘有 $K_0=1$ 的应力集中系数分布曲线，图中的应力是根据式（5-15）算出的。

图 5-10　圆形洞室围岩的
应力分布（$K_0=1$）

为了便于计算圆形洞室边界处的切向应力，在图 5-11 中给出 $K_0=0$，$K_0=\dfrac{1}{3}$ 以及 $K_0=1$ 的这三种情况下的切向应力集中系数分布曲线。图中的纵坐标表示切向应力 σ_θ（即图中的 σ_t）与垂直初始应力 $p_v=\gamma H$（图 5-8）之比。该比值一般称为应力集中系数。它反映了开挖洞室后所引起的应力变化。

二、椭圆形洞室

如果以 q_1 与 q_2 分别表示椭圆形在 x 轴和 y 轴上的两个半轴，这时椭圆形的参数方程可以写成：

$$\left.\begin{array}{l} x=q_1\cos\beta \\ y=q_2\sin\beta \end{array}\right\} \qquad (5-16)$$

如果将图 5-8 中的圆形洞室改成椭圆形洞室，利用弹

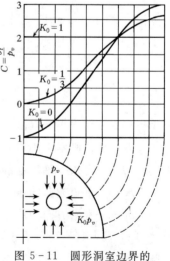

图 5-11　圆形洞室边界的
应力集中系数

性力学原理，同样可以计算椭圆洞室围岩中的各点应力。由于围岩中的最大切向应力发生在洞室边界上。因此，在洞室的稳定性计算中，经常需要计算洞边界处的切向应力。对于椭圆形洞室边界上的切向应力可按下式计算：

$$\sigma_t = \frac{(p_h - p_v)\left[(q_1 + q_2)^2 \sin^2\beta - q_2^2\right] + 2q_1 q_2 p_v}{(q_1^2 - q_2^2)\sin^2\beta + q_2^2} \qquad (5-17)$$

式中符号同前。

利用式（5-17）按照四种宽高比（$B/h = 0.25$，$B/h = 0.5$，$B/h = 2.0$，$B/h = 4.0$，这里 B 为椭圆宽度，h 为椭圆高度）对于不同的三种初始应力场（$K_0 = 0$，$K_0 = 1/3$，$K_0 = 1$）计算了椭圆边界上各点的切向应力 σ_t。根据计算结果绘制了如图 5-12 所示的切向应力集中系数分布曲线。由图 5-12 中曲线可以看出，不论椭圆洞室的几何形状是狭长的 $\left(\dfrac{B}{h} < 1\right)$，还是扁平的 $\left(\dfrac{B}{h} > 1\right)$，在各种初始应力场（$K_0 = 0$，$1/3$，$1$）的受力方式下，洞室边点 B（椭圆与水平轴的交点）处的切向应力，都是压应力。而且由式（5-17）可以证明，只要侧压力系数小于 1，边点 B 处是不可能出现拉应力的。自图 5-12 中还可以

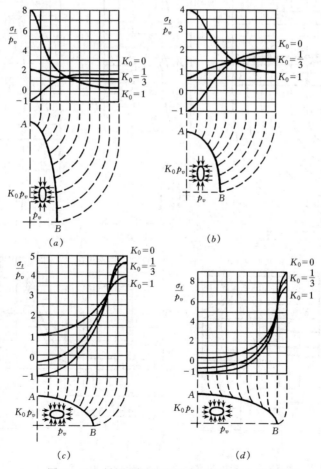

图 5-12　椭圆形洞室边界上的切向应力集中系数
(a) $B/h = 0.25$；(b) $B/h = 0.5$；(c) $B/h = 2.0$；(d) $B/h = 4.0$

看出，对于宽高比大于 1 的扁平椭圆洞室，在 B 点出现很高的应力集中现象。其次，对于椭圆洞室的顶点 A（椭圆与 y 轴的交点），在 $K_0=0$ 的情况下，不论宽高比的比值如何，A 点都出现拉应力；相反，在 $K_0=1$ 的情况下，各种不同的宽高比，顶点 A 处都出现压应力。特别是对于狭长的椭圆洞室（$B/H<1$），这时顶点 A 将出现很高的应力集中现象。

三、矩形洞室

与圆形和椭圆形洞室相比，矩形洞室的围岩应力计算要复杂得多。因此，矩形洞室的围岩应力常采用光弹试验来确定。图 5-13 是根据光弹试验的结果绘出的五种不同宽高比的矩形洞室在三种初始应力场（$K_0=0$，$K_0=1/3$，$K_0=1$）的情况下洞室边界上切向应力集中系数的分布曲线（为了避免在矩形的四角出现极高的应力集中，所有光弹模型的转角处都改成圆角）。

为了便于应用，根据上述各种洞形（圆形、椭圆、矩形）的计算结果，可以直接绘制

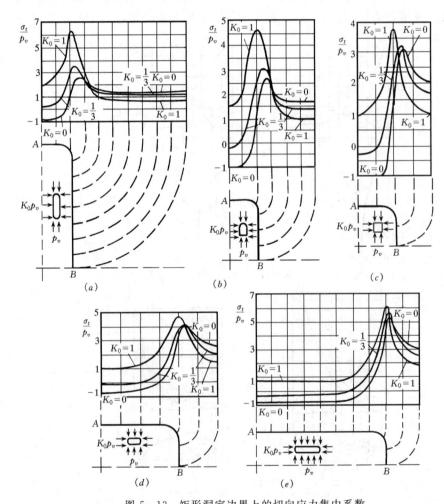

图 5-13　矩形洞室边界上的切向应力集中系数

(a) $\dfrac{B}{h}=0.25$；(b) $\dfrac{B}{h}=0.5$；(c) $\dfrac{B}{h}=1.0$；(d) $\dfrac{B}{h}=2.0$；(e) $\dfrac{B}{h}=4.0$

这些洞形边界上的最大切向压应力与宽高比的关系曲线。图 5-14、图 5-15、图 5-16 是按照 $K_0=0$、$K_0=1/3$ 以及 $K_0=1$ 的三种情况分别绘制的曲线。图 5-17 则绘出最大切向应力的曲线。

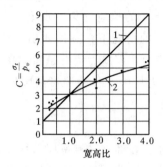

图 5-14 椭圆形（包括圆形）、矩形在 $K_0=0$ 时的洞边最大切向压应力集中系数
1—椭圆形；2—矩形

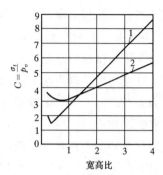

图 5-15 椭圆（包括圆形）、矩形在 $K_0=1/3$ 时的洞边最大切向应力集中系数
1—椭圆；2—矩形

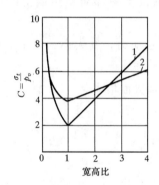

图 5-16 椭圆形（包括圆形）、矩形在 $K_0=1$ 时的洞边最大切向应力集中系数
1—椭圆；2—矩形

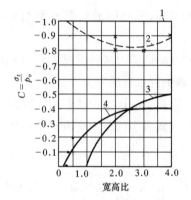

图 5-17 椭圆形（包括圆形）、矩形在 $K_0=0$ 以及 $K_0=1/3$ 时的洞边最大切向拉应力集中系数
1—椭圆 $K=0$；2—矩形 $K_0=0$；3—椭圆 $K_0=1/3$；4—矩形 $K_0=1/3$

由图 5-14 看出，在 $K_0=0$ 的单向初始应力场中，当宽高比小于 1 时，椭圆洞室的最大切向应力小于矩形洞室的最大切向应力；但是在宽高比大于 1 的情况下，则出现相反的情况。因此，在设计宽高比大于 1 的洞室时，采用圆角矩形比采用椭圆形的为好。

由图 5-15 明显地看出，在 $K_0=\dfrac{1}{3}$ 的双向初始应力场中，当宽高比小于 1.4 左右时，椭圆形洞室的最大切向应力小于矩形洞室的最大切向应力；而且在宽高比大致等于 1/3 时，椭圆形的最大切向应力出现最小值。当宽高比大于 1.4 时，则出现相反的情况，亦即矩形洞室的最大切向应力反而小于椭圆形洞室的最大切向应力。

自图 5-16 可以看出，在 $K_0=1$ 的静水压力式的应力场中，圆形洞室（宽高比等于 1 的情况）所产生的最大切向应力比矩形洞室的小；当宽高比大于 2.5 时，椭圆形洞室的应力集中系数比矩形洞室的大。值得指出的是，图 5-16 中的椭圆形曲线在宽高比为 1 时，出现最小值，这就说明在设计洞室时可优先考虑圆形洞室。

最后，自图 5-17 可以明显看出，在 $K_0=0$ 的单向初始应力场中，不论是椭圆形或矩形洞室，在洞室顶部都出现应力集中系数为 1 或接近于 1 的拉应力集中现象。在 $K_0=1/3$ 的初始应力场中，对于椭圆形洞室，在宽高比大于 1 的情况下，洞顶才出现拉应力。虽然这种情况下的拉应力总是低于单向初始应力场的拉应力，但应力值总是随宽高比的增大而增大。顺便指出，因为在 $K_0=1$ 的静水压力式的应力场中，各种洞形的围岩中都不出现拉应力，所以图 5-17 中没有 $K_0=1$ 的曲线。

四、复式洞室

复式洞室是指若干相互平行的洞室所组成的洞室体系。显然这种洞室周围的应力分布要比前述单个洞室复杂得多，一般不易用数学表达式给出。因此，复式洞室的围岩应力往往是用光弹试验来确定。根据对于复式洞室围岩应力的研究表明：不论洞室的数量多少、形状如何，对于一排间距相等而形状相同的洞室，可作如下几点结论：

1) 最大的边界压应力发生在洞室的边墙上，亦即最大的压应力出现在洞室之间的岩柱边缘，在若干相同形状洞室所组成的洞室体系中，则位于中部洞室边墙上的压应力为最大。

2) 在单向应力场的情况下，洞室顶部与底部都出现拉应力，其大小约等于施加在单向应力场中的垂直压应力。

3) 岩柱上的压应力随着洞室宽度与岩柱宽度之比的增大而增大。

4) 复式洞室的最大应力集中系数可由下式近似确定：

$$C'=C+0.09\left[\left(1+\frac{B_0}{B_p}\right)^2-1\right] \tag{5-18}$$

式中 C'——复式洞室的最大应力集中系数；

     C——相同应力场中单个洞室围岩中的应力集中系数；

     B_0——洞室宽度（m）；

     B_p——岩柱宽度（m）。

公式中的应力集中系数 C 可由图 5-14、图 5-15、图 5-16、图 5-17 中的相应曲线查出，将 C 查出的值代入（5-18）式即可求出复式洞室的最大应力集中系数 C'。

习 题

习题 5-1   在圆形试验洞的洞壁上的测点 1 处进行应力测量（用应力解除法），应变花按等边三角形布置，见题 5-1 图中黑粗线，其中有一应变元件布置成与 z 轴平行量测 ε_1（见题 5-1 图）。今测得三个方向的应变为：$\varepsilon_1=402\times10^{-6}$，$\varepsilon_2=334\times10^{-6}$，$\varepsilon_3=298\times10^{-6}$，已知岩石的弹性模量 $E=4\times10^4\mathrm{MPa}$，泊松比 $\mu=0.25$。

1) 试求测点 1 处的大小主应变 ε_{max}、ε_{min} 以及它们的方位。

2) 试求大、小主应力 σ_{max}、σ_{min}。

3) 试求该点处的纵向应力 σ_z（即沿 z 方向的法向应力）。

4）今在与点 1 同一横断面上的测点 2 处测得切向应力 $\sigma_{\theta,2}=10.8\text{MPa}$，试求岩体的初始应力 p_v 和 p_h。

习题 5-2 某地拟开挖大跨度的圆形隧洞，需事先确定开挖后洞壁的应力值。为此在附近相同高程的试验洞内作了岩体应力测量工作，测得天然应力为：$p_v=1.4\text{MPa}$，$p_h=2\text{MPa}$，试求开挖后洞壁 A、B、C 三点的应力。

习题 5-3 在上题中，将洞室改为宽高比 $B/h=0.5$ 的椭圆洞室，试计算相应点 A、B 的应力；其次改为 $B/h=2$ 的椭圆洞室，计算相应点 A、B 的应力，试讨论三种情况中哪一种最有利，哪一种最不利。

习题 5-4 今在 $K_0=1$ 的均质石灰岩体地表下 100m 深度处开挖一个圆形洞室，已知岩体的物理力学性指标为：$\gamma=25\text{kN/m}^3$，$C=0.3\text{MPa}$，$\varphi=36°$，试问洞壁是否稳定？

习题 5-5 设有一排宽度为 15m、高度 $h=7.5$m 的圆角矩形洞室。它们的间距（中心到中心）为 25m。这排洞室在均质、各向同性的砂岩中的 300m 深度处。岩体的物理力学性指标为：$\gamma=25.6\text{kN/m}^3$，抗压强度 $R_c=100\text{MPa}$，抗拉强度 $R_t=10\text{MPa}$，泊松比 $\mu=0.5$，$K_0=1$，试求洞群的安全系数。

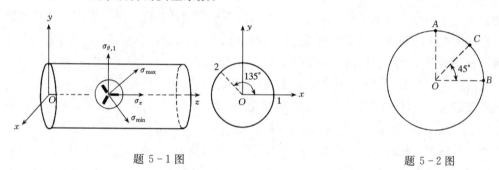

题 5-1 图   题 5-2 图

117

第六章 山岩压力与围岩稳定性

第一节 概　　述

上一章讨论的洞室围岩应力是研究围岩稳定性和洞室安全性的基础。从该章可知，在岩体内开挖洞室以后，岩体的原始平衡状态被破坏，发生应力重分布。随着应力的重分布，围岩不断变形并向洞室逐渐位移。一些强度较低的岩石由于应力达到强度的极限值而破坏，产生裂缝或剪切位移，破坏了的岩石在重力作用下甚至大量塌落，造成所谓"冒顶"现象，特别是节理、裂隙等软弱结构面发育的岩石更为显著。为了保证围岩的稳定以及地下洞室结构（例如水工隧洞，地下电站等）的安全，常常必须在洞室中进行必要的支护与衬砌，以约束围岩的破坏和变形的继续扩展。当然，并不是所有洞室都要支护与衬砌的，有些情况，特别是岩石较好，地质条件简单的情况可不需进行支护与衬砌；而另一些情况是非进行支护与衬砌不可的。因此，在进行地下洞室设计和施工时，工程人员和地质人员必须解决这样的问题：洞室要不要支护与衬砌？如果不进行支护与衬砌，洞室是否稳定？洞室顶部的岩石会不会坍落？洞室侧面岩石会不会倒下？若需要支护与衬砌，则岩石对支护或衬砌的压力有多大？这些问题都需要工程人员和地质人员加以回答。

由于支护与衬砌的目的是防止岩石塌落和变形，所以支护与衬砌上必然要受到岩石的压力。在水工建设中，把由于洞室围岩的变形和破坏而作用在支护或衬砌上的压力，称为山岩压力。有的书上将这种压力称为"地层压力""围岩压力""地压""岩石压力"，都是与山岩压力同一个意义。为配合有关水工课程以及水工勘测设计，今后一律用山岩压力这一术语。

山岩压力的研究不仅与水工地下建筑有关，而且与采矿、交通隧道和战备工程也有着密切的关系。因此，正确决定山岩压力的大小、探求其变化规律和特点，对于地下工程、水工隧洞、采矿、交通隧道、战备工程等等现代化建设都具有重大的意义。例如，若设计的支护或衬砌时考虑的山岩压力值远远大于实际所产生的数值，则设计出来的支护或衬砌的尺寸必然过大，这就浪费了国家建设极为宝贵的木材、水泥及钢材，也浪费了人力。反之，所考虑的山岩压力过小，所设计的支护或衬砌的尺寸太小，不能负担实际产生的山岩压力，支护或衬砌被压坏，这不仅会使所建造的地下工程不能应用，而且还会造成工伤事故，这在我国社会主义制度下是决不许可的。例如，河北省永定河模式口隧洞曾经发生过这样的情形。隧洞的中段是辉绿岩，表面看来还比较稳定。因此，在施工中只用了少量的松木进行支撑。过了七个月，发现支撑木普遍歪斜，岩石变形明显加剧，施工人员随即增补支撑木。但是在这过程中，30cm 粗的松木已折断了三根。前后增补支撑木达三次之多，直到支撑木一根接着一根，密密成林后，支撑木的歪斜现象才没有继续发展。据估计洞顶上的山岩压力大约为 0.4MPa。显然，如果不及时发现而采取上述措施，则可能全部支撑木被压断，支撑失效而洞顶坍塌，造成事故。这个例子说明了正确估计山岩压力的重要性。本章着重介绍山岩压力的理论和计算。

由于山岩压力是作用在支护或衬砌上的重要荷载，不言而喻，如果对山岩压力没有正确的估计，也就不可能合理地设计支护和衬砌的尺寸。多年来，各国岩石力学工作者对于山岩压力的计算进行了一系列的研究，建立了各种理论。但是，尽管如此，到目前为止，这一问题还没有得到圆满的解决。这是因为山岩压力不仅与岩石性质和洞室形状有关，而且还与岩体的初始天然应力状态、衬砌或支护的刚度和施工的快慢有关。确定山岩压力的大小和方向，是一个极为复杂的问题。本章所介绍的一些山岩压力的公式和理论都是在一定的简化条件下得来的，是近似的。这些公式和理论只在特定的条件下是正确的，今后必须通过实践逐步加以完善。

第二节 山岩压力的形成及其影响因素

一、山岩压力的形成

一般都认为，山岩压力是由于洞室开挖后岩体变形和破坏而形成的。有些文献中，将由于岩体变形而对支护或衬砌的压力，称为"变形压力"；将岩体破坏而松动对支护或衬砌造成的压力，称为"松动压力"。在不同性质的岩石中，由于它们的变形和破坏性质不同，所以产生山岩压力的主导因素也就不同，通常可以遇到下列三种情况。

1) 在整体性良好、裂隙节理不发育的坚硬岩石中，洞室围岩的应力一般总是小于岩石的强度。因此，岩石只有弹性变形而无塑性变形，岩石没有破坏和松动。由于弹性变形在开挖过程中就已产生，开挖结束，弹性变形也就完成，洞室不会坍塌。如果在开挖完成后进行支护或衬砌，则这时支护上没有山岩压力。在这种岩石中的洞室支护主要用来防止岩石的风化以及剥落碎块的掉落。

2) 在中等质量的岩石中，洞室围岩的变形较大，不仅有弹性变形，而且还有塑性变形，少量岩石破碎。由于洞室围岩的应力重分布需要一定的时间，所以在进行支护或衬砌以后围岩的变形受到支护或衬砌的约束，于是就产生山岩压力。因此，支护的浇筑时间和结构刚度对山岩压力影响较大 。在这类岩石中，山岩压力主要是由较大的变形所引起，岩石的松动坍落甚小。也就是说，这类岩石中主要是产生"变形压力"，较少产生"松动压力"。

3) 在破碎和软弱岩石中，由于裂隙纵横切割，岩体强度很低，围岩应力超过岩体强度很多。因此，岩块在不大的应力作用下就会破坏坍落下来。在这类岩石中，坍落和松动是产生山岩压力的主要因素，而松动压力是主要的山岩压力。当没有支护或衬砌时，岩石的破坏范围可能逐渐扩大发展，故需要立即进行支护或衬砌。支护或衬砌的作用主要是支承坍落岩块的重量，并阻止岩体继续变形、松动和破坏。在这种情况下，如果不及时支护，松动破坏不断发展，则就可能产生很大的山岩压力，支护发生困难而且很不经济。

二、影响山岩压力的因素

上面已经对于山岩压力的主要影响因素——岩石性质，作了一般的叙述。下面再讨论其他因素对山岩压力的影响。

（1）洞室的形状和大小：上一章已经阐述了洞室形状对于围岩应力分布的影响。可以推断，洞室的形状对山岩压力的大小也有影响。一般而言，圆形、椭圆形和拱形洞室的应力集中程度较小，破坏也少，岩石比较稳定，山岩压力也就较小，矩形断面洞室的应力集中程度较大，尤以转角处最大，因而山岩压力比其他形状的山岩压力要大些。

从上一章中知道，当洞室的形状相同时，围岩应力与洞室的尺寸无关，亦即与洞室的跨度无关。但是山岩压力一般而言是与洞室的跨度有关的，它可以随着跨度的增加而增大。目前从有些山岩压力公式中就可看出压力是随着跨度成正比增加的。但是根据经验，这种正比关系只对跨度不大的洞室适用；对于跨度很大的洞室，由于往往容易发生局部坍塌和不对称的压力，山岩压力与跨度之间不一定成正比关系。根据我国铁路隧道的调查，认为单线隧道与双线隧道的跨度相差为 80%，而山岩压力相差仅为 50% 左右。所以，在有些情况中，对于大跨度洞室，采用山岩压力与跨度成正比的关系，会造成衬砌过厚的浪费现象。此外，在稳定性很差的岩体内开挖洞室时，实际的山岩压力往往比按照常用方法计算的压力可能大得多。例如，图 6-1 表示在节理很发育的岩体内开挖隧洞。当隧洞的尺寸较小时如图 6-1（a），被节理分割而坍落的岩块较少，山岩压力较小。可是，如果隧洞尺寸较大如图 6-1（b），则可以想象到，将有大量的被分割的岩块掉落下来，山岩压力可能比按照正比关系求得的压力大得多。

（2）地质构造：地质构造对于围岩的稳定性及山岩压力的大小起着重要影响。目前，有关围岩的分类和山岩压力的经验公式大都建立在这一基础上的。地质构造简单、地层完整、无软弱结构面，围岩就稳定，山岩压力也就小。反之，地质构造复杂、地层不完整、有软弱结构面，围岩就不稳定，山岩压力也就大。在断层破碎带、褶皱破坏带和裂隙发育的地段，山岩压力一般都较大，因为这些地段的洞室开挖过程中常常会有大量的较大范围的崩坍，造成较大的松动压力。另外，如果岩层倾斜如图 6-2（a）、节理不对称如图6-2（b）以及地形倾斜如图 6-2（c），都能引起不对称的山岩压力（即所谓偏压）。所以在估计山岩压力的大小时，应当特别重视地质构造的影响。

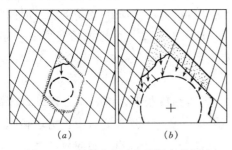

图 6-1　洞室大小对山岩压力的影响

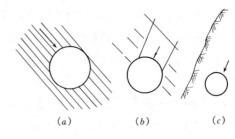

图 6-2　不对称山岩压力的形成

（箭头表示山岩压力的方向）

（3）支护的形式和刚度：前面已述，山岩压力有松动压力和变形压力之分。当松动压力作用时，支护的作用就是承受松动岩体或塌落岩体的重量，支护主要起承载作用。当变形压力作用时，它的作用主要是限制围岩的变形，以维持围岩的稳定，也就是支护主要起约束作用。在一般情况下，支护可能同时具有上述两种作用。目前采用的支护可分为两类，一类叫做外部支护，也称普通支护或所谓老式支护。这种支护作用在围岩的外部，依靠支护结构的承载能力来承受山岩压力。在与岩石紧密接合或者回填密实的情况下，这种支护也能起到限制围岩变形、维持围岩稳定的作用。另一类是近代发展起来的支护形式，叫做内承支护或自承支护，它就是通过化学灌浆或水泥灌浆、锚杆支护、预应力锚杆支护和喷混凝土支护等方式，加固围岩，使围岩处于稳定状态。这种支护的特点是依靠增加围岩的自承作用来稳固洞室，一般可能比较经济。

支护的刚度和支护时间的早晚（即洞室开挖后围岩暴露时间的长短）都对山岩压力有较大的影响。支护的刚度越大，则允许的变形就越小，山岩压力就越大；反之山岩压力越小。洞室开挖后，围岩就产生变形（弹性变形和塑性变形），根据研究，在一定的变形范围内，支护上的山岩压力是随着支护以前围岩的变形量增加而减少的。目前常常采用薄层混凝土支护或具有一定柔性的外部支护，都能够充分利用围岩的自承能力，以减少支护上山岩压力的目的。

支护或衬砌的刚度对山岩压力的影响还可用下列事例来说明。

图 6-3 为在山岩压力形成的早期阶段就设置有衬砌的圆形洞室。这个衬砌约束了岩体的变形。为了说明清楚起见，我们用相当于衬砌刚度的假想的岩石圈（虚线）来代替混凝土衬砌。再看"新的洞室"并分析衬砌和岩石接触处的应力状态。不难求得，在弹性状态下在衬砌与岩石的接触处环向（切向）应力 σ_θ 将比无衬砌时有所降低，而径向应力 σ_r（作用在衬砌上即为山岩压力）有所增加。显然可知，衬砌的刚度越大（亦即假想的岩石环越厚），则环向应力 σ_θ 就越降低，径向应力 σ_r 越增大。这说明刚度越大，山岩压力越大。

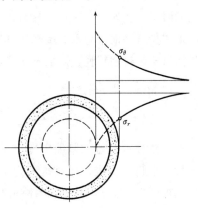

图 6-3 说明衬砌刚度对山岩压力影响的图

（4）洞室深度：洞室深度与山岩压力的关系目前有各种说法。在有些公式中山岩压力与深度无关，有些公式中山岩压力与深度有关。一般说来，当围岩处于弹性状态时，山岩压力不应当与洞室的埋深有关。但当围岩中出现塑性区时，洞室的埋置深度应当对山岩压力有影响。这是由于埋置深度对围岩的应力分布有影响，同时对初始侧压力系数 K_0 也有影响，从而对塑性区的形状和大小以及山岩压力的大小均有影响。研究指明，当围岩处于塑性变形状态时，洞室埋置越深，山岩压力也就越大。深洞室的围岩通常处于高压塑性状态，所以它的山岩压力随着深度的增加而增加，在这种情况下宜采用柔性较大的支护，以发挥围岩的自承作用，降低山岩压力。

（5）时间：由于山岩压力主要是由于岩体的变形和破坏而造成的，而岩体的变形和破坏都有一个时间过程，所以山岩压力一般都与时间有关。典型的例子见图 6-4。该图表示奥地利柯普斯（Konc）水电站地下厂房拱顶的岩体位移与时间的关系曲线，该厂房的跨度为 26m。从这根曲线可以看出，在开挖洞室期间，山岩压力是迅速增长的——这表现在拱顶的位移急剧增加。然后，在施工和装配期间，位移基本上是稳定了，而在洞室开

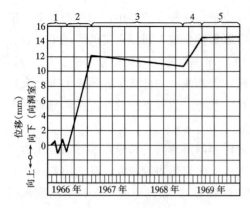

图 6-4 洞壁位移与时间的关系实例

挖以后大约二年的时间，当水电站的第一台机组运行时，山岩压力又有了某些增加，这表现在拱顶岩石的位移又有某些增加，以后再重新稳定。

应当指出，山岩压力随时间而变化的原因，除了变形和破坏有一时间过程之外，岩石的蠕变也是一个重要因素，目前在这方面还研究得不够。

（6）施工方法：山岩压力的大小与洞室的施工方法和施工速率也有较大关系。施工方法主要是指掘进的方法。在岩体较差的地层中，如采用钻眼爆破，尤其是放大炮，或采用高猛度的炸药，都会引起围岩的破碎而增加山岩压力。用掘岩机掘进，光面爆破，减少超挖量，采用合理的施工方法可以降低山岩压力。在易风化的岩层（例如，泥灰岩、片岩、页岩等）中，需加快施工速度和迅速进行衬砌，以便尽可能地减少这些地层与水的接触，减轻它们的风化过程，避免山岩压力增长。通常，施工作业暴露过长，衬砌较晚，回填不实或者回填材料不好(易压缩的)都会引起山岩压力的增大。

第三节　坚硬岩体的应力和稳定验算

对于整体性良好的坚硬岩体来说，由于其节理裂隙不发育，强度较大，无塑性变形，且弹性变形迅速完成，所以可假定岩体是均匀的、各向同性的连续介质弹性体，验算洞室边界上的切向应力是否超过岩体强度即可，一般不需计算山岩压力，即验算：

$$\sigma_\theta < [R_c]$$

式中　σ_θ——洞室边界上的切向应力（MPa）；

　　$[R_c]$——岩石的许可抗压强度（MPa）。

考虑到长期荷载下洞室围岩的强度可能降低。因此，岩石的许可强度一般采用下列数值：

对于无裂隙的坚硬围岩　　　　$[R_c] = 0.6R_c$

对于有裂隙的坚硬围岩　　　　$[R_c] = 0.5R_c$

式中　R_c——岩块单轴湿抗压强度（MPa）。

σ_θ 的计算可采用第五章中的方法。在实践中，往往遇到直墙拱形的洞室。迄今这种形状的洞室的围岩应力计算没有现成的公式，一般可通过试验或有限单元法来进行。但是，根据经验，只要洞室的高跨比 h_0/B 在 $0.67\sim1.5$ 范围之内（h_0 为洞的高度；B 为洞的跨度），那么这时就可以将这种洞室近似地看作椭圆形断面（也可看作圆形断面），利用椭圆形（或圆形）洞室的应力公式来近似地计算围岩的应力，见式（5-17）。

拱顶的切向应力　　　　　　$\sigma_\theta = \left[\left(\dfrac{2b}{a}+1\right)\dfrac{\mu}{1-\mu}-1\right]p_0$

拱脚的切向应力 $\qquad \sigma_\theta = \left[\dfrac{2a}{b} - \dfrac{\mu}{1-\mu} + 1 \right] p_0$

式中　p_0——计算点的初始垂直应力（MPa），假定 $p_0 = \gamma H$，γ 为岩体容量，H 为洞室的埋置深度；

　　　　μ——岩石的泊松比；

　　　　a——洞室跨度之半（m）；

　　　　b——洞室高度之半（m）。

对于其他形状的洞室，尤其是矩形洞室，在转角处的应力集中系数往往很大，应该注意由于局部应力集中而超过岩体强度的情况。但实践证明，这种局部性的应力过大问题，不至于影响洞室的稳定性，所以一般可不予考虑。

如果洞室边界的切向应力 σ_θ 是拉应力，则在验算时应当满足下列条件：

$$\sigma_\theta > [-R_t]$$

式中　$[-R_t]$——岩石的许可抗拉强度，原则上可类似于上面的许可抗压强度的求法来决定。

如果应力验算不满足，则应当采用适当加固措施，包括锚栓和支护。

例题 6-1　某花岗岩体，完整性良好，单轴湿抗压强度 $R_c = 100 \text{MPa}$。在该岩体内开挖直墙拱顶洞室，洞的跨度 $B = 12\text{m}$；洞的高度 $h_0 = 16\text{m}$，洞的埋置深度 $H = 220\text{m}$，岩石容重 $\gamma = 27 \text{kN/m}^3$，试问围岩的稳定性如何？

解　（a）将洞室看作为椭圆形，并假定 $K_0 = \dfrac{\mu}{1-\mu} = 1$。

拱顶的切向应力：

$$\sigma_\theta = \left[\left(\dfrac{2b}{a} + 1 \right) \dfrac{\mu}{1-\mu} - 1 \right] p_0 = \left[\left(\dfrac{16}{6} + 1 \right) - 1 \right] \times 27 \times 220 = 9.93 \text{ MPa}$$

拱脚的切向应力：

$$\sigma_\theta = \left[\dfrac{2a}{b} - \dfrac{\mu}{1-\mu} + 1 \right] p_0 = \left(\dfrac{12}{8} - 1 + 1 \right) \times 27 \times 220 = 8.92 \text{ MPa}$$

岩石的许可强度

$$[R_c] = 0.6 R_c = 0.6 \times 100 = 60 \text{ MPa}$$

由此，$[R_c]$ 比 σ_θ 大得多，所以岩石处于弹性状态，是稳定的。

（b）将洞室看作圆形，并假定 $K_0 = 1$。

$$\sigma_\theta = 2 p_0 = 2 \gamma H = 2 \times 27 \times 220 = 12 \text{MPa} < 60 \text{ MPa}$$

所以按圆形计算洞室也是稳定的，无山岩压力。

第四节　压 力 拱 理 论

一、垂直山岩压力

压力拱理论一般适用于破碎性较大的岩石的山岩压力计算。这个理论也适用于土中山岩压力的计算。计算的压力是松动压力。

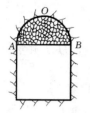

图 6-5 洞室开挖后形成的压力拱

如上一章中所述,洞室开挖以后,由于围岩应力重新分布,洞室顶部往往出现拉应力。如果这些拉应力超过岩石的抗拉强度,则顶部岩石破坏,一部分岩块失去平衡而随着时间向下逐渐坍落。根据大量观察和散粒体的模型试验证明,这种坍落不是无止境的,坍落到一定程度后,就不再继续坍落,岩体又进入新的平衡状态。根据观察结果,新的平衡的界面形状近似于一个拱形,如图 6-5 中的 AOB 所示。人们把这个自然平衡拱称为压力拱或坍落拱。在实际上,洞室开挖以后,顶部岩石往往需要一定的时间才能坍落成压力拱,而实际施工并不等待压力拱形成后再浇筑衬砌,所以作用于衬砌上的垂直山岩压力就可认为是压力拱与衬砌之间的岩石的重量,而与拱外岩体无关。因此,正确决定压力拱的形状,就成为计算山岩压力的关键。

目前关于推求压力拱形状方面有着不同的假设。由于假设不同,所求出的山岩压力也就不同。过去常常采用普罗托奇耶柯诺夫(M. M. Протодьяконов)的压力拱理论,即简称的普氏压力拱理论。普氏认为,岩体内总是有许多大大小小的裂隙、层理、节理等软弱结构面的。由于这些纵横交错的软弱面,将岩体割裂成各种大小的块体,这就破坏了岩石的整体性,造成松动性。被软弱面割裂而成的岩块与整个地层相比起来它们的几何尺寸较小。因此,可以把洞室周围的岩石看作是没有凝聚力的大块散粒体。但是,实际上岩石是有凝聚力的。因此,就用增大内摩擦系数的方法来补偿这一因素。这个增大了的内摩擦系数称为岩石的坚固系数,用 f_K 表示。

设原岩体的抗剪强度为 $\tau_f = c + \sigma \mathrm{tg}\varphi$

式中 c,φ 等记号同前。

现在把岩体看作是散粒体,并且要使抗剪强度 τ_f 不变,则

$$\tau_f = \sigma f_K$$

由此,对于具有凝聚力的岩石,得:

$$f_K = \frac{c + \sigma \mathrm{tg}\varphi}{\sigma} = \frac{c}{\sigma} + \mathrm{tg}\varphi$$

对于砂土及其他松散材料

$$f_K = \mathrm{tg}\varphi$$

对于整体性岩石,还可采用如下的经验公式

$$f_K = \frac{R_c}{10} \tag{6-1}$$

其中 R_c——岩石的单轴极限抗压强度(MPa)。

在表 6-1 中列出了各种岩石的坚固系数 f_K 的经验值,可供参考使用。

下面来按照普氏理论计算山岩压力。一般而言,对于岩性较差的岩石(例如 $f_K < 2$),在洞室开挖以后,在两侧的岩体处于极限平衡(塑性平衡)状态,破裂线与垂线的交角为

$45° - \dfrac{\varphi_K}{2}$(这里 φ_K 表示通过 f_K 换算得来的内摩擦角,称为换算内摩擦角,见表 6-1)。

压力拱的跨度应当按照两侧破裂线的界限来确定,见图 6-6(a)的 AB 线。按照该图压力 拱的跨度为:

$$2b_2 = 2b_1 + 2h_0 \text{tg}\left(45° - \frac{\varphi_K}{2}\right)$$

式中　　b_1——洞室跨度之半（m）；

　　　　b_2——压力拱跨度之半（m）；

　　　　h_0——洞室的高度（m）。

表 6-1　　　　各种岩石的坚固系数 f_K、容重 γ 和换算内摩擦角 φ_K 的数值表

等　级	类　　　别	f_K	γ (kN/m³)	φ_K
极坚硬的	最坚硬的，致密的及坚韧的石英岩和玄武岩，非常坚硬的其他岩石	20	28～30	87
	极坚硬的花岗岩，石英斑岩，矽质片岩，最坚硬的砂岩及石灰岩	15	26～27	85
	致密的花岗岩，极坚硬的砂岩及石灰岩，坚硬的砾岩，极坚硬的铁矿	10	25～26	82.5
坚硬的	坚硬的石灰岩，不坚硬的花岗岩，坚硬的砂岩，大理石，黄铁矿，白云石	8	25	80
	普通砂岩，铁矿	6	24	75
	砂质片岩，片岩状砂岩	5	25	72.5
中等的	坚硬的黏土质片岩，不坚硬的砂岩，石灰岩，软的砾岩	4	26	70
	不坚硬的片岩，致密的泥灰岩，坚硬的胶结黏土	3	25	70
	软的片岩，软的石灰岩，冻土，普通的泥灰岩，破坏的砂岩，胶结的卵石和砂砾，掺石的土	2	24	65
	碎石土，破坏的片岩，卵石和碎石，硬黏土，坚硬的煤	1.5	18～20	60
	密实的黏土，普通煤，坚硬冲积土，黏土质土，混有石子的土	1.0	18	45
	轻砂质黏土，黄土，砂砾，软煤	0.8	16	40
松软的	湿砂，砂壤土，种植土，泥炭，轻砂壤土	0.6	15	30
不稳定的	散砂，小砂砾，新积土，开采出来的煤，流砂，沼泽土含水的黄土及其他含水的土（$f_K = 0.1 \sim 0.3$）	0.5	17	27
		0.3	15～18	9

　　由于假定岩体为散粒体，它的抗拉、抗弯能力很小，因而自然可以推论，洞室顶部上形成的压力拱，其最稳定的条件是沿着拱的切线方向仅仅作用有压力，如图6-6（b）中的 S 所示。该图表示在拱顶处切开的脱离体，在拱顶处的切线方向作用有推力 T。下面对拱的形状和大小进行分析。

　　在半拱上作用有岩体的自重，当洞室埋置深度很大时，则可以认为拱顶上的岩体自重是均匀分布，其压力强度为 p（也就是略去横轴 ox 与拱曲线之间的岩石重量）。今考察图6-6（b）oM 段的平衡。因为"散粒材料"的压力拱内不应当有拉应力，所以，所有的力对拱的任何点 M 的力矩应当等于零，即 $\sum M_M = 0$，得到：

$$\frac{px^2}{2} - Ty = 0$$

由此

$$y=\frac{px^2}{2T} \qquad (6-2)$$

式中　x，y——M点的坐标（m）；

　　　　T——拱顶切向压力（水平推力）（MPa）。

从式（6-2）中看出，当假定拱上的压力为均匀分布时，压力拱的形状是一条抛物线。用散粒材料（例如，砂子）做的模型试验证实了这一点。

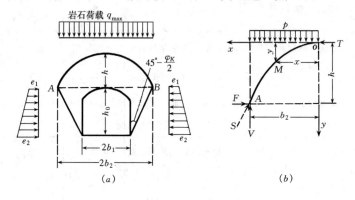

图 6-6　压力拱理论计算山岩压力的图

把 A 点的坐标值 $x=b_2$，$y=h$ 代入式（6-2），得

$$h=\frac{pb_2^2}{2T} \qquad (6-3)$$

设 A 点的切向反力为 S，其水平分力为 F，垂直分力为 V。所考虑的半拱的力的平衡条件为：

1）$\sum F_y=0$。

2）$\sum F_x=0$。

3）$\sum M_A=0$。

根据第 1）个条件，得到拱的垂直反力 $V=pb_2$。根据第 2）个条件，在极限平衡状态下，推力 T 应当等于 F，即得到 $T=F$。

这里的 F 为岩石对拱向外移动的摩阻力，在极限状态下，有：

$$F=f_Kpb_2 \qquad (6-4)$$

对于压力拱来说，处于极限平衡状态是不安全的。为了安全起见，推力 T 应当小于可能最大的摩阻力 F，即应当满足下式：

$$T<F \qquad (6-5)$$

一般说来，只能采用最大摩阻力的一半，即用 $\frac{1}{2}f_Kpb_2$ 来平衡拱顶推力 T。因此：

$$\frac{1}{2}f_Kpb_2=T \qquad (6-6)$$

将上式代入式（6-3），得到：

$$h = \frac{b_2}{f_K} \quad\quad\quad (6-7)$$

这样，压力拱的高度就是等于拱跨度之半除以岩石的坚固系数。

考虑到式（6-2）、式（6-3）以及式（6-7），可以求得压力拱上任何点的纵坐标

$$y = \frac{x^2}{b_2 f_K} \quad\quad\quad (6-8)$$

洞室顶部的最大压力在拱轴线上，并且等于：

$$q_{max} = \gamma h$$

或者

$$q_{max} = \frac{\gamma b_2}{f_K} \quad\quad\quad (6-9)$$

按照图6-6（a），洞室任何其他点的垂直压力等于

$$q = (h-y) \, \gamma = \frac{\gamma b_2}{f_K} - \frac{\gamma x^2}{b_2 f_K} \quad\quad\quad (6-10)$$

知道了洞室上任何点的垂直压力后，就不难求得顶部的总的垂直山岩压力。

二、侧向山岩压力

洞室的侧向山岩压力可用土力学中熟知的朗肯土压力公式进行计算。两侧的山岩压力按梯形分布。在洞室顶面高程处的单位面积侧向压力为：

$$e_1 = \gamma h \, \mathrm{tg}^2 \left(45° - \frac{\varphi_K}{2}\right) \quad\quad\quad (6-11)$$

洞室底面高程处的单位面积侧向压力

$$e_2 = \gamma \, (h + h_0) \, \mathrm{tg}^2 \left(45° - \frac{\varphi_K}{2}\right) \quad\quad\quad (6-12)$$

这里 $\varphi_K = \mathrm{arctg} f_K$。

侧向压力沿着深度按直线变化，压力分布图为梯形，见图6-6（a）。总的侧向山岩压力为：

$$P_h = \frac{\gamma h_0}{2} \, (2h + h_0) \, \mathrm{tg}^2 \left(45° - \frac{\varphi_K}{2}\right) \quad\quad\quad (6-13)$$

三、压力拱理论的适用条件

如前所述，压力拱理论的基本前提是洞室上方的岩石能够形成自然压力拱，这就要求洞室上方有足够的厚度且有相当稳定的岩体，以承受岩体自重和其上的荷载。因此，能否形成压力拱就成为应用压力拱理论的关键。

下列情况由于不能形成压力拱，所以不可用压力拱理论计算：

1）岩石的 $f_K < 0.8$，洞室埋置深度（由衬砌顶部至地面或松软土层接触面的垂直距

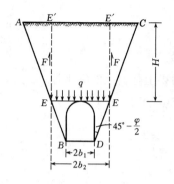

图 6-7 不能形成压力拱的
山岩压力计算

离）H 小于 2 倍压力拱高度或小于压力拱跨度的 2.5 倍（即 $H<2.0h$ 或 $H<5b_2$）。

2）用明挖法建造的地下结构。

3）当 $f_K<0.3$ 的土，例如淤泥、粉砂、饱和软黏土等，由于不能形成压力拱，所以不可用压力拱理论计算。

四、不能形成压力拱时山岩压力的计算

当洞室上面的岩体不能形成压力拱时，或者经过验算压力拱的承载能力不够时，则从洞室底面的两端起可能形成伸延到地面的倾斜破裂面，见图 6-7 中的 AB 和 CD。

这时 EE 平面上岩体总荷载 Q_y 可以近似地看作为岩柱 $EE'EE'$ 的重量 G，减去岩柱两侧的抗滑阻力 F：

$$Q_y = G - 2F$$

$$= \gamma H \times 2b_2 - 2 \times \frac{1}{2}\gamma H^2 \mathrm{tg}^2\left(45° - \frac{\varphi_K}{2}\right)\mathrm{tg}\varphi_K \qquad (6-14)$$

平均的单位面积垂直压力为

$$q = \gamma H - \frac{\gamma H^2}{2b_2}\mathrm{tg}^2\left(45° - \frac{\varphi_K}{2}\right)\mathrm{tg}\varphi_K$$

$$= \gamma H\left(1 - \frac{\eta_B H}{2b_2}\right) = \eta\gamma H \qquad (6-15)$$

式中 $\eta = 1 - \dfrac{\eta_B H}{2b_2}$，称为垂直压力折减系数；$\eta_B = \mathrm{tg}^2\left(45° - \dfrac{\varphi_K}{2}\right)\mathrm{tg}\varphi_K$。其他记号意义同前。

式（6-15）只适用于当 $H \leqslant \dfrac{b_2}{\eta_B}$ 的情况。当 $H > \dfrac{b_2}{\eta_B}$ 时，q 值反而较 $H \leqslant \dfrac{b_2}{\eta_B}$ 的情况有所减少，这是不可能的。此外，在内摩擦角较小（不大于 25°）的散粒体中该公式比较接近实际情况。当内摩擦角较大时，用这公式计算结果与实际情况相差较大。

为了使设计偏于安全，对于不能形成压力拱的岩体，允许按全部岩柱重量（不考虑两侧摩阻力）来计算垂直压力，即采取 $q = \gamma H$。

在含水地层中开挖洞室时，山岩压力的计算中应当考虑到岩石容重的减轻，也就是说岩石的容量采用浮容重，另外，衬砌上应考虑水压力。

第五节 太沙基理论

太沙基理论中假定岩石为散粒体，并具有一定的凝聚力。这理论也适用于一般的土体。由于岩体一般总是有一定的裂隙和节理，又由于洞室开挖施工的影响，其围岩不可能是一个非常完整的整体，所以用这一理论计算松动山岩压力有时也可以得到较好的效果。

设洞室侧面的岩石比较稳定，没有形成 $45°-\dfrac{\varphi}{2}$ 的破裂面。洞室开挖后，其上方的岩体有趋向下沉，形成垂直滑动面 AA' 和 BB'，见图 6-8。这两个滑动面上的抗剪强度为：

$$\tau_f = C + \sigma \mathrm{tg}\varphi$$

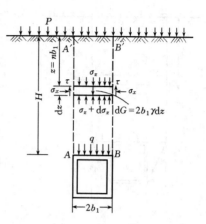

岩石的容重为 γ，地面上作用强度为 p 的均布荷载，在地表以下任何深度处的垂直应力为 σ_z，而相应的水平应力为：

$$\sigma_x = K_0 \sigma_z$$

式中　K_0——岩石的侧压力系数。

图 6-8　用太沙基理论计算
山岩压力

今在表面以下 z 深度处，在 $AA'BB'$ 岩柱中取厚度为 $\mathrm{d}z$ 的薄层进行分析。薄层的重量等于 $2b_1\gamma\mathrm{d}z$（以垂直图形平面的单位长度计）。在这薄层上作用的力如图形所示。作用在薄层上的垂直力之和等于零。根据这个条件，可以写出下列方程式：

$$2b_1\gamma\mathrm{d}z = 2b_1\ (\sigma_z + \mathrm{d}\sigma_2)\ - 2b_1\sigma_z + 2c\mathrm{d}z + 2K_0\sigma_z\mathrm{d}z\mathrm{tg}\varphi$$

经过整理后，得：

$$\frac{\mathrm{d}\sigma_z}{\mathrm{d}z} = \gamma - \frac{c}{b_1} - K_0\sigma_z\frac{\mathrm{tg}\varphi}{b_1} \tag{6-16}$$

解这个微分方程式，并考虑到边界条件：当 $z=0$ 时，$\sigma_z = p$，最后得：

$$\sigma_z = \frac{b_1\left(\gamma - \dfrac{c}{b_1}\right)}{K_0\mathrm{tg}\varphi}(1 - \mathrm{e}^{-K_0\mathrm{tg}\varphi\frac{z}{b_1}}) + p\mathrm{e}^{-K_0\mathrm{tg}\varphi\frac{z}{b_1}} \tag{6-17}$$

令上式中的 $z=H$，即得到洞室顶面的垂直山岩压力 q：

$$q = \frac{b_1\gamma - c}{K_0\mathrm{tg}\varphi}(1 - \mathrm{e}^{-K_0\mathrm{tg}\varphi\frac{H}{b_1}}) + p\mathrm{e}^{-K_0\mathrm{tg}\varphi\frac{H}{b_1}} \tag{6-18}$$

这个公式对深埋洞室和浅埋洞室都适用。当洞室为深埋时，可令 $H\to\infty$，得：

$$q = \frac{b_1\gamma - c}{K_0\mathrm{tg}\varphi} \tag{6-19}$$

当 $c=0$ 时

$$q = \frac{b_1\gamma}{K_0\mathrm{tg}\varphi} \tag{6-20}$$

对于洞室侧面岩石不稳定的情况也可用类似的方法来求山岩压力。这时，洞室侧面从

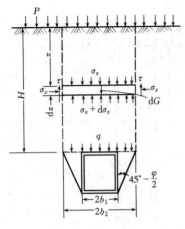

图 6-9 侧面岩石不稳时的
山岩压力计算

底面起就产生了一个与铅垂线成 $45° - \dfrac{\varphi}{2}$ 角的滑裂面，见图 6-9。侧墙受到水平侧向压力的作用。垂直压力计算公式的推导与上述过程相同，只要将以上各式中的 b_1 代以 b_2 即可得

$$b_2 = b_1 + h_0 \mathrm{tg}\left(45° - \frac{\varphi}{2}\right)$$

这时

$$q = \frac{b_2\gamma - c}{K_0\mathrm{tg}\varphi}(1 - \mathrm{e}^{-K_0\mathrm{tg}\varphi\frac{H}{b_2}}) + p\mathrm{e}^{-K_0\mathrm{tg}\varphi\frac{H}{b_2}}$$

$$(6-21)$$

当 $H \to \infty$ 时

$$q = \frac{b_2\gamma - c}{K_0\mathrm{tg}\varphi} \qquad (6-22)$$

当 $c = 0$ 时

$$q = \frac{b_2\gamma}{K_0\mathrm{tg}\varphi} \qquad (6-23)$$

水平侧压力的计算与第四节中的方法相同。

第六节 弹 塑 性 理 论

第三节中我们将完整坚硬岩石看作弹性体，其应力-应变关系符合弹性情况，只要应力小于岩石的强度，则就认为既无松动压力，也无变形压力，即不产生山岩压力。前二节中普氏和太沙基假定岩体为"散粒体"，计算一部分岩石在自重作用下对洞室引起的山岩压力，这些压力实际上都是松动压力。这些理论都对岩石作了比较简单的假定，没有对洞室围岩进行较严密的应力和强度分析。多年来，许多岩石力学工作者以弹塑性理论为基础研究了围岩的应力和稳定情况以及山岩压力。从理论上讲，弹塑性理论比前面的理论要严密些，但是弹塑性理论的数学运算较复杂，公式也较繁。此外，在进行公式推导时，也必须附加一些假设，否则也不能得出所需求的解答。

为了简化计算和分析，目前总是对圆形洞室进行分析，因为圆形洞室在特定的条件下是应力轴对称的，轴对称问题在数学上容易解决。当遇到矩形或直墙拱顶、马蹄形等洞室，可将它们看作为相当的圆形进行近似计算。对于洞形特殊和地质条件复杂的情况，可采用有限单元法分析（见第十章）。下面在叙述弹塑性理论的基础上分别介绍芬纳（Fenner）公式、卡柯（Caquot）公式。

一、基本概念

在第五章中已述，当岩体的静止侧压力系数 $K_0 = 1$ 时（即初始应力状态为静水压力

式的），洞室边界上的应力分量为：

$$\sigma_r = 0$$

$$\sigma_\theta = 2p_0$$

$$\tau_{r\theta} = 0$$

这里 $p_0 = p_v = p_h$，是岩体的初始应力。

可见洞室围岩中起着决定性影响的是切向应力 σ_θ（这里 σ_θ 的应力集中系数为2，见图 6-10）中的 σ_θ 虚曲线。通常，当洞壁的切向应力 σ_θ 大于岩石的单轴抗压强度时，洞周就开始破裂。我们知道，σ_θ 与初始应力 p_0 成比例的，而初始应力又随着深度 z 成比例地增大。当洞室很深，z 很大，则 $p_0 = \gamma z$ 也就很大，σ_θ 也随之增大，而 σ_r 变化不大，在洞壁上为零。这里 σ_θ 为大主应力，σ_r 为小主应力。当应力差 $\sigma_\theta - \sigma_r$ 达到某一极限值 σ_0 时，洞壁岩石就进入塑性平衡状态，产生塑性变形。洞室周边破坏后，该处围岩的应力降低，加之新开裂处岩体在水和空气影响下加速风化，岩体向洞内产生塑性松胀。这种塑性松胀的结果，使原来由洞边附近岩石承受的应力转移一部分给邻近的岩体。因而邻近的岩体也就产生塑性变形。这样，当应力足够大时，塑性变形的范围是向围岩深部逐渐扩展的。由于这种塑性变形的结果，在洞室周围形成了一个圈，这个圈一般称为塑性松动圈。在这个圈内，岩石的变形模量降低，σ_r 和 σ_θ 逐渐调整大小。由于塑性的影响，洞壁上的 σ_θ 减少很多。理论计算证明，σ_θ 沿着深度的变化由图 6-10 中的虚线变为实线的情况。在靠近洞壁处，σ_θ 大大减小了，而在岩体深处出现了一个应力增高区。在应力增高区以外，岩石仍处于弹性状态。总的说来，在洞室四周就形成了一个半径为 R 的塑性松动区以及松动区以外的天然应力区Ⅲ。而在塑性松动区内又有应力降低区Ⅰ和应力增高区Ⅱ，见图 6-10。

洞室开挖后，随着塑性松动圈的扩展，洞壁向洞内的位移也不断增大。当位移过大，岩体松动而失去自承能力时，必然对支护产生"挤压作用"，支护上压力也就增大。挤压作用的严重性同初始应力与单轴抗压强度之比以及岩石的耐久性有关。根据经验，随着洞壁位移的增大通常可以发生两种情况，见图 6-11：一种是当围岩逐渐破坏时，支护能够

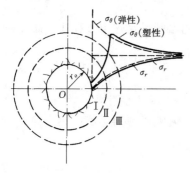

图 6-10　围岩内的弹塑性应力分布

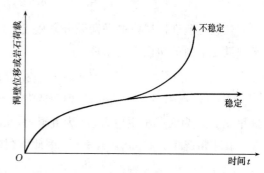

图 6-11　洞壁位移与时间的关系

支承逐渐增加的荷载，洞壁位移渐趋稳定；另一种情况是由于支护设置太迟或松动岩石的荷载过大，洞壁位移在某一时间后加速增长，洞室破坏。为了防止后一种情况产生，必须对洞壁位移进行监测，随时绘出位移与时间的关系，以便进行必要措施。

二、芬纳公式

（一）变形压力公式

下面先分析塑性圈内的应力情况，然后导出芬纳公式。

如图6-12所示，设圆形洞室的半径为r_0，在$r=R$的可变范围内出现了塑性区。在塑性区内割取一个单元体$ABCD$，这个单元体的径向平面互成$d\theta$角，两个圆柱面相距dr。

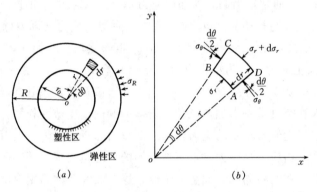

图6-12 圆形洞室围岩内的微分单元

由于轴对称，塑性区内的应力只是r的函数，而与θ无关。考虑到应力随r的变化，如果AB面上的径向应力是σ_r，那么DC面上的应力应当是$\sigma_r+d\sigma_r$。AD和BC面上的切向应力均为σ_θ。

根据平衡条件，沿着单元体径向轴上的所有力之和为零，即$\sum F_r=0$，得：

$$\sigma_r r d\theta + 2\sigma_\theta dr \sin\frac{d\theta}{2} - (\sigma_r+d\sigma_r)(r+dr)d\theta=0$$

因为$d\theta$很小，故$\sin d\theta \approx d\theta$，$\sin\frac{d\theta}{2}\approx\frac{d\theta}{2}$，将这关系代入上式，并消去$d\theta$顶和高阶无穷小，得到下列微分方程式：

$$(\sigma_\theta-\sigma_r)dr=rd\sigma_r \tag{6-24}$$

这就是塑性区域内的平衡微分方程式。塑性区内的应力必须满足这个方程式，此外还必须满足下列的塑性平衡条件

$$\frac{\sigma_3+c\mathrm{ctg}\varphi}{\sigma_1+c\mathrm{ctg}\varphi}=\frac{1-\sin\varphi}{1+\sin\varphi}=\frac{1}{N_\varphi} \tag{6-25}$$

这里σ_1、σ_3为大、小主应力，c为凝聚力，φ为内摩擦角，N_φ称为塑性系数。

在本情况中，$\sigma_1=\sigma_\theta$，$\sigma_3=\sigma_r$。因此，塑性平衡条件为：

$$\frac{\sigma_r+c\mathrm{ctg}\varphi}{\sigma_\theta+c\mathrm{ctg}\varphi}=\frac{1}{N_\varphi} \tag{6-26}$$

将方程式（6-24）和式（6-26）联立，并从这两个方程式中消去 σ_θ，得到：

$$\frac{d(\sigma_r + c\,ctg\varphi)}{\sigma_r + c\,ctg\varphi} = \frac{dr}{r}\,(N_\varphi - 1) \tag{6-27}$$

解此微分方程式，并考虑到：当 $r = R$ 时，即在塑性区与弹性区的交界面上，满足弹性条件的应力是

$$(\sigma_r)_{r=R} = \sigma_0 \left(1 - \frac{r_0^2}{R^2}\right)$$

用这个条件解微分方程式（6-27），得到：

$$\sigma_r = -c\,ctg\varphi + A\left(\frac{r}{r_0}\right)^{N_\varphi - 1} \tag{6-28}$$

式中

$$A = \left[c\,ctg\varphi + p_0\,(1 - \sin\varphi)\right]\left(\frac{r_0}{R}\right)^{N_\varphi - 1}$$

如果岩石的 c、φ、p_0 以及洞室的 r_0 为已知，R 已经测定或者指定，则利用（6-28）式可以求得 R 范围内任一点的径向应力 σ_r，将 σ_r 的值代入式（6-26），即可求出 σ_θ，也就是说可以求出塑性区内的应力。但我们的目的不仅于此，而更需要的是决定洞室上的山岩压力。

当式（6-28）中的 $r = r_0$ 时，求得的 σ_r 即为维持洞室岩石在以半径为 R 的范围内达到塑性平衡而所需要施加在洞壁上的径向压力的大小。令这个压力为 p_i，得到：

$$p_i = -c\,ctg\varphi + \left[c\,ctg\varphi + p_0\,(1 - \sin\varphi)\right]\left(\frac{r_0}{R}\right)^{N_\varphi - 1} \tag{6-29}$$

洞室开挖后，围岩应力重分布而逐渐进入塑性平衡状态，塑性区不断地扩大，洞室周界的位移量也随着塑性圈的扩大而增长。设置衬砌、支护、支撑以及灌浆的目的，就是要给予洞室围岩一个反力，阻止围岩塑性圈的扩大和位移量的增长，以保证岩体在某种塑性范围内的稳定。如果及时进行砌衬支护，则衬砌支护与围岩要产生共同变形，这个变形量也决定了衬砌支护与围岩之间的相互压力。这个压力，对于围岩来说，是衬砌、支护对岩体的反力（或洞室周界上的径向应力），它改变了洞周径向应力为零的状态；对于衬砌支护来说，这个压力就是岩体对支护、衬砌的山岩压力，或变形压力。因此，式（6-29）可以用来计算山岩压力。这个公式称为芬纳公式，又称塑性应力平衡公式。

从式（6-29）中可以指出下列各点：

1）当岩石没有凝聚力时，即 $c = 0$ 时，则不论 R 多大，p_i 总是大于零，不可能等于零，这就是说衬砌必须给岩体以足够的反力，才能保证岩体在某种 R 下的塑性平衡。一般岩体经爆破松动后可以假定 $c = 0$，所以用式（6-29）计算时可以不考虑 c。

2）当围岩的凝聚力较大 $c > 0$（岩质良好，没有或很少爆破松动），则随着塑性圈半径 R 的扩大，要求的 p_i 就减少。在某一 R 下，$p_i = 0$。从理论上看这时可以不要求支护的反力而岩体达到平衡（但有时由于位移过大，岩体松动过多，实际上还是要支护的）。

3）当洞室埋深、半径 r_0、岩石性质指标 c，φ 以及 γ 为一定时，则支护对围岩的反力 p_i 与塑性圈半径 R 的大小有关，p_i 越大，R 就越小。

4) 如果 c 值较小，而且衬砌作用在洞室上的压力 p_i 也较小，则塑性圈 R 会扩大。根据实测，R 增大的速度可达每昼夜 $0.5 \sim 5\text{cm}$。

5) 因为支护结构的刚度对于抵抗围岩的变形有很大影响，所以刚度不同的结构可以表现出不同的山岩压力、刚度大，p_i 就大，反之就小。例如，喷射薄层混凝土的支护上的压力就比浇筑和预制的混凝土衬砌上的压力为小。当采用刚度小的支护结构时，开始时，由于变形较大，反力 p_i 较小，不能够阻止塑性圈的扩大，所以塑性圈半径 R 继续增大。但是，随着 R 的增大，而要求维持塑性平衡的 p_i 值就减小，逐渐达到应力平衡。实践证明，这种允许塑性圈有一定发展，既让岩体变形但又不让它充分变形的做法是能够达到经济和安全目的的，如果支护及时就能够充分利用围岩的自承能力。

(二) 塑性圈半径公式

不难推导，从式（6-29）中可以写出塑性圈半径 R 的下列公式：

$$R = r_0 \left[\frac{p_0 \ (1-\sin\varphi) + c\text{ctg}\varphi}{p_i + c\text{ctg}\varphi} \right]^{\frac{1-\sin\varphi}{2\sin\varphi}} \tag{6-30}$$

下面来推求塑性圈的最大半径 R_0。因为从上面的公式可知，塑性圈半径 R 随着 p_i 的减小而增长，所以在式（6-29）中令 $p_i = 0$，就可求得洞室围岩塑性圈的最大半径 R_0。

在式（6-29）中令 $p_i = 0$，并将其中的 R 改为 R_0，解得：

$$c\text{ctg}\varphi = [c\text{ctg}\varphi + p_0 \ (1-\sin\varphi)] \ \left(\frac{r_0}{R_0}\right)^{\frac{2\sin\varphi}{1-\sin\varphi}}$$

$$\frac{c\text{ctg}\varphi}{c\text{ctg}\varphi + p_0 \ (1-\sin\varphi)} = \left(\frac{r_0}{R_0}\right)^{\frac{2\sin\varphi}{1-\sin\varphi}}$$

$$\left(\frac{r_0}{R_0}\right)^{-\frac{2\sin\varphi}{1-\sin\varphi}} = \frac{c\text{ctg}\varphi + p_0 \ (1-\sin\varphi)}{c\text{ctg}\varphi} = 1 + \frac{p_0}{c} \ (1-\sin\varphi) \ \text{tg}\varphi$$

或者

$$\left(\frac{R_0}{r_0}\right) = \left[1 + \frac{p_0}{c} \ (1-\sin\varphi) \ \text{tg}\varphi\right]^{\frac{1-\sin\varphi}{2\sin\varphi}}$$

或者

$$R_0 = r_0 \left[1 + \frac{p_0}{c} \ (1-\sin\varphi) \ \text{tg}\varphi\right]^{\frac{1-\sin\varphi}{2\sin\varphi}} \tag{6-31}$$

这就是求塑性圈最大半径的芬纳公式。为了计算方便起见，在图 6-13 上绘有式（6-31）的图表曲线，可以查用。

芬纳公式是推导较早且目前用得较广的公式。推导该公式有一不严格的地方就是在推导过程中曾一度忽略了凝聚力 c 的影响。如果考虑 c 的影响，则通过类似的推导，可以求得修正的芬纳公式

$$p_i = -c\text{ctg}\varphi + [\ (c\text{ctg}\varphi + p_0) \ (1-\sin\varphi)] \ \left(\frac{r_0}{R}\right)^{N_\varphi - 1} \tag{6-32}$$

此外，其塑性圈的最大半径 R_0 的公式修正为：

$$R_0 = r_0 \left[\frac{(p_0 + c\text{ctg}\varphi) \ (1-\sin\varphi)}{c\text{ctg}\varphi} \right]^{\frac{1-\sin\varphi}{2\sin\varphi}} \tag{6-33}$$

最后指出，在用芬纳公式或修正的芬纳公式计算时，必须知道 R 的大小，R 值需通过实测或假定而得。因此，具体应用这些公式时尚有一定的问题。

例题 6-2 在中等坚硬的石灰岩中开挖圆形洞室。已知 $r_0 = 3\text{m}$，岩石容重 $\gamma = 27\text{kN/m}^3$，隧洞覆盖深度为 100m，岩石的 $c = 0.3\text{MPa}$，$\varphi = 30°$，若允许塑性松动圈的厚度为 2m，试求支护对围岩的反力 p_i。

解
$$p_0 = \gamma H = 27 \times 100$$
$$= 2.7 \text{ MPa}$$
$$\frac{r_0}{R} = \frac{3}{3+2} = 0.6$$
$$\sin\varphi = \sin 30° = 0.5$$

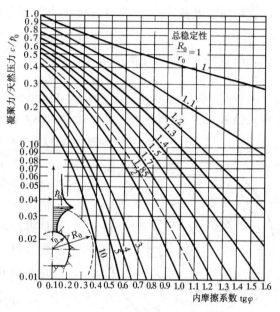

图 6-13 求塑性圈最大半径的曲线

$$\text{ctg}\varphi = \text{ctg}30° = 1.73 \quad c\text{ctg}\varphi = 0.3 \times 1.73 = 0.52 \text{ MPa}$$

1) 按芬纳公式计算，将上列数据代入式（6-29），得：

$$p_i = -c\text{ctg}\varphi + \left[c\text{ctg}\varphi + p_0(1-\sin\varphi)\right]\left(\frac{r_0}{R}\right)^{N_\varphi - 1}$$

$$= -0.52 + [0.52 + 2.7 \times (1-0.5)](0.6)^2 = 0.155 \text{ MPa}$$

2) 按修正的芬纳公式计算

$$p_i = -c\text{ctg}\varphi + \left[(c\text{ctg}\varphi + p_0)(1-\sin\varphi)\right]\left(\frac{r_0}{R}\right)^{\frac{2\sin\varphi}{1-\sin\varphi}}$$

$$= -0.52 + [(0.52 + 2.7) \times (1-0.5)](0.6)^2 = 0.06 \text{ MPa}$$

由此看出，用两种公式计算的结果出入较大。这特别是当 c 值较大的情况中尤为显著。

（三）塑性位移公式

如图 6-14 所示，设洞壁支护反力为 p_i，塑性圈的半径为 R，洞的半径为 r_0。塑性圈的外边界（即与弹性区交界面）的径向位移为 u_B，内边界的径向位移为 ΔR（即洞壁向洞内的位移），变形后的塑性圈用虚线表示。我们的目的是求洞壁位移 ΔR，但为了求 ΔR，首先需知道外边界的位移情况。

1. 弹塑性交界面的位移 u_B　在弹塑性交界面上，其应力 $\sigma_{r,B}$ 和 $\sigma_{\sigma,B}$ 既满足弹性条件，又满足塑性条件。当满足弹性条件时：

$$\sigma_{r,B} = p_0\left(1 - \frac{r_0^2}{R^2}\right) \tag{6-34}$$

$$\sigma_{\theta,B} = p_0\left(1 + \frac{r_0^2}{R^2}\right) \tag{6-35}$$

135

将上两式相加，得到：

$$\sigma_{r,B} + \sigma_{\theta,B} = 2p_0 \qquad\qquad (6-36)$$

当满足塑性条件时，即满足式（6-36）

$$\frac{\sigma_{r,B} + c\,\mathrm{ctg}\varphi}{\sigma_{\theta,B} + c\,\mathrm{ctg}\varphi} = \frac{1-\sin\varphi}{1+\sin\varphi}$$

由上两式消去 $\sigma_{\theta,B}$，可得弹塑性交界处（$r=R$）的径向应力式子：

$$\sigma_{r,B} = -c\,\mathrm{ctg}\varphi + (p_0 + c\,\mathrm{ctg}\varphi)(1-\sin\varphi) \qquad (6-37)$$

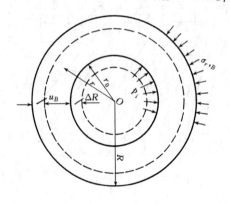

交界面上的位移应当是连续的。塑性圈的外边界也就是弹性区的内边界。所以这交界面的径向位移 u_B，可用求弹性区内边界径向位移的办法求出。这个位移在弹性力学厚壁圆筒的位移解答中已经导得。今采用图 6-14 的符号，这个边界位移是

$$u_B = \frac{(1+\mu)R}{E}(p_0 - \sigma_{r,B}) \qquad (6-38)$$

式中　E——岩体弹性模量（MPa）；

　　　μ——岩体的泊松比；

　　　R——塑性圈的半径（m），这里可用式（6-30）代入。

图 6-14　洞壁径向位移 ΔR 的示意图

将式（6-37）的 $\sigma_{r,B}$ 代入，得到：

$$u_B = \frac{1+\mu}{E} R\sin\varphi\,(p_0 + c\,\mathrm{ctg}\varphi) \qquad (6-39)$$

2. 洞壁位移 ΔR　今假定处于塑性状态的岩体在变形过程中体积保持不变，即认为变形前塑性圈岩石的体积与变形后的岩石体积相等。从这一假定可得：

$$\pi(R^2 - r_0^2) = \pi\left[(R-u_B)^2 - (r_0 - \Delta R)^2\right]$$

或者

$$2r_0\Delta R - (\Delta R)^2 = (2R - u_B)\,u_B$$

以式（6-39）的 u_B 代入，经整理后，得到：

$$2r_0\Delta R - (\Delta R)^2 = \left[2 - \frac{1+\mu}{E}\sin\varphi\,(p_0 + c\,\mathrm{ctg}\varphi)\right]\frac{1+\mu}{E}\sin\varphi\,(p_0 + c\,\mathrm{ctg}\varphi)\,R^2$$

再将式（6-30）的 R 代入，得到：

$$(\Delta R)^2 - 2r_0\Delta R + r_0^2 B = 0 \qquad\qquad (6-40)$$

式中

$$B = \left[2 - \frac{1+\mu}{E}\sin\varphi\,(p_0 + c\,\mathrm{ctg}\varphi)\right]\frac{1+\mu}{E}\sin\varphi\,(p_0 + c\,\mathrm{ctg}\varphi)$$

$$\times \left[\frac{p_0(1-\sin\varphi) + c\,\mathrm{ctg}\varphi}{p_i + c\,\mathrm{ctg}\varphi}\right]^{\frac{1-\sin\varphi}{\sin\varphi}}$$

解方程式（6-40）的 ΔR，得洞壁位移的公式为：

$$\Delta R = r_0 \left(1 - \sqrt{1-B}\right) \tag{6-41}$$

上式表明，洞壁位移与支护反力 p_i 的关系。

三、卡柯公式

以上芬纳公式都是根据应力平衡的条件导得的。在推导过程中都未考虑到塑性圈内岩石的自重作用，只是通过应力平衡的条件来推求支护反力。卡柯和恺利施尔（Kerisel）认为，洞室开挖后，由于支撑力的不足，可能在半径为 R 的塑性圈内导致岩石的松动和削弱，围岩可能产生不利于平衡的性质，应当计算塑性圈在自重作用下的平衡。他们假定塑性圈与弹性岩体脱落，求得了塑性岩体在自重下的山岩压力公式。

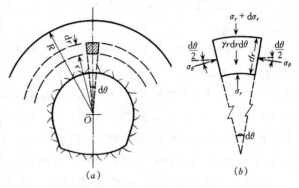

如图6-15所示，取洞室中轴线上塑性区内的微小单元体进行近似的分析。单元体受力情况见图6-15

图 6-15　围岩中的微分单元

（b），其中记号同前，类似于对方程（6-24）的推导，并考虑单元体本身的体力，可以求得如下平衡方程式：

$$(\sigma_\theta - \sigma_r)\, dr - r d\sigma_r - \gamma r dr = 0 \tag{6-42}$$

同前一样，塑性区中的应力应满足塑性条件式（6-25）。

边界条件：当 $r=R$ 时，$\sigma_r=0$（这里 R 为塑性圈半径）。

联立方程式（6-42）和式（6-26），结合边界条件，求得解为：

$$\sigma_r = -c\,ctg\varphi + c\,ctg\varphi \left(\frac{r}{R}\right)^{\frac{2\sin\varphi}{1-\sin\varphi}} + \frac{\gamma r\,(1-\sin\varphi)}{3\sin\varphi-1}\left[1-\left(\frac{r}{R}\right)^{\frac{3\sin\varphi-1}{1-\sin\varphi}}\right] \tag{6-43}$$

或者

$$\sigma_r = -c\,ctg\varphi + c\,ctg\varphi\left(\frac{r}{R}\right)^{N_\varphi-1} + \frac{\gamma r}{N_\varphi-2}\left[1-\left(\frac{r}{R}\right)^{N_\varphi-2}\right] \tag{6-44}$$

令上式中的 $r=r_0$，即求得衬砌给予岩石的支撑力，亦即塑性区岩石对衬砌的压力，令这个压力为 p_a：

$$p_a = -c\,ctg\varphi + c\,ctg\varphi\left(\frac{r_0}{R}\right)^{N_\varphi-1} + \frac{\gamma r_0}{N_\varphi-2}\left[1-\left(\frac{r_0}{R}\right)^{N_\varphi-2}\right] \tag{6-45}$$

这个公式称为卡柯公式，又叫塑性应力承载公式。

应用卡柯公式计算山岩压力必须首先知道塑性圈的半径 R。计算时可以认为塑性松动圈已充分发展，以致 $R=R_0$。将这一关系代入式（6-45）即求得松动压力的公式：

$$p_a = k_1\gamma r_0 - k_2 c \tag{6-46}$$

式中

$$k_1 = \frac{1 - \sin\varphi}{3\sin\varphi - 1}\left[1 - \left(\frac{r_0}{R_0}\right)^{\frac{3\sin\varphi - 1}{1 - \sin\varphi}}\right] \qquad (6-47)$$

$$k_2 = \text{ctg}\varphi\left[1 - \left(\frac{r_0}{R_0}\right)^{\frac{2\sin\varphi}{1 - \sin\varphi}}\right] \qquad (6-48)$$

以上两式中 r_0/R_0 用式（6-31）计算。利用式（6-46）计算较繁。为了应用方便，将 $k_1 = f_1\left(\frac{p_0}{c}, \varphi\right)$ 以及 $k_2 = f_2\left(\frac{p_0}{c}, \varphi\right)$ 绘制成专门的曲线图，如图 6-16 和图 6-17 所示。根据已定的 c、φ、p_0 就可从曲线上查得 k_1 和 k_2，代入式（6-46）计算松动压力 p_a，甚为方便。

在实际应用松动压力公式进行计算时，应当考虑到松动圈内岩石因松动破碎而 c、φ 降低的情况。根据经验（现场剪切试验和室内试验），岩体的凝聚力 c 往往降低很多，不仅随着洞室开挖过程岩体破碎而降低，而且随着风化、湿化等影响而发生较大的降低。内摩擦角的变化较小。在水工建筑物的设计中，通常只采用 c 的试验值的 $0.2 \sim 0.25$，甚至完全不考虑凝聚力，以作为潜在的安全储备。对于内摩擦系数 $\text{tg}\varphi$ 一般取试验值的 $0.67 \sim 0.9$，甚至取 0.5。在具体计算时通常可以按照下列的经验规定选用。

1. 内摩擦角 φ 的选用　塑性松动圈内岩体的内摩擦角 φ，视岩体裂隙的充填情况而定：

无充填物时，取试验值的 90% 为计算值；

有泥质充填物时，取试验值的 70% 为计算值。

2. 凝聚力 c 的选值　塑性松动圈的凝聚力 c 按下列情况考虑：①计算松动圈 R_0 时，取试验值的 $20\% \sim 25\%$ 的值作为计算值；②洞室干燥无水，开挖后立即喷锚处理或及时衬砌而且回填密实时，计算松动压力中可取试验值的 $10\% \sim 20\%$ 作为计算值；洞室有水或衬砌回填不密实时，应不考虑凝聚力的作用，即令 $c=0$。

综上所述，确定松动压力的步骤如下：

1）根据围岩的试验资料、洞室的埋置深度、洞径（跨度与洞高），确定围岩的 c、φ、γ 以及埋深 H、洞径 r_0 等数值。

2）根据工程地质、水文地质条件及施工条件等各种因素的综合，按上述的方法，对 c、φ 值进行折减。

3）确定岩体的初始应力 p_0 值，该值可用实测或估算决定，在估算时采用 $p_0 = \gamma H$。（若上覆岩层由多层岩石组成，则 $p_0 = \sum \gamma_i h_i$，式中 γ_i、h_i 为各层岩石的容重和厚度）。

4）求由 $\frac{p_0}{c}$ 值，并用 $\frac{p_0}{c}$ 及 φ 值查图 6-16 及图 6-17 上的曲线，得出 k_1、k_2 的值。

5）由公式 $p = k_1\gamma r_0 - k_2 c$ 计算松动压力，以作为衬砌上的山岩压力。

例题 6-3　某圆形洞室围岩 $\gamma = 25\text{kN/m}^3$，埋置深度 $H = 160\text{m}$，洞的半径 $r_0 = 7\text{m}$。设折减后的凝聚力 $c = 0.02\text{MPa}$，$\varphi = 31°$，求松动压力。

解　$p_0 = \gamma H = 25 \times 160 = 4\text{MPa}$，$\frac{p_0}{c} = \frac{4}{0.02} = 200$，则由 $\varphi = 31°$ 查图 6-16 和图 6-17 的曲线得：

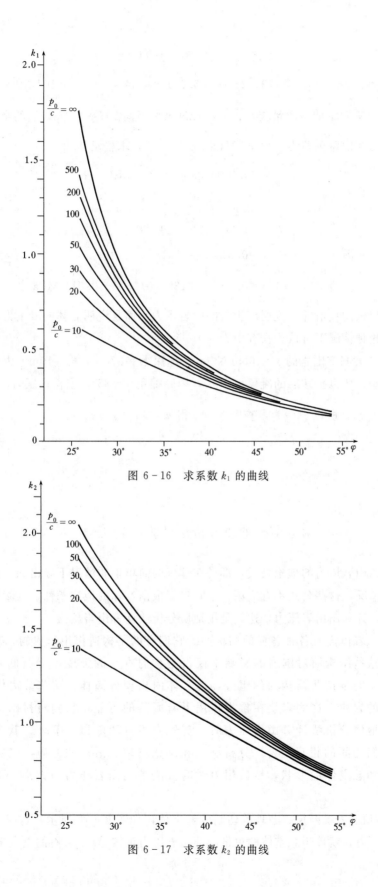

图 6-16 求系数 k_1 的曲线

图 6-17 求系数 k_2 的曲线

$$k_1 = 0.79, \quad k_2 = 1.64$$

所以 $\qquad p_a = k_1 \gamma r_0 - k_2 c = 0.79 \times 25 \times 7 \times 0.001 - 1.64 \times 0.02 = 0.105 \text{ MPa}$

例题 6 - 4 某洞室围岩质量较好，$\gamma = 27 \text{kN/m}^3$，埋深 $H = 100\text{m}$，洞的半径 $r_0 = 5\text{m}$，折减后的凝聚力和内摩擦角为 $c = 0.05\text{MPa}$，$\varphi = 40.5°$，求松动压力。

解 $\qquad\qquad p_0 = 27 \times 100 \times 0.001 = 2.7 \text{ MPa}$

$$\frac{p_0}{c} = \frac{2.7}{0.05} = 54$$

查图 6 - 16 和图 6 - 17，得 $k_1 = 0.34$，$k_2 = 1.125$

$$p_a = 0.34 \times 27 \times 5 \times 0.001 - 1.125 \times 0.05 = -0.011 \text{ MPa}$$

这里计算出来的负值并不说明产生负的山岩压力，而是说明岩体的凝聚力能够克服岩体的重量。在这种情况下可认为没有山岩压力。

例题 6 - 5 某洞室围岩的 $\gamma = 26.5 \text{kN/m}^3$，埋深 $H = 370\text{m}$，$r_0 = 10\text{m}$。由于地下水较多，施工条件差，所以折减后的凝聚力 $c = 0$，内摩擦角 $\varphi = 35°$，求松动压力。

解 由于 $c = 0$，所以 $\dfrac{p_0}{c_0} = \infty$，查图 6 - 16 得 $k_1 = 0.59$。

所以

$$p_a = k_1 \gamma r_0 = 0.59 \times 26.5 \times 10 \times 0.001 = 0.157 \text{ MPa}$$

第七节　地质分析法计算山岩压力

前面所述的山岩压力的理论公式，都是在理想的简单地质情况下导出的。对于有些地质构造复杂的情况，这些公式不宜应用。这时只能根据实际的地质条件，判断岩层坍塌或滑动的可能性，计算出山岩压力，这就是用地质分析法计算山岩压力。

我们知道，岩体内有各种各样的结构面。它们有的是构造作用形成的，有的是其他原因造成的。这些结构面对围岩的影响不仅仅是它们本身的强度比岩石低而造成潜在滑动面，更重要的是这些结构面的组合，使岩体内出现分离体。这些分离体就是与整个岩体相脱离的岩块。这些岩块在重力作用下有塌落的可能，它们对衬砌造成山岩压力。所以，用地质分析法计算山岩压力时，首先应当查明断层、节理、软弱夹层的分布情况以及它们之间的相互组合，分析洞顶和洞壁坍塌、滑动的方向，确定可能坍塌或滑动的高度和悬空体的形状，然后用力学的方法求出山岩压力的大小。下面分几种情况举例说明。

1）如果洞顶围岩被断层、节理等切割成悬空体，如图 6 - 18 所示，这时作用于衬砌或支护上的总压力，就等于悬空体的重量，即山岩压力可按 ABC 岩石的重量来计算。

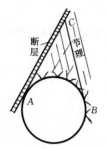

图 6-18 洞顶有悬空体的洞室

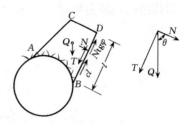

图 6-19 洞顶有结构面滑移的山岩压力计算

2）当分离体还不致造成悬空体时，它可能沿着某一结构面滑动。例如，图 6-19 表示洞室岩石比较坚硬，但洞顶被两条倾斜节理及泥质夹层切割，或倾斜岩层层面黏结不良又被其他节理切割的情况。岩块 $ABCD$ 有可能沿着一个弱面方向滑移。这时，山岩压力可以按照滑动力和抗滑力的大小用下式计算（图 6-19）。

$$P=T-（N\text{tg}\varphi_j+c_jl）\qquad(6-49)$$

式中　　P——总的山岩压力（MN），其方向与滑移的方向一致；

　　　　T——岩块 $ABCD$ 的重量 Q 在滑移面上产生的下滑力（MN），$T=Q\sin\theta$；

　　　　N——岩块 $ABCD$ 的重量 Q 在滑移面上产生的法向压力（MN），$N=Q\cos\theta$；

　　　　φ_j——滑移面上的摩擦角（°）；

　　　　c_j——滑移面上的凝聚力（MPa）；

　　　　l——滑移面的长度（m）；

　　　　θ——断层、节理面或软弱面 BD 的倾角（°）。

如节理中无充填物，$c_j=0$，则

$$P=T-N\text{tg}\varphi_j=Q\sin\theta-Q\cos\theta\text{tg}\varphi_j\qquad(6-50)$$

如果节理或软弱面间有粘土或高岭土充填，且被水饱和，则此时 $\varphi_j\approx0$，阻止岩块滑移的主要是土的凝聚力 c_j，这时

$$P=Q\sin\theta-c_jl\qquad(6-51)$$

假定这个总压力 P 均匀分布在 AB 面上，其方向与 BD 面一致。

3）如侧壁有大的分离体，则由于危石向洞内滑动，洞壁将产生侧向的山岩压力。以图 6-20 为例，AB，AC 为节理面，它们组成分离体 ABC，侧壁的总的水平推力为：

$$P=\left[T-（N\text{tg}\varphi_j+c_jl）\right]\sin\theta\qquad(6-52)$$

式中　　T——危石重量 Q 沿着节理面 AC 的分力，$T=Q\cos\theta$（MN），θ 角见图所示；

　　　　N——危石重量 Q 在节理面 AC 上的法向分力 $N=Q\sin\theta$（MN）；

　　　　c_j、φ_j——滑动面 AC 上的凝聚力（MPa）和内摩擦角（°）；

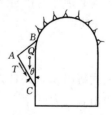

图 6-20　侧壁有危石时侧向山岩压力计算

l——滑动面 AC 的长度（m）。

4）当分离体滑动面是由数组平行节理面组成时，则山岩压力也可根据节理岩石的极限平衡理论来计算。

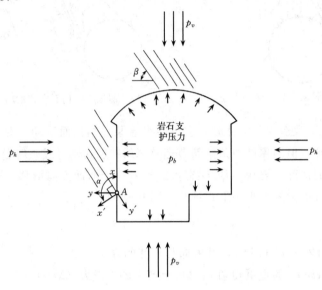

图 6-21 节理（层状）岩体内地下洞室上的山岩压力

如图 6-21 所示，洞室围岩为倾斜层状岩石，平行层理面（或节理面）的倾角为 β，则直接利用第三章式（3-97）可知，洞壁的不稳定条件是：

$$\sigma_1 \cos\beta \sin(\varphi_j - \beta) + \sigma_3 \sin\beta \cos(\varphi_j - \beta) + c_j \cos\varphi_j < 0 \qquad (6-53)$$

式中　σ_1、σ_3——洞壁上的大、小主应力（MPa）；

　　c_j、φ_j——节理面（层理面）上的凝聚力（MPa）和内摩擦角（°）。

在洞的侧壁上，式（6-53）中的大、小主应力为

$$\sigma_1 = \sigma_y, \quad \sigma_3 = \sigma_x = 0 \quad \text{（对于直墙拱顶洞室）}$$

或者　　　　　　　　$\sigma_1 = \sigma_\theta, \quad \sigma_3 = \sigma_r = 0 \quad \text{（对于圆形洞室）}$

所以直墙拱顶洞壁的不稳定条件是

$$\sigma_y \cos\beta \sin(\varphi_j - \beta) + c_j \cos\varphi_j \leqslant 0$$

如果洞壁满足上列条件，则说明洞壁不稳定，亦即在洞壁处产生层间滑动。为了洞壁稳定就必须作衬砌等类结构，以给予洞壁水平推力（其反力即衬砌上的侧向山岩压力）σ_x，并使

$$\sigma_x \sin\beta \cos(\varphi_j - \beta) + \sigma_y \cos\beta \sin(\varphi_j - \beta) + c_j \cos\varphi_j \geqslant 0$$

从上式解出 σ_x，并且为了区别起见，令 $\sigma_x = p_b$，即作为所要求的侧壁水平推力，也就是侧向山岩压力

$$p_b \geqslant \frac{\sigma_y \cos\beta \sin(\beta - \varphi_j) - c_j \cos\varphi_j}{\sin\beta \cos(\beta - \varphi_j)} \qquad (6-54)$$

应当指出：对于侧角 β 小于 φ_j 的倾斜岩层，可以不进行层理面的验算。

对于洞顶，$\sigma_1=\sigma_x$，$\sigma_3=\sigma_y=0$，不稳定条件是

$$\sigma_x\cos(90°-\beta)\sin[\varphi_j-(90°-\beta)]+c_j\cos\varphi_j\leqslant 0 \tag{6-55}$$

为了使洞顶稳定，必须对洞顶施加一个垂直向的推力 σ_y，使

$$\sigma_y\sin(90°-\beta)\cos[\varphi_j-(90°-\beta)]+\sigma_x\cos(90°-\beta)\sin[\varphi_j-(90°-\beta)]+c_j\cos\varphi_j\geqslant 0$$
$$\tag{6-56}$$

解上面式子中的 σ_y，并用另一符号 p_b，求出必须对洞壁施加的垂直推力，其反力即为洞顶单位面积上的垂直山岩压力：

$$p_b\geqslant\frac{\sigma_x\cos\ (90°-\beta)\ \sin\ (90°-\beta-\varphi_j)\ -c_j\cos\varphi_j}{\sin\ (90°-\beta)\ \cos\ (90°-\beta-\varphi_j)} \tag{6-57}$$

利用式（3-97）推导出计算洞壁压力的式（6-54）和式（6-57），是比较容易的，但这些公式仅适用于洞壁的特殊点（例如，在垂直的侧壁处，拱的中央点处），对求其他点处的推力（山岩压力）就受到限制。事实上，式（6-54）中的 σ_y 以及式（6-57）中的 σ_x 都是洞壁的切向应力 σ_θ，它们都可根据初始应力条件（p_v，p_h）和洞的形状算得。为了克服式（6-54）和式（6-57）的局限性，下面来推导适用于洞壁任何点处的求算支护推力（即山岩压力）的普遍式子。

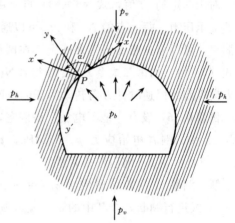

图 6-22　层状页岩中洞室支承推力
（山岩压力）

设在层状页岩内开挖一地下洞室，岩体的初始应力为 p_v 和 p_h，见图 6-22。在洞壁 P 点，我们把 x 坐标设在切线方向，把 y 坐标设置在法线方向；把 x' 坐标设在层理面法线方向，把 y' 坐标设在平行于层理面方向。令 p_b 为径向支承推力。在这一坐标系统中，P 点的应力是：

$$\tau_{xy}=0，\ \sigma_x=N_hp_h+N_vp_v-Ap_b \tag{6-58}$$

以及

$$\sigma_y=p_b \tag{6-59}$$

式中　N_h、N_v——水平应力系数和垂直应力系数，可根据洞的形状和所求点在洞壁的位置求得，下面将要讨论；

　　　　A——径向应力系数，对于圆形隧洞，$A=1$，而对于直线段的壁 $A=0$，这里为了简单起见，我们假设 $A=0$。

正交于层面的法向应力为：

$$\sigma'_x=\sigma_x\cos^2\alpha+\sigma_y\sin^2\alpha=\sigma_n \tag{6-60}$$

层面上的剪应力为：

$$\tau_{x'y'}=-\frac{1}{2}\sigma_x\sin2\alpha+\frac{1}{2}\sigma_y\sin2\alpha \tag{6-61}$$

式中 α 为洞壁切线到层面法线旋转的角度，见图 6-22 所示。

假设层间的内摩擦角为 φ_j，凝聚力 c_j 为零，则层间的滑动条件是：

$$\text{tg}\varphi_j = \frac{|\tau_{x'y'}|}{\sigma_{x'}} \tag{6-62}$$

如果 $\tau_{x'y'}$ 是负值（也就是当 α 是在第 Ⅰ 或第 Ⅲ 象限内），将式（6-58）～式（6-61）代入式（6-62），经过数学运算得到：

$$p_b = (N_h p_h + N_v p_v)\frac{1-\text{ctg}\alpha\text{tg}\varphi_j}{1+\text{tg}\alpha\text{tg}\varphi_j} \tag{6-63}$$

如果 $\tau_{x'y'}$ 是正值（也就是当 α 是在第 Ⅱ 或第 Ⅳ 象限内），只需用 $-\varphi_j$ 代替 φ_j，上式仍然有效。公式中的 $N_h p_h + N_v p_v$ 就是在支护前洞壁 P 点的切向应力 $\sigma_{\theta,P}$。因此，该式可写成：

$$p_b = \sigma_{\theta,P}\frac{1-\text{ctg}\alpha\text{tg}\varphi_j}{1+\text{tg}\alpha\text{tg}\varphi_j} \tag{6-64}$$

对于一定的 φ_j 值，式（6-63）可以用来计算为防止任何滑动而洞壁各点在理论上所需的支承压力。每一点的 N_h 和 N_v 可以通过光弹试验或数值计算而获得，对于规则形状的洞室，可以根据精确解答来确定。在圆形地下洞室的情况中，N_h 和 N_v 可用第五章中的式（5-14）的第二式令 $r=r_0$ 求得：$N_h = 1-2\cos2\theta$ 以及 $N_v = 1+2\cos2\theta$（θ 是从 p_h 作用方向算起的以逆时针方向转动为正的角度）。

例题 6-6 设有一地下电站厂房洞室，如图 6-21 所示，岩层倾角 $\beta = 53°$，层间 $\varphi_j = 40°$，$c_j = 0$。围岩初始应力 $p_v = 1\text{MPa}$，$p_h = 0.5\text{MPa}$。根据数值计算得知洞壁 A 点的 $N_h = -1$，$N_v = 3$。问洞壁是否稳定，若不稳定，则进行支护，支护上的侧压力是多少？

解 洞壁 A 点的切向应力 $\sigma_{\theta,A} = N_h p_h + N_v p_v = -1 \times 0.5 + 3 \times 1 = 2.5\text{MPa}$。采用（6-53）式进行判断，今其中的 $\sigma_1 = \sigma_{\theta,A}$，$\sigma_3 = 0$，$c_j = 0$。

$$\sigma_{\theta,A}\cos\beta\sin(\varphi_j-\beta) = 2.5\cos53°\sin(40°-50°) < 0$$

所以洞壁是不稳定的，应当支护，以便对侧壁岩体施加水平推力 p_b，并使

$$p_b\sin\beta\cos(\varphi_j-\beta) + \sigma_{\theta,A}\cos\beta\sin(\varphi_j-\beta) + c_j\cos\varphi_j \geqslant 0$$

这里 $c_j = 0$，故得：

$$p_b \geqslant \frac{\sigma_{\theta,A}\text{tg}(\beta-\varphi)}{\text{tg}\beta} = \frac{2.5\text{tg}(53°-40°)}{\text{tg}53°} = \frac{2.5 \times 0.231}{1.327} = 0.435\ \text{MPa}$$

所以侧壁支护上的压力为 0.435MPa。

如果直接用式（6-63），则也得出同样的结果：

$$p_b = (N_h p_h + N_v p_v)\frac{1-\text{ctg}\alpha\text{tg}\varphi_i}{1+\text{tg}\alpha\text{tg}\varphi_j}$$

$$= 2.5\frac{1-\text{ctg}(180°-53°)\text{tg}(-40°)}{1+\text{tg}(180°-53°)\text{tg}(-40°)}$$

$$= 2.5\frac{1-0.753 \times 0.839}{1+1.327 \times 0.839} = 0.435\ \text{MPa}$$

第八节　喷锚支护原理和设计原则

一、喷锚支护原理

当地下洞室开挖后，围岩总是逐渐地向洞内径向变形。喷锚支护就是在洞室开挖后及时地向围岩的表面上喷一层薄的混凝土（一般厚度为 5～20cm），有时再向围岩内增加一些锚杆，从而部分地阻止围岩向洞室内变形，以达到支护的目的。这种支护可看作是相对柔性的。这种支护方法起源于奥地利隧道工程中，所以也称新奥地利隧道施工法，简称新奥法（New Austrian Tunnelling Method），英文缩写为 NATM。在地下洞室中（例如在水工隧洞中）采用这种薄层柔性支护以代替一般的厚层刚性衬砌，具有明显的多快好省的优越性。多年来这种支护在国内外地下工程中已获得了较广泛的应用。

一般的刚性衬砌由于它与岩体不能紧密结合，所以在衬砌施工完成以后，围岩仍然继续向洞室变形，并可能一部分岩石坍塌。洞室衬砌设计的传统理论认为，洞室开挖后围岩变形，最终是坍塌，支护和衬砌的作用就是要将洞室开挖后可能坍塌下来的岩石支承起来。根据这种理论，衬砌支护只是一种"被动"地承受较大荷载的结构物，该荷载与衬砌本身无关，它等于不设衬砌时可能坍塌下来的岩石全部重量（例如，普氏理论算出的山岩压力等）。

喷锚支护的情况就不同，它是在洞室开挖后及时进行的。喷层与围岩紧密贴合，并且本身具有一定的柔性和变形特性，因而它能在洞室开挖后及时而有效地控制和调整围岩应力的重新分布，最大限度地保护岩体的结构和力学性质，防止围岩的松动和坍塌。喷锚支护的这种"既让围岩变形又限制围岩变形"的作用，充分利用了围岩的自承作用，使得围岩在与喷锚支护共同变形的过程中取得自身的稳定，从而减少传到支护上的压力。所以，从这一点来看，喷锚支护不是"被动"承受松动压力，而是与围岩协调工作，承受变形压力。这就是喷锚支护与一般刚性支护的根本差别。

我们可以用变形压力的公式来说明喷锚支护的原理。例如，从芬纳式（6-29）看出，围岩稳定所形成的塑性圈半径 R 越大，所需提供的支护反力 p_i 可越小；反之，R 越小，所需 p_i 就越大。由于塑性圈半径 R 的大小也表现为洞室表面径向位移 ΔR 的大小。因此，围岩稳定所需的 p_i 亦可表达成洞室表面径向位移 ΔR 的函数，即

$$p_i = f(\Delta R)$$

同样，上式说明围岩稳定时，洞室表面的径向位移 ΔR 越大，所需的支护反力 p_i 越小；反之，ΔR 越小，所需 p_i 越大，喷锚支护的原理可用图 6-23 来说明。图中曲线 Ⅰ-Ⅰ表示用芬纳公式求得的 p_i 随 ΔR 增大而减小的关系。如果洞室开挖后立即支护，则支护结构与围岩同时变形。当 ΔR 增大时（亦即 R 增大时），所需支护反力按曲线 Ⅰ-Ⅰ而减小，同时，由于支护结构在同围岩的共同变形中产生相应的压缩变形，所以它对围岩提供的反力 p_i 也渐渐增大，如曲线 Ⅱ-Ⅱ所示。当 ΔR 发展到一定值时，曲线 Ⅱ-Ⅱ与 Ⅰ-Ⅰ相交。这时洞室变形即达到稳定平衡，传到支护结构上的作用力为 p_i。

可以看出，曲线 Ⅱ-Ⅱ反映了支护结构的刚度特性，支护结构的刚度越大，如曲线 Ⅲ-

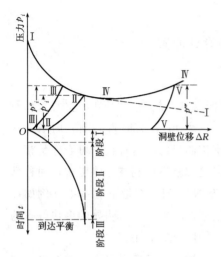

图 6-23 说明喷锚支护原理的图

Ⅲ所示，则平衡时传到支护上的变形压力 p_i 也越大，这里 $p''_i > p'_i$。

因此，不但要求支护施作"及时"，与围岩"紧贴"，而且还要有一定的"柔性"，以保证足够的 ΔR 和足够大的塑性圈。这样，变形压力 p_i 可以大大减小。喷混凝土薄层正是保证了"及时""紧贴"和"柔性"，所以它的 p_i 是比较小的。

可是 p_i 随位移 ΔR 增大而减小是有限度的。当 ΔR 过大时，塑性圈不会无限增大，而岩体反而可能松动，c、φ 值下降，以致形成分离层，坍落，造成对支护的松动压力。因此，当一定的 ΔR 以后，p_i 不再像曲线Ⅰ-Ⅰ那样一直降低下去，而是可能增长起来，如曲线Ⅳ-Ⅳ所示。这种急剧的增长反映了"松动压力"的出现。旧式混凝土衬砌由于施工不及时，衬砌与围岩又不紧密贴合，不能限制 ΔR 的发展，并且只有当产生松动压力以后衬砌才与围岩贴合，与围岩共同变形而起支护作用。因此，旧式衬砌所受荷载主要是松动压力，如曲线Ⅴ-Ⅴ与曲线Ⅳ-Ⅳ的交点所示，可见这时的压力 p'''_i 是比较大的。

图 6-23 中下半个图表示洞壁位移 ΔR 与时间的关系。图上分三个阶段：阶段Ⅰ表示喷锚尚未施工，岩体不受约束，自由地向洞室空间变形。阶段Ⅱ表示开始进行喷锚支护，由于来自支护的反力，变形增长的速率趋于减小，随着洞室全断面喷锚的逐渐形成，变形的速率越来越小。阶段Ⅲ，喷锚完成后，当支护反力与洞壁应力 p' 相等，产生平衡，变形就停止了。

二、喷锚支护设计原则

由于目前还不能从理论上完善地、定量地说明喷锚支护的原理，所以设计上还是以经验的方法为主。例如，根据围岩分类，用工程类比法建议一些经验数据作为设计的依据。目前还没有找到一种公认的合理方法，国内很多单位正在这方面的研究中。

铁道部科学研究院西南研究所在这方面进行了较多的研究工作。他们根据试验研究，并综合、分析了国内外的有关成果，对喷锚支护的设计原则提出了下列见解。

首先应当把洞室围岩进行分类，因为围岩条件是千变万化的，不同的围岩，其喷锚支护的作用原理也可能不同，因而设计原则也就有差别。将围岩分为：整体围岩、块状围岩、层状围岩、软弱围岩。对不同围岩按其喷锚支护的作用原理，建议采用不同的设计原则。

（一）整体围岩

这类围岩的特点是岩块强度高（$R_c > 30\text{MPa}$）、整体性良好，节理裂隙不发育，块体很大，呈巨块状（节理间距大于 1.0m）。结构面以穿切性较差的闭合节理为主。

这类围岩的应力可用弹性理论来计算。

1）对于洞高 h_0 与洞宽 $2b_1$ 尺寸相差不大的小跨度洞室（例如单线隧道），只在 $K_0 < 0.25$ 的情况下顶部出现拉应力，虽然拱脚和边墙有压应力集中，但岩石的抗压强度通常

较大。因此，这类围岩在洞室开挖后自身即可稳定，基本上不存在支护问题。这种情况下喷混凝土的作用除了防止围岩表面风化外，主要是将围岩表面喷平顺，以消除开挖后表面凹凸不平（尖角凸出，凹缺等）而造成应力集中，防止个别岩块掉落。其喷层厚度一般为5cm左右，以使围岩表面基本平滑圆顺为宜。当洞室周边光面爆破效果较好时，也可采用3cm以下的喷浆层。

2）对于洞高 h_0 与洞宽 $2b_1$ 尺寸相差较大的洞室，例如 $2b_1 \gg h_0$ 的大跨度洞室或 $h_0 \gg 2b_1$ 的高边墙洞室，由于围岩中会产生较大的拉应力区，整体围岩也会在拉应力作用下破坏，所以仅用喷混凝土来作支护往往难以抵抗围岩受拉部分的坍落，必须采用锚杆作为稳定围岩的主要措施。

在设计时可采用有限单元法算出不加支护时的围岩应力场，求出拉应力区。然后据此大约确定锚杆长度、布置以及预应力大小。以后将预应力锚杆的作用简化为在锚杆两端作用于围岩的一对力，再进行计算，并根据计算结果确定预应力锚杆的加固效果，必要时调整锚杆参数，直到洞室表面基本上不出现拉应力为止。而后，喷层的厚度可根据防止两根锚杆之间的岩体局部坍塌来设计（计算时可将喷层看作是被锚杆支承的板）。对于高边墙洞室锚杆加固重点应当放在边墙部位。这类锚杆的长度可达15m以上，预应力可加至1000kN以上，杆体可用钢绞索作成。国内有些单位曾用过长为15m的钢绞索长锚杆，预应力加至 $500 \sim 600$kN。

（二）块状围岩

这类围岩的特点是岩块强度较高（例如，$R_c > 20 \sim 30$MPa），但岩体的整体性较差，地质结构面发育。在一般情况下，岩块之间总是互相镶嵌、咬合、互锁、卡紧在一起。围岩的坍塌总是先从个别石块——"危石"的掉落开始，再逐渐发展起来（图6-24）。只要及时、有效地防止个别"危石"的掉落，就能有效地保证围岩的整体稳定性。

锚杆和喷混凝土的作用就在于能够及时而有效地防止这种危石的松散、离层和掉落。而旧式衬砌则不能做到这点，以致招受较大的"松动压力"。

在设计中，首先应当明确：喷混凝土薄层不是用来承受松动压力，而只是防止个别危石的掉落，从而利用和发挥了岩块之间的镶嵌、咬合、互锁、卡紧等作用而产生自承作用。因此，只要校核喷层和锚杆防止个别"危石"掉落的安全度即可。通常可采用如下的方法进行计算。

当用喷层来防止"危石"掉落时，危石对喷层产生冲切作用及"撕开"作用（图6-25）。

冲切作用按核算喷层厚度的公式为：

$$\frac{G}{dl} \leqslant [R_t]_c \quad \text{或} \quad d \geqslant \frac{G}{[R_t]_c l} \qquad (6-65)$$

式中　d——喷混凝土层的厚度（m）；

　　　l——"危石"周边长度（m）；

　　　G——"危石"重量（MN）；

　　　$[R_t]_c$——喷混凝土的许可抗拉强度。

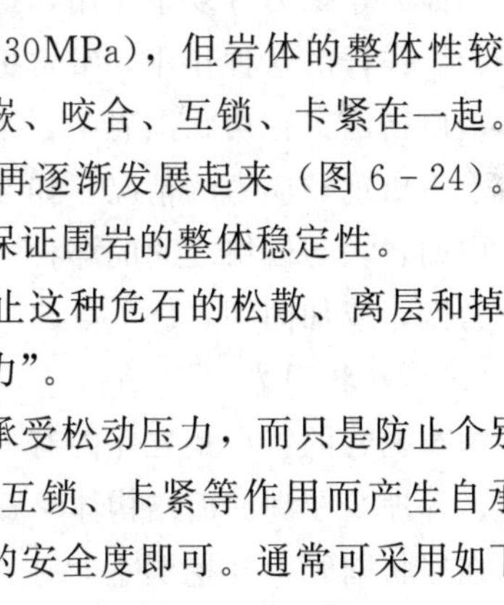

图6-24　无喷混凝土层时危石掉落的
可能顺序（1，2，…，7）图

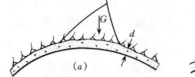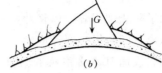

图 6-25　按防止危石掉落核算喷层厚度

(a) 危石的冲切作用示意图；(b) 危石的"撕开"作用示意图

按"撕开"作用核算喷层厚度的公式为：

$$d \geqslant 3.65 \left(\frac{G}{l \; [C]_c} \right)^{\frac{4}{3}} \left(\frac{K_0}{E_c} \right)^{\frac{1}{3}} \tag{6-66}$$

式中　$[C]_c$——喷混凝土的许可黏结强度（MPa）；

E_c——喷混凝土的弹性模量（MPa）；

K_0——岩层的弹性抗力系数（MPa/m）。

一般情况下对于块状围岩，用喷混凝土加以支护即可。有时，为了提高支护能力，亦可配以锚杆。特别是对于边墙部分岩块有可能沿某一结构面滑出的情况，采用锚杆往往能取得良好效果。

这时，锚杆的作用在于通过锚固力或杆体本身的抗剪、抗拉作用以及将岩块压紧以增加结构面的摩擦力等复杂作用，把围岩表面的危石周围岩块连结在一起，以增加围岩的自承能力。锚杆的这种作用，常常称为"连结作用"。

最后指出，在块状围岩中，按上述防止危石坍落的理论设计喷锚支护，只适用于围岩基本上不出现拉应力的情况。如果有拉应力区（例如，大跨度或高边墙洞室），则在拉应力区内的岩块与岩块之间的那种"镶嵌""咬合"作用就不存在。这时应当用锚杆来消除拉应力区，或加固围岩。

（三）层状围岩

这类围岩的特点是岩体内有一组结构面特别发育，将岩体切割成层状。结构面一般为层理、片理及节理。而结构体呈板状、片状等。薄层沉积岩、沉积变质岩等属于这类。

在层状围岩中开挖洞室时往往不容易打成拱形（或圆形）。爆破后，顶面经常成平板状。在这种情况下若不加支护，则围岩常常先发生弯曲张开，逐渐坍塌。

对于层状围岩，应以锚杆为主要的支护手段。

为了分析锚杆对层状围岩的支护作用，可以简单地将围岩看作是若干根梁叠合在一起的梁。这种叠合的梁在荷载作用下发生弯曲变形。由于层间的抗剪力可能不足，在弯曲变形中就产生层面错动，各层岩层的下缘和上缘分别处于受拉和受压状态。层数越多、层较薄，则被拉应力破坏的岩石范围也就越大，见图 6-26 (a)。

如果在层状围岩中设置锚杆，则各岩层就被锚杆连结在

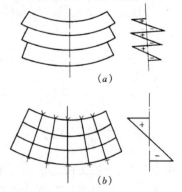

图 6-26　层状围岩的锚杆加固示意图

一起，这样就可把岩层看作为"组合梁"，岩层共同发生变形，大大地增加了顶板的抗弯刚度。这里锚杆所起的作用是，使各个岩层相互挤紧，从而增加了层间摩擦。此外，锚杆本身也有抗剪作用，它们像"销子"一样，有效地阻止了各岩层间的层间错动，见图6-26(b)。

按组合梁作用设计锚杆时，应当考虑到层面间的剪力分布来布置锚杆，使每根锚杆所受的剪力基本相等，这样锚杆的间距就不等。锚杆的间距为中间疏两端密。锚杆的方向应尽量与层面保持垂直。

（四）软弱围岩

软弱围岩这里是指下列两种情况，一种是经过强烈地质构造运动或风化作用造成极度破碎的，近乎松散的岩体。例如，处于断层破碎带、强风化带的岩体。这种围岩的结构面极为发育，间距小于0.2m，呈交织状，将岩体切割成鱼鳞片状、碎屑状或颗粒状结构体。另一种是指块体强度很低（$R_c < 20 \sim 30MPa$，甚至$R_c < 5MPa$）的软岩（例如泥岩）。

这类围岩的特点是没有明显的方向性，强度低，结构面的影响相对来说不显著，一般都可传递压应力和剪应力，可作为各向同性的均匀连续体进行分析，弹性理论和弹塑性理论可适用于这类岩石。

喷混凝土的作用，一方面是防止围岩表面碎块的掉落（这时危石比块状围岩内的要小得多），以保证碎块之间的镶嵌、咬合作用，防止逐渐坍塌；另一方面也就是最主要的方面是及时地和贴紧地对围岩向洞室的变形给予抗力（变形压力），改善应力状态，以保证岩体在自承作用下的洞体稳定性。仅是保证危石不掉下来还不能保证洞室稳定，这是因为这种围岩的强度较弱，在应力重分布后自身难以保持稳定的"自承"，它们的压应力的作用下往往要发生剪切破坏。此外，喷混凝土时还能喷入岩体内宽的张开节理裂隙中去，所以也起着加固岩体、提高岩体力学指标的作用。

锚杆起了对岩体的加固作用，通过成组的、按一定规律布置的径向锚杆，将洞室周边一定深度内的围岩进行加固，提高了岩体的强度和整体性。

在设计软弱围岩的喷层厚度时，应当考虑到围岩在压应力作用下的剪切破坏。对于软弱岩体来说，在天然岩层中，初始的大主应力一般为垂直方向居多，圆形洞室开挖后最大压应力发生在洞室两侧的围岩表面（这里的切向应力σ_θ最大）。于是可能从该处开始发生塑性平衡（极限平衡），在某一范围内形成一些滑动面。然后，随着高应力向围岩深处的转移，滑动面沿着与水平线成$45° - \dfrac{\varphi}{2}$角的方向延伸，在洞室两侧形成一对楔形剪切体，

见图6-27。观察和试验证明，这种楔形剪切体扩展到一定程度后就有倾向朝洞室内部移动。当洞室及时喷混凝土时，则剪切楔受到约束后对喷层产生变形压力。如果喷层的强度不足，则剪切体就会对喷层的两个部位（图中的A点和A′点）造成剪切破坏。所以我们就可通过验算喷层在截面A处的抗剪强度来决定混凝土喷层的厚度。取AA′段混凝土喷层为脱离体进行受力分析，则根

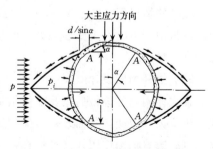

图6-27　软弱围岩喷层厚度的确定

据平衡条件可得：

$$p_i \frac{b}{2} = \frac{d}{\sin\alpha} \tau_c$$

由此求得喷层厚度：

$$d \geqslant \frac{b p_i \sin\alpha}{2\tau_c} \tag{6-67}$$

式中　τ_c——喷混凝土的抗剪强度（MPa），建议采用 $\tau_c = 0.2 R_c^c$；

　　　R_c^c——混凝土的抗压强度（MPa）；

　　　b——AA'间的距离（m）；

　　　α——建议可采用小于或等于 $23°6'$，即

$$\frac{d}{\sin\alpha} \geqslant 2.5d$$

　　　p_i——变形压力（MPa），与衬砌的刚度有关，可采用芬纳公式近似确定，最好是通过试验洞的实测而得。

例题 6-7　在泥岩中开挖一圆形隧洞，其半径 $r_0 = 6.0\text{m}$，用喷混凝土层支护。混凝土抗压强度为 25MPa，已知 $p_i = 0.5\text{MPa}$，试求喷层厚度。

解
$$b = 2 \times 6 \times \cos 23°6' = 11 \text{ m}$$
$$\tau_c = 0.2 \times 25 = 5 \text{ MPa}$$

所以喷层厚度　　$d = \dfrac{p_i b \sin\alpha}{2\tau_c} = \dfrac{0.5 \times 11 \times 0.41}{2 \times 5} = 0.22 \text{ m} = 22 \text{ cm}$

根据铁道部科学研究院西南研究所的模型试验证明，对于直墙拱形及曲墙形洞室，围岩丧失稳定也是从两侧边墙围岩产生剪切楔开始的。所以上述计算方法原则上也可用于这种洞室。

设计水工有压隧洞的喷层厚度，除了要考虑到上述的剪切楔对喷层的剪切作用外，还应考虑到内水压力作用下喷层支护与围岩的共同作用问题。水利部第六工程局对某水电站的喷混凝土隧洞水压试验表明：在中等质量的岩石中，内水压力为 0.3MPa 的压力隧洞，采用喷混凝土是可行的。在内水压力为 0.5MPa 时，适当加些钢筋网也可以应用。这时喷射厚度为 10～20cm，并有一定的安全系数。估计内水压力的分配是：岩体承受 70%，混凝土承受 30%。

在有些情况下，特别是软弱岩石遇到荷载较大的情况下，喷射混凝土还不能抗抵剪切楔形体滑动产生的巨大变形压力，即使加厚喷层也解决不了问题，这时就可加用锚杆，对围岩进行加固。

三、锚杆加固设计原则

在岩体内施加锚杆的主要作用是加强和支承部分分离的、薄板状或不牢固的岩石。锚杆产生应力和应变，从而改善岩体的稳定情况。如果对埋入的锚杆再施加预拉应力，则锚杆立刻就起着加固作用，这种锚杆称为预拉应力锚杆。

锚杆的种类很多。在图 6-28（a）、（b）上示有常用的两种锚杆形式：钢筋砂浆锚杆

和双楔缝混合式锚杆。前者依靠砂浆的握裹力及岩石的黏结摩擦力把锚杆固定在钻孔内，后者依靠双楔及砂浆握裹力固定锚杆。

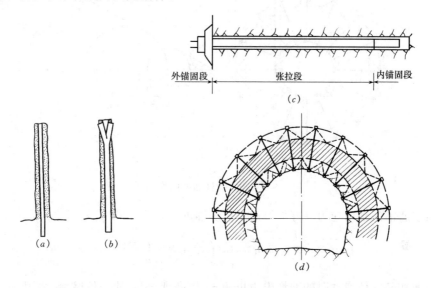

图 6-28　锚杆的类型与布置
(a) 钢筋砂浆锚杆；(b) 双楔缝混合式锚杆；(c) 预应力锚杆构造示意图；
(d) 围岩内的锚杆布置（阴影线区域表示形成的承载环）

在图 6-28 (c) 上示有预应力锚杆的构造示意图。它分为内锚固段、外锚固段以及张拉段。内锚固段的主要作用是张拉锚杆时提供锚固力，一般采用机械装置固定；外锚固段的作用在于保持张拉后的锚杆预应力，有时还要对锚杆的预应力值进行调整；张拉段是锚杆的主体，是预应力锚杆起作用的一部分，岩体加固主要依靠这一段。

用预拉应力锚杆深入到围岩内实际上就是对围岩施加一个附加的径向应力，这个附加的径向应力对稳定很有利。它可以起到外部支护所要起的作用，在围岩的内部形成了一个承载环，保持岩体的稳定如图 6-28 (d)。

为了简化起见，下面以 $K_0 = 1$ 的圆形洞室来说明。

我们知道，当开挖洞室后，洞壁上 $\sigma_r = 0$，$\sigma_\theta = 2p_0$（这里 p_0 为初始应力）。当切向应力 $\sigma_\theta = R_c$ 时，洞壁即达到塑性平衡状态（这里 R_c 为岩石单轴极限抗压强度），见图6-29 (b)。

设用锚杆支护时洞室周围产生一个厚度为 t 的加固带（承载环），见图6-29 (a)，由于锚杆的作用，加固带内岩体产生径向应力

$$\sigma_{ra} = \frac{T}{ba}$$

式中　T——锚杆中用的拉力（MN）；

　　b，a——锚杆沿洞长度的间距，沿圆周的间距（m）。

由于径向应力增加了 σ_{ra}，所以洞壁达到塑性平衡状态所需的切向应力也应当增大，这样就提高了围岩的稳定性。从图 6-29 (b) 中莫尔图中可求得，在这种情况下达到塑

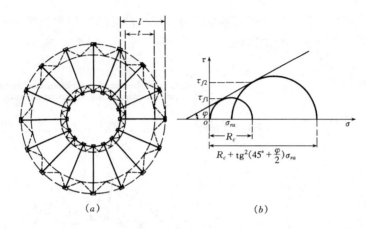

(a)   (b)

图 6-29　锚杆加固的作用

性平衡状态所需的切向应力（好似提高了抗压强度）

$$\sigma_\theta = R_c + \mathrm{tg}^2\left(45° + \frac{\varphi}{2}\right)\frac{T}{ba}$$

因而岩体剪切破坏体滑动时的剪切阻力也从 τ_{f_1} 提高到 τ_{f_2}，使得传递到喷层上的荷载也就减少。

　　从上面的讨论可知，锚杆对围岩的加固程度取决于锚杆中拉力的大小。所以在安设锚杆时最好施加预拉应力，这样就随即可对围岩起到加固作用。不加预拉应力的锚杆，只要能保证锚固可靠，垫板与岩面贴紧，则在围岩径向位移发展过程中，锚杆的拉力将不断增大，从而也起到了加固作用。

　　锚杆的设计可按下列原则进行：

　　1）锚杆的布置可按径向沿着洞室周边均匀布置，必要时底部也要加锚杆，某些部位也可重点加固。例如，对于软弱岩石，可在洞室两侧可能出现剪切楔的部位重点加固。这样可将剪切楔连结在围岩的深处。

　　2）被锚杆加固的岩体加固带厚度 t 主要取决于锚杆的间距 a 和长度 l 的比。为了保证加固带具有一定的厚度，要求 $\dfrac{a}{l} \leqslant \dfrac{1}{2}$。

　　3）为了防止锚杆之间岩块的坍落，可采用喷层和钢丝网来配合。这里喷层的作用主要是承受两根锚杆间的局部坍塌的岩块的重量。

　　在计算时可以根据加固带（承载环）所受的山岩压力荷载，计算加固带内岩石的环向应力。然后用强度包络线（莫尔-库伦线）校核这样的应力是否引起破坏，并根据包络线在这种环向应力下岩石达到塑性平衡所需的径向应力，再求出每根锚杆所受之力。下面举例说明。

　　例题 6-8　设有一隧洞的半径 $r_0 = 2.5\mathrm{m}$，用锚杆加固。假设形成的加固带（承载环）上的山岩压力 $p_i = 30\mathrm{kPa}$，试设计锚杆的间距和每根锚杆所受的力。

　　解　设采用锚杆的长度为 2.5m，在洞的周围造成厚度为 $t=1\mathrm{m}$、外半径为 $r=3.75\mathrm{m}$ 的加固带（承载环，见图 6-28 的阴影带）。

加固带内的法向力等于：

$$N = pr = 3 \times 3.75 = 112.5 \text{ kN}$$

因此，加固带内的环向应力为：

$$\sigma_\theta = \frac{N}{t} = \frac{112.5}{1} = 112.5 \text{ kPa}$$

假定根据岩石的强度包络线，当环向应力等于112.5kPa时应当采用的径向应力是 $\sigma_r = 20$ kPa。

若采用锚杆的间距为1.5m，则每一根锚杆控制的面积为 $1.5 \times 1.5 = 2.25$ m²。每一根锚杆所需承受的力为：

$$T = 20 \times 2.25 = 45 \text{ kN}$$

为了安全起见，锚杆应当以 $2 \times 45 = 90$kN 的力来设计。

习　题

习题6-1　题6-1图为某地下结构断面图，采用少筋混凝土衬砌，其跨度及衬砌尺寸如题6-1图所示。围岩为砂岩，坚固系数 $f_K = 5$，试求拱顶 A 点和边墙顶点 B 的垂直山岩压力。

习题6-2　在地下50m深度处开挖一地下洞室，其断面尺寸为 5m×5m。岩石性质指标为：凝聚力 $c = 200$kPa，内摩擦角 $\varphi = 33°$，容重 $\gamma = 25$kN/m³，侧压力系数 $K_0 = 0.7$。已知侧壁岩石不稳，试用太沙基公式计算洞顶垂直山岩压力及侧墙的总的侧向山岩压力。

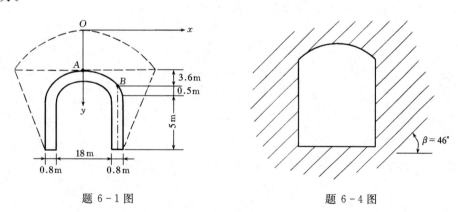

题6-1图　　　　　　　　　　　题6-4图

习题6-3　某圆形隧洞直径8m，围岩裂隙很发育，且裂隙中有泥质填充。隧洞埋深为120m，围岩的力学指标为：$c = 400$kPa，$\varphi = 40°$，考虑到隧洞衬砌周围的回填不够密实，凝聚力和内摩擦角均有相应的降低。

1）试求塑性松动圈的厚度（取 $c_0 = 0.25c$）；

2）试求松动压力 p_a。

习题6-4　设有一直墙拱顶地下洞室（见题6-4图），围岩中有一组结构面，其倾角

$\beta=46°$。结构面的强度指标为 $c_j=0$，$\varphi_j=40°$。结构面上的孔隙水压力 $p_w=200\text{kPa}$。已知洞室侧壁垂直应力为 $\sigma_y=1\text{MPa}$，洞顶的水平应力 $\sigma_x=500\text{kPa}$，问侧壁和洞顶是否稳定，若不稳定，则进行支护，洞壁支护和洞顶支护上的压力各为多少？

习题 6-5 在岩石中开挖一圆形洞室，其半径 $r_0=5\text{m}$，用喷混凝土层支护。混凝土抗压强度为 24MPa，已知 $p_i=0.4\text{MPa}$，求喷层厚度。

第七章 有压隧洞围岩的应力与稳定性

第一节 概 述

在水利、水电建设中经常遇到一些洞室工程问题，其中最常遇到的作为引水建筑物之一的是水工隧洞。水工隧洞可分为无压隧洞及有压隧洞两大类。无压隧洞的断面大部分做成马蹄形或其他形状，有压隧洞则多做成圆形。

水工隧洞常常设有衬砌。衬砌可用混凝土、钢筋混凝土、钢板喷浆层做成，在近几年来，喷锚支护在水工隧洞中也获得了较广泛的应用。水工隧洞衬砌的主要作用有：

1）承受山岩压力、外水压力，以免岩石坍落。

2）承受洞内的水压力，即承受内水压力。

3）封闭岩石裂缝，以防止漏水和免除水及空气的破坏作用。

4）减少隧洞的糙率。

无压隧洞衬砌所承受的荷载主要是山岩压力、外水压力。有压隧洞除了承受这些压力之外，特别重要的是承受内水压力。这种内水压力有时是很大的，不仅衬砌受到压力，围岩也要承受部分内水压力。围岩受到这种压力之后必然要引起一些力学现象和变形、稳定等问题，这就是本章将要研究的内容。

计算隧洞上的山岩压力，可以采用第六章中所述的有关方法。本章重点在于就有压隧洞受到内水压力作用后的有关围岩本身的一些计算问题，作一扼要的叙述和说明，至于衬砌的结构计算，则不属于本课程的范围。

有压隧洞围岩应力的变化过程是比较复杂的。起初，由于地下开挖，引起了围岩应力的重新分布。后隧洞充水，内水压力又使围岩产生一个应力。这个应力是附加应力。附加应力叠加到重分布应力上去，就使围岩总的应力发生改变，运转后，因检修或其他原因可能隧洞内的水被放空，附加应力又没有了，剩下的只是重分布应力。以后再充水，附加应力再度产生。因此，有压隧洞围岩的应力是不断变化的。在研究围岩的稳定问题时，应当研究各种应力情况下围岩的稳定程度，特别应当重视这个附加应力的作用。

第二节 围岩内附加应力的计算

由于开挖洞室而在围岩内引起的应力重分布已在第五章中讨论过了。本节主要介绍隧洞或廊道受到静水压力 p 后围岩内的附加应力。为了分析这种应力，常常用弹性力学中厚壁圆筒的应力理论为基础，将这个理论推广到无衬砌隧洞的情况和有衬砌隧洞的情况。这个理论还可用来确定在内水压力 p 的作用下隧洞的安全上覆岩层厚度。

一、厚壁圆筒理论

设厚壁圆筒的内径为 a，外径为 b，见图 7-1。今在筒内离圆心的距离为 r 处取出一

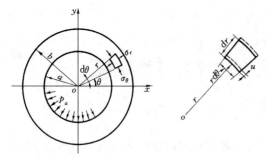

图 7-1 厚壁圆筒内的微分单元

个微小单元 $r\mathrm{d}\theta\mathrm{d}r$，$a<r<b$。当筒内充满压力水或压力气体时，则半径 r 就增加 u，该处的周长从 $2\pi r$ 增加到 $2\pi(r+u)$。圆周向单位长度的增加量（切向应变）为：

$$\varepsilon_\theta=\frac{2\pi(r+u)-2\pi r}{2\pi r}=\frac{u}{r} \qquad (7-1)$$

在半径方向，r 增加 u，并且变为 $r+u$，类似地，$\mathrm{d}r$ 增加 $\mathrm{d}u$，并且变为 $\mathrm{d}r+\mathrm{d}u=\mathrm{d}r\left(1+\dfrac{\mathrm{d}u}{\mathrm{d}r}\right)$，所以径向的单位长度增加量（径向应变）为：

$$\varepsilon_r=\frac{\mathrm{d}r+\mathrm{d}u-\mathrm{d}r}{\mathrm{d}r}=\frac{\mathrm{d}u}{\mathrm{d}r} \qquad (7-2)$$

根据广义虎克定律，ε_θ 和 ε_r 与 σ_θ 和 σ_r 有下列关系（平面应变情况）：

$$\varepsilon_\theta=\frac{1-\mu^2}{E}\left(\sigma_\theta-\frac{\mu}{1-\mu}\sigma_r\right) \qquad (7-3)$$

$$\varepsilon_r=\frac{1-\mu^2}{E}\left(\sigma_r-\frac{\mu}{1-\mu}\sigma_\theta\right) \qquad (7-4)$$

或者，可写成如下形式

$$\sigma_\theta=\frac{mE(m-1)}{(m+1)(m-2)}\left(\frac{u}{r}+\frac{1}{m-1}\frac{\mathrm{d}u}{\mathrm{d}r}\right) \qquad (7-5)$$

$$\sigma_r=\frac{mE(m-1)}{(m+1)(m-2)}\left(\frac{\mathrm{d}u}{\mathrm{d}r}+\frac{1}{m-1}\frac{u}{r}\right) \qquad (7-6)$$

式中　E——厚壁圆筒材料的弹性模量（MPa）；

m——称泊松数，它是泊松比 μ 的倒数，即 $m=\dfrac{1}{\mu}$。

这些应力必须满足下列的平衡方程式（6-24）：

$$(\sigma_\theta-\sigma_r)\mathrm{d}r=r\mathrm{d}\sigma_r$$

或者

$$\sigma_\theta=\frac{\mathrm{d}(\sigma_r r)}{\mathrm{d}r} \qquad (7-7)$$

将式（7-6）代入式（7-7）

$$\sigma_\theta=\frac{\mathrm{d}(\sigma_r r)}{\mathrm{d}r}$$

$$=\frac{mE(m-1)}{(m+1)(m-2)}\frac{\mathrm{d}\left[\left(\dfrac{\mathrm{d}u}{\mathrm{d}r}+\dfrac{1}{m-1}\dfrac{u}{r}\right)r\right]}{\mathrm{d}r}$$

$$=\frac{mE(m-1)}{(m+1)(m-2)}\left[r\frac{\mathrm{d}^2u}{\mathrm{d}r^2}+\frac{\mathrm{d}u}{\mathrm{d}r}+\frac{1}{m-1}\frac{\mathrm{d}u}{\mathrm{d}r}\right] \qquad (7-8)$$

考虑到式（7-5）和式（7-8）相等，得到：

$$\frac{mE(m-1)}{(m+1)(m-2)}\left(\frac{u}{r}+\frac{1}{m-1}\frac{\mathrm{d}u}{\mathrm{d}r}\right)=\frac{mE(m-1)}{(m+1)(m-2)}\left(r\frac{\mathrm{d}^2u}{\mathrm{d}r^2}+\frac{\mathrm{d}u}{\mathrm{d}r}+\frac{1}{m-1}\frac{\mathrm{d}u}{\mathrm{d}r}\right)$$

从而得

$$\frac{u}{r}=r\frac{\mathrm{d}^2u}{\mathrm{d}r^2}+\frac{\mathrm{d}u}{\mathrm{d}r}$$

或者

$$r^2\frac{\mathrm{d}^2u}{\mathrm{d}r^2}+r\frac{\mathrm{d}u}{\mathrm{d}r}-u=0 \qquad (7-9)$$

这个方程式为二阶齐次线性微分方程，它的通解为：

$$u=Br+\frac{C}{r} \qquad (7-10)$$

迅速可以得出

$$\frac{\mathrm{d}u}{\mathrm{d}r}=B-\frac{C}{r^2} \qquad (7-11)$$

以及

$$\frac{\mathrm{d}^2u}{\mathrm{d}r^2}=\frac{2C}{r^3} \qquad (7-12)$$

将以上三式代入式（7-9），显然满足该方程式。

将式（7-10）和式（7-11）代入式（7-5）和式（7-6）中，求得应力 σ_θ 和 σ_r 的公式如下：

$$\sigma_r=\frac{m^2E}{(m+1)(m-2)}B-\frac{mE}{(m+1)}\times\frac{C}{r^2}=B'-\frac{C'}{r^2} \qquad (7-13)$$

$$\sigma_\theta=\frac{m^2E}{(m+1)(m-2)}B+\frac{mE}{(m+1)}\times\frac{C}{r^2}=B'+\frac{C'}{r^2} \qquad (7-14)$$

设厚壁圆筒受到内压 p_a 和外压 p_b 的作用（图7-1），以压应力为正，拉应力为负。

对于 $r=a$：

$$\sigma_r=B'-\frac{C'}{a^2}=p_a$$

对于 $r=b$：

$$\sigma_r=B'-\frac{C'}{b^2}=p_b$$

由前面二式解得 C'、B' 如下：

$$C'=\frac{p_b-p_a}{b^2-a^2}b^2a^2$$

$$B'=\frac{p_bb^2-p_aa^2}{b^2-a^2}$$

将求得的 B'、C' 代入式（7-13）、式（7-14），整理后得：

$$\sigma_r = \frac{a^2}{r^2} \frac{(b^2-r^2)}{(b^2-a^2)} p_a - \frac{b^2}{r^2} \frac{(a^2-r^2)}{(b^2-a^2)} p_b \tag{7-15}$$

$$\sigma_\theta = -\frac{a^2}{r^2} \frac{(b^2+r^2)}{(b^2-a^2)} p_a + \frac{b^2}{r^2} \frac{(a^2+r^2)}{(b^2-a^2)} p_b \tag{7-16}$$

利用式（7-10）不难求得管壁内任一点的径向位移 u：

$$u = \frac{1+\mu}{E} \left[\frac{(1-2\mu) r^2 + b^2}{r (t^2-1)} p_a - \frac{b^2 + (1-2\mu) t^2 r^2}{r (t^2-1)} p_b \right] \tag{7-17}$$

式中　$t = \dfrac{b}{a}$；

E，μ——厚壁圆筒的弹性模量和泊松比；

其余符号意义同前。

二、有压隧洞围岩的附加应力

我们感兴趣的是隧洞受内水压力作用后围岩内的附加应力。如果隧洞无衬砌，洞壁受到内水压力 p 的作用，则可以利用上述厚壁圆筒理论的公式求围岩的附加应力。

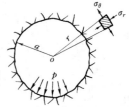

图 7-2　围岩内的附加应力计算

隧洞洞壁上的边界条件为（图 7-2）：

当 $r=a$ 时，$p_a = p$

另一边界条件是：

当 $r=\infty$ 时，$\sigma_r = p_b = 0$

根据 $r=\infty$ 的边界条件，从式（7-13），得到：

$\sigma_r = B' = 0$，$B = 0$　以及 $\sigma_\theta = 0$，用 $B=0$ 代入式（7-13）、式（7-14），对于 $0 < r < \infty$ 的任何 r 值：

$$\sigma_r = -\frac{mEC}{(m+1) r^2} \tag{7-18}$$

$$\sigma_\theta = \frac{mEC}{(m+1) r^2} \tag{7-19}$$

用 $r=a$ 时的边界条件代入式（7-18），求得常数 C：

$$C = -\frac{pa^2 (m+1)}{mE} \tag{7-20}$$

将 C 值代入式（7-18）、式（7-19），得：

$$\sigma_r = \frac{a^2}{r^2} p \tag{7-21}$$

$$\sigma_\theta = -\frac{a^2}{r^2} p \tag{7-22}$$

这就是确定有压隧洞围岩附加应力的公式。根据观察和计算，应力 σ_r 和 σ_θ 随着向围岩内部而迅速降低。在 $r=2a$ 处，它们只有洞壁应力的 25% 左右了。大致在三倍洞径处，即 $6a$ 处，附加应力甚小，可以略去不计（图 7-3）。

从式（7-22）可知，内水压力使围岩产生的环向应力 σ_θ 是拉应力。当这个拉应力很大，抵消了围岩原来的压应力，并超过岩体抗拉强度时，则岩石就要发生开裂。在有些有压隧洞中常见到新形成的、平行洞轴线且呈放射状的裂缝，就是由于这个原因而造成的（图7-4）。设置衬砌和喷锚支护的目的之一，也就是要衬砌和喷锚支护承受一部分或全部内水压力。当然，在设计时也应当考虑围岩本身的承受内水压力的能力，综合而全面地考虑问题。

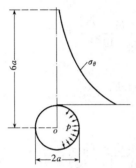

图 7-3　围岩内附加应力 σ_θ 的变化

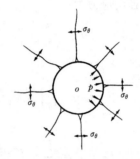

图 7-4　围岩内放射状裂缝

第三节　有压隧洞围岩和衬砌的应力计算

一、无裂隙围岩

（一）内压力分配法

设混凝土衬砌隧洞的内半径为 a，外半径为 b。如果隧洞内受到内水压力 p，则有一部分荷载 $p_b = \lambda p$ 通过混凝土衬砌传递到岩石上去。这里 λ 称为内压力分配系数。然后我们再假设混凝土与岩石之间紧密接触，没有缝隙（图7-5）。

对于 $b < r < \infty$ 的情况，径向应力 σ_r 可按式（7-13）确定：

图 7-5　有衬砌的无裂隙围岩附加应力计算

$$\sigma_r = \frac{m_2^2 E_2}{(m_2+1)(m_2-2)} B_2 - \frac{m_2 E_2}{(m_2+1)} \frac{C_2}{r^2}$$

这里 m_2、E_2、B_2、C_2 的下标"2"表示属于岩石的。根据边界条件：当 $r = \infty$ 时，$\sigma_r = 0$，对于整个围岩得出：

$$B_2 = 0$$

以及

$$\sigma_r = -\sigma_\theta$$

在岩石的周界上，即当 $r = b$ 时，有：

$$\sigma_r = -\frac{m_2 E_2}{(m_2+1)} \frac{C_2}{b^2} = \lambda p = p_b$$

由此得出

$$C_2 = -\frac{p_2 b^2 (m_2+1)}{m_2 E_2} \quad (B_2=0)$$

在 $r=b$ 处的径向位移 u 为：

$$u_{r=b} = B_2 r + \frac{C_2}{r} = -\frac{p_b b (m_2+1)}{m_2 E_2} \qquad (7-23)$$

再来看在混凝土衬砌中，即当 $a<r<b$ 时，这里用下标"1"表示混凝土的相应量。

混凝土中的径向应力为：

$$\sigma_r = \frac{m_1^2 E_1}{(m_1+1)(m_1-2)} B_1 - \frac{m_1 E_1}{(m_1+1)} \frac{C_1}{r^2}$$

对于 $r=a$

$$(\sigma_r)_{r=a} = \frac{m_1^2 E_1}{(m_1+1)(m_1-2)} B_1 - \frac{m_1 E_1}{(m_1+1)} \frac{C_1}{a^2} = p$$

对于 $r=b$

$$(\sigma_r)_{r=b} = \frac{m_1^2 E_1}{(m_1+1)(m_1-2)} B_1 - \frac{m_1 E_1}{(m_1+1)} \frac{C_1}{b^2} = \lambda p \qquad (7-24)$$

由上面两个式子求得常数：

$$C_1 = -\frac{m_1+1}{m_1 E_1} \frac{a^2 b^2}{(b^2-a^2)} (1-\lambda) p$$

$$B_1 = -\frac{(m_1+1)(m_1-2)}{m_1^2 E_1} \frac{(a^2-\lambda b^2)}{(b^2-a^2)} p$$

在 $r=b$ 处，根据位移相容条件，混凝土径向位移与岩石的径向位移相等，即

$$u_{r=b} = B_1 b + \frac{C_1}{b} = B_2 b + \frac{C_2}{b}$$

或者

$$\frac{(m_1+1)(m_1-2)(a^2-\lambda b^2)}{m_1^2 E_1 (b^2-a^2)} pb + \frac{m_1+1}{m_1 E_1} \frac{ba^2}{(b^2-a^2)} (1-\lambda) p$$

$$= \frac{\lambda pb (m_2+1)}{m_2 E_2}$$

将这个方程式加以整理后，得：

$$\lambda = \frac{p_b}{p} = \frac{2a^2 (m_1+1)(m_1-1) m_2 E_2}{m_1^2 E_1 (m_2+1)(b^2-a^2) + m_2 E_2 (m_1+1)\left[(m_1-2)b^2+m_1 a^2\right]}$$

$$(7-25)$$

λ 值表示隧洞内水压力 p 通过衬砌传给岩石的份数，λ 值越大，即传给岩石的压力越大，λ 值越小，即传给岩石的压力越小，大部分荷载由衬砌所承担。显然，λ 值与岩石的性质和衬砌混凝土的性质有关，同时，还与隧洞衬砌的尺寸 a、b 有关。

求得 λ 值后，即可计算传递到岩石周界面上的压力 λp。在确定 λp 以后，就不难根据

它来求围岩内的任何点应力了。

例题 7-1 设隧洞的最大内水压力 $p=3$MPa，隧洞半径为 2.5m，用厚度为 0.5m 的混凝土衬砌。已知混凝土弹性模量 $E_1=2\times10^4$MPa，泊松数 $m_1=3.33$。岩石的弹性模量 $E_2=1\times10^4$MPa，泊松数 $m_2=3.0$。试求离隧洞中心 4m 处的附加应力。

解 $a=2.5$m，$b=3$m，$p=3$MPa，将已知的 E_1、E_2、m_1、m_2 以及 a 和 b 值代入式 (7-25)，得：

$$\lambda=[2\times2.5^2\times(3.33+1)\times(3.33-1)\times3.0\times1\times10^4]\div\{3.33^2\times2\times10^4\times(3+1)$$
$$\times(3^2-2.5^2)+3\times1\times10^4\times(3.33+1)\times[(3.33-2)\times3^2+3.33\times2.5^2]\}$$
$$=0.564$$

混凝土衬砌传给岩石的压力为：

$$p_b=\lambda p=0.564\times3=1.692\ \text{MPa}$$

再根据该压力值用式 (7-21) 和式 (7-22) 计算 $r=4$m 处的应力：

$$\sigma_r=\frac{3^2}{4^2}p_b=\frac{9}{16}\times1.692=0.952\ \text{MPa}$$

$$\sigma_\theta=-0.952\ \text{MPa}$$

看来，这个拉应力是比较大的，岩石可能被拉裂。因此，衬砌还应当加厚。

此外，如果要求衬砌内任何点 $(a<r<b)$ 的应力 σ_r、σ_θ，则可以根据厚壁圆筒的公式计算：

$$\sigma_r=\frac{a^2}{r^2}\frac{(b^2-r^2)}{(b^2-a^2)}p-\frac{b^2}{r^2}\frac{(a^2-r^2)}{(b^2-a^2)}\lambda p \qquad\text{（压应力）}\qquad(7-26)$$

$$\sigma_\theta=-\frac{a^2}{r^2}\frac{(b^2+r^2)}{(b^2-a^2)}p+\frac{b^2}{r^2}\frac{(a^2+r^2)}{(b^2-a^2)}\lambda p \qquad\text{（拉应力）}\qquad(7-27)$$

在衬砌的周界上，当 $r=a$ 时，有：

$$(\sigma_r)_{r=a}=p$$

$$(\sigma_\theta)_{r=a}=-\frac{b^2+a^2-2\lambda b^2}{b^2-a^2}p$$

当 $r=b$ 时，有：

$$(\sigma_r)_{r=b}=\lambda p$$

$$(\sigma_\theta)_{r=b}=-\frac{2a^2-\lambda(b^2+a^2)}{b^2-a^2}p$$

（二）抗力系数法

有时，如果有实测的或可靠的弹性抗力系数 k 的资料，也可以根据下列方法导出的公式来计算衬砌内的应力。

如图 7-6 所示，当衬砌在均匀的内水压力 p 作用下，它将膨胀变形。因此，受到岩石弹性抗力 p_b 的作用。根据式 (7-17)，在 p 和 p_b 的作用下，衬砌内任何一点 r 处的径向变形为：

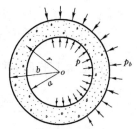

图 7-6 圆形有压隧洞
衬砌的受荷情况

$$u=\frac{1+\mu_1}{E_1}\left[\frac{(1-2\mu_1)\ r^2+b^2}{r\ (t^2-1)}p-\frac{t^2\ (1-2\mu_1)\ r^2+b^2}{r\ (t^2-1)}p_b\right]$$

在外半径处，即当$r=b$时

$$(u)_{r=b}=\frac{2b}{E_1}\times\frac{(1+\mu_1)(1-\mu_1)}{t^2-1}p-\frac{b}{E_1}\times\frac{(1+\mu_1)[t^2(1-2\mu_1)+1]}{t^2-1}p_b \qquad (7-28)$$

式中　E_1，μ_1——分别为混凝土衬砌的弹性模量和泊松比；

其余符号意义同前。

弹性抗力系数为k的围岩受到均匀压力p_b的作用，将发生下列变形：

$$(u)_{r=b}=\frac{p_b}{k} \qquad (7-29)$$

由相容条件,可得

$$p_b\left\{\frac{1}{k}+\frac{b}{E_1}\times\frac{(1+\mu_1)[t^2(1-2\mu_1)+1]}{t^2-1}\right\}=\frac{2b}{E_1}\times\frac{(1+\mu_1)(1-\mu_1)}{t^2-1}p$$

由此得到：

$$\frac{p_b}{p}=\frac{2(1+\mu_1)(1-\mu_1)kb}{E_1(t^2-1)+kb(1+\mu_1)[t^2(1-2\mu_1)+1]}$$

$$=\frac{2N(1-\mu_1)}{(t^2-1)+N[t^2(1-2\mu_1)+1]} \qquad (7-30)$$

式中
$$N=\frac{kb(1+\mu_1)}{E_1} \qquad (7-31)$$

求出p_b后,便可代入厚壁圆筒受压公式中,导得用弹性抗力系数k表示的应力公式：

$$\sigma_r=\left\{\frac{r^2-b^2}{r^2(t^2-1)}-\frac{t^2r^2-b^2}{(t^2-1)r^2}\times\frac{2N(1-\mu_1)}{(t^2-1)+N[t^2(1-2\mu_1)+1]}\right\}p$$

$$=\frac{1-N-\dfrac{b^2}{r^2}[1+N(1-2\mu_1)]}{N[t^2(1-2\mu_1)+1]+(t^2-1)}p \quad (压应力) \qquad (7-32)$$

$$\sigma_\theta=\left\{\frac{r^2+b^2}{r^2(t^2-1)}-\frac{t^2r^2+b^2}{(t^2-1)r^2}\times\frac{2N(1-\mu_1)}{(t^2-1)+N[t^2(1-2\mu_1)+1]}\right\}p$$

$$=\frac{1-N+\dfrac{b^2}{r^2}[1+N(1-2\mu_1)]}{N[t^2(1-2\mu_1)+1]+(t^2-1)}p \quad (拉应力) \qquad (7-33)$$

由于这里属于平面变形问题,因此还有一个纵向应力σ_z：

$$\sigma_z=\mu_1(\sigma_r+\sigma_\theta)=\frac{2(1-N)\mu_1}{t^2-1+N[t^2(1-2\mu_1)+1]} \quad (拉应力) \qquad (7-34)$$

二、有裂隙混凝土衬砌

如果混凝土衬砌在半径方向有均匀的裂隙，那么，传到岩石上的压力可假定与衬砌内

半径成正比，与外半径成反比，即

$$p_b = \frac{a}{b}p \qquad\qquad (7-35)$$

在岩石表面处的应力是

$$\sigma_r = \frac{a}{b}p \qquad\qquad (7-36)$$

$$\sigma_\theta = -\frac{a}{b}p \qquad\qquad (7-37)$$

三、有裂隙围岩

设围岩有径向裂隙，其深度为 d，见图 7-7。沿着岩石表面的径向压力可假定为：

$$\left.\begin{array}{l} p_b = \dfrac{a}{b}p \\[2mm] (\sigma_\theta)_{r=b} = 0 \\[2mm] (\sigma_r)_{r=b} = p_b = \dfrac{a}{b}p \end{array}\right\} \qquad (7-38)$$

在裂隙岩体内任何深度处，即当 $r < d$ 时

$$\left.\begin{array}{l} \sigma_\theta = 0 \\[2mm] \sigma_r = \left(\dfrac{a}{r}\right)p \end{array}\right\} \qquad (7-39)$$

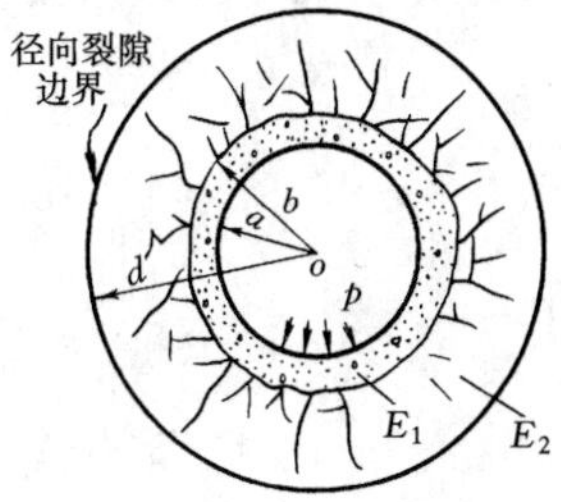

图 7-7 有裂隙围岩

在裂隙岩石的边界处，即当 $r = d$ 时，压力为：

$$p_d = \left(\frac{a}{d}\right)p \qquad\qquad (7-40)$$

在围岩内，任何点（$d < r < \infty$）的应力为：

$$\left.\begin{array}{l} \sigma_r = p\,\dfrac{a}{d}\times\dfrac{d^2}{r^2} = \dfrac{ad}{r^2}p \\[3mm] \sigma_\theta = -\dfrac{ad}{r^2}p \end{array}\right\} \qquad (7-41)$$

第四节　隧洞围岩蠕变计算

前面以厚壁圆筒为基础的有关围岩的应力公式，都是根据岩石为弹性的条件下导得的。如果岩石具有黏弹性，则由于蠕变原因，衬砌上的荷载将不断增长。由于衬砌与岩石接触处的应力（即衬砌压力）随着时间变化，因此，围岩和衬砌内的应力也随着时间而变化。

这一问题已由特涅克（Gnirk）等人研究过。他们假设岩石受压时体积不改变（$\mu = 0.5$），讨论了鲍格斯黏弹性材料。对于我们现在提出的问题来看，由于在建造衬砌之前，岩石的瞬时弹性变形早已发生过了，所以把岩石假定为体积不变化的广义马克斯威尔体如图 4-39（c）就足够。今用 η_1、η_2 和 G_1 表示岩石的蠕变常数，用 μ' 和 G' 表示衬砌的弹性常数。仍用前面的图 7-1，隧洞的内半径为 a，外半径（与岩石接触）为 b。衬砌与岩石

接触面上的压力 p_b（t）用下列公式计算：

$$p_b(t)=p_0(1+Ce^{r_1t}+De^{r_2t}) \tag{7-42}$$

式中 p_0 为岩石中的初始应力（$p_0=p_v=p_h$）

$$C=\frac{\eta_2}{G_1}r_2\left[\frac{r_1（1+\eta_1/\eta_2）+G_1/\eta_2}{r_1-r_2}\right] \tag{7-43}$$

$$D=\frac{\eta_2}{G_1}r_1\left[\frac{r_2（1+\eta_1/\eta_2）+G_1/\eta_2}{r_2-r_1}\right] \tag{7-44}$$

r_1 和 r_2 是下列方程式的实根

$$\eta_1Bs^2+\left[G_1B+\left(1+\frac{\eta_1}{\eta_2}\right)\right]s+\frac{G_1}{\eta_2}=0 \tag{7-45}$$

其中

$$B=\frac{1}{G'}\left[\frac{(1-2\mu')b^2+a^2}{b^2-a^2}\right] \tag{7-46}$$

在衬砌内（$a\leqslant r\leqslant b$）的应力和位移是：

$$\sigma_r=-\frac{a^2}{b^2-a^2}\left(1-\frac{b^2}{r^2}\right)p_a+\frac{b^2}{b^2-a^2}\left(1-\frac{a^2}{r^2}\right)p_b \tag{7-47}$$

$$\sigma_\theta=-\frac{a^2}{b^2-a^2}\left(1+\frac{b^2}{r^2}\right)p_a+\frac{b^2}{b^2-a^2}\left(1+\frac{a^2}{r^2}\right)p_b \tag{7-48}$$

以及

$$u=\frac{a^2rp_a（1-2\mu'+b^2/r^2）}{2G'（b^2-a^2）}-\frac{b^2rp_b（1-2\mu'+a^2/r^2）}{2G'（b^2-a^2）} \tag{7-49}$$

当 $p_a=0$ 时，上列公式都可简化：

$$\sigma_r=p_b\frac{b^2}{b^2-a^2}\left(1-\frac{a^2}{r^2}\right) \tag{7-50}$$

$$\sigma_\theta=p_b\frac{b^2}{b^2-a^2}\left(1+\frac{a^2}{r^2}\right) \tag{7-51}$$

以及

$$u=-\frac{b^2rp_b\left[1-2\mu'+a^2/r^2\right]}{2G'（b^2-a^2）} \tag{7-52}$$

岩石中（$r\geqslant b$）的应力和位移是：

$$\sigma_r=p_0\left(1-\frac{b^2}{r^2}\right)+p_b\frac{b^2}{r^2} \tag{7-53}$$

$$\sigma_\theta = p_0 \left(1 + \frac{b^2}{r^2}\right) - p_b \frac{b^2}{r^2} \tag{7-54}$$

以及

$$u = -\frac{b^2}{r} p_b \left[\frac{(1-2\mu')\ b^2 + a^2}{2G'\ (b^2 - a^2)}\right] \tag{7-55}$$

注意到，式（7-47）～式（7-55）中的 p_b 都按照式（7-42）随着时间而变化。

最后指出，在第五章中已经介绍的圆形洞室围岩内的应力公式，都是在均质、各向同性的线弹性材料假设下获得的。在同样的假设下，也可导出洞周围岩的位移公式：

$$u_r = \frac{p_h + p_v}{4G} \frac{r_0^2}{r} + \frac{p_h - p_v}{4G} \frac{r_0^2}{r} \left[4\ (1-\mu)\ - \frac{r_0^2}{r^2}\right]\cos 2\theta \tag{7-56}$$

以及

$$u_\theta = -\frac{p_h - p_v}{4G} \frac{r_0^2}{r} \left[2\ (1-2\mu)\ - \frac{r_0^2}{r^2}\right]\sin 2\theta \tag{7-57}$$

式中　u_r——径向位移（m）；

　　　u_θ——切向位移（m）；

　　其余符号意义同前。

例题 7-2　设蒸发岩内有一直径为 9.1m 的隧洞，其衬砌厚度为 0.61m，岩体内的初始应力为 $p_0 = p_v = p_h = 7\text{MPa}$。岩石的特性常数是：$G_1 = 3.5 \times 10^2\text{MPa}$，$G_2 = 3.5 \times 10^3\text{MPa}$，$\eta_1 = 35 \times 10^7\text{MPa} \cdot \text{min}$；$\eta_2 = 7 \times 10^{10}\text{MPa} \cdot \text{min}$，以及 $\mu = 0.5$。混凝土衬砌的弹性常数是 $\mu' = 0.2$，$E' = 1.68 \times 10^4\text{MPa}$，即得到 $G' = 7 \times 10^3\text{MPa}$。

解　将 $G_2 = 3.5 \times 10^3\text{MPa}$ 代入式（7-56），求出没有衬砌时的瞬时弹性位移，得 $u = 0.46\text{cm}$。将 G_1、η_1 以及 η_2 的值代入式（7-42）至式（7-55）的有关公式中，求得的应力和位移列成表7-1。利用计算结果在图7-8（a）上绘出了有衬砌情况和无衬砌情况下的岩石表面位移与时间的关系曲线。

表 7-1

时　　间	岩　石　位　移		混凝土内最大应力（MPa）	岩石表面的应力（MPa）	
	无衬砌（总计）（cm）	设置衬砌后（cm）		σ_r	σ_θ
0	0.46	0	0	0	14
1 天	0.465	0.0076	0.3	0.035	13.97
7 天	0.51	0.046	2.05	0.25	13.75
28 天	0.64	0.17	7.65	0.95	13.05
56 天	0.81	0.307	13.98	1.74	12.26
0.5 年	1.52	0.693	31.44	3.91	10.09
1 年	2.34	0.897	40.59	5.05	8.95
2 年	3.45	0.973	44.04	5.48	8.52
10 年	5.13	0.982	44.55	5.54	8.46

有衬砌隧洞的位移量较小：在 10 年后，$u_r = 0.982$cm。然而，混凝土内的最大压应力较大，大约半年就足以使混凝土破裂，见图 7-8（b），在理论上 10 年内达到 45MPa。如果改用比较柔性的衬砌，则可使衬砌内的最大压应力降低。

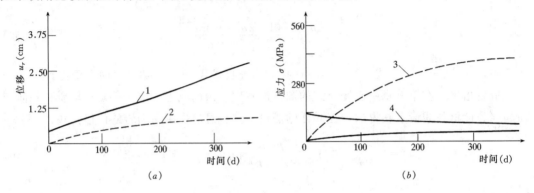

图 7-8 算例中的隧道与时间有关的性状

（a）有衬砌和无衬砌情况的岩壁位移与时间的关系；（b）在有衬砌时应力随时间的变化

1—无衬砌；2—有衬砌；3—衬砌内最大应力；4—岩石与衬砌接触处岩石内的应力

第五节 有压隧洞围岩最小覆盖层厚度问题

有压隧洞受到内水压力作用后，这实际上在上部洞壁的周界上产生了向上的上托力。如果上托力超过覆盖层（上覆岩层）重量和阻力，则就有将覆盖层掀起的倾向，破坏围岩。显然，覆盖层越厚，越不容易掀起。覆盖层越薄，就越容易掀起。因此，就产生了这样的问题，当内水压力为一定时，为了使覆盖的岩层不被掀起，并有足够的安全系数，覆盖层的最小厚度应当多大？或者说，如果覆盖层厚度已定，应该验算岩石能承受多大的内水压力才不致破坏，且有足够的安全系数，也就是围岩的承载力如何？

在前面论及的岩石弹性抗力，实际上也是按洞壁的变形考虑了围岩的承载力。例如，岩石的弹性抗力系数越大，则它可承受较多的内水压力，而衬砌可以少受一些内水压力，衬砌做得薄些，钢筋放得少些，在极端的情况下甚至可以不做衬砌，内水压力全部由岩石承担；反之，在另一极端的情况下，不能考虑岩石有承担内水压力的能力。但是，仅仅这样来考虑围岩的承载力还是不够的，我们还应当根据围岩的整体性稳定条件来研究覆盖层的最小厚度，以保证有压隧洞的安全稳定。下面讨论这一问题。

一、基本方法

设在坚硬的、完整的、未风化的岩体中有一圆形隧洞，其半径为 a，洞壁承受着均匀的内水压力 p，围岩厚度 h 超过半径 a 的 5～6 倍，则 p 所引起的附加应力为：

$$\sigma_r = \frac{a^2}{r^2} p$$

$$\sigma_\theta = -\frac{a^2}{r^2} p \ （拉应力）$$

式中　符号同前。

假定岩体的侧压力系数 $K_0=1$，亦即 $\sigma_h=\sigma_v=\gamma z$（静水压力式的初始应力分布），则隧洞开挖后围岩应力重新分布，其分布后的应力可用下列公式表示

$$\sigma'_r=\left(1-\frac{a^2}{r^2}\right)p_0$$

$$\sigma'_\theta=\left(1+\frac{a^2}{r^2}\right)p_0\text{（压应力）}$$

式中　p_0——岩体的初始天然应力（MPa），亦即 $p_0=\sigma_v=\sigma_h=\gamma z$；

　　　σ'_r、σ'_θ——径向、切向应力（MPa）。这里与第五章用的符号不同，在 σ_r、σ_θ 符号上加"'"表示与前两式中的附加应力的区别。

理论上讲，洞壁受内水压力后，围岩内某点的附加应力与重分布应力叠加后，若为压应力，则该点不致破坏；若为拉应力，则只要拉应力大于该处岩石的抗拉强度，该处就会发生拉裂。确定完整性良好的围岩的承载力，就是根据这个原理的。但这样计算十分复杂，因此在实际计算时，往往要做一些假定。

假定只有自重应力场，而且只要岩体内出现了拉应力则就是危险状态。这样假定的理由是，当隧洞开挖经过一段时间以后，围岩内由于应力重分布而造成的过度压缩的紧张状态会随着时间而逐渐消失，亦即重分布的切向应力 σ'_θ 会逐渐降低（此即应力松弛现象），但应指出，应力的降低也不会低于岩体原来的天然应力。因此，洞顶岩体的应力就同自重应力分布规律一样，由自重所引起的侧向应力 σ_h 呈三角形分布（见图 7 - 9 的实线，它是压应力）；由内水压力引起的附加应力 σ_θ 为拉应力（见图 7 - 9 的虚线）。从图中可知，m 点至洞壁范围内，附加应力 σ_θ 的绝对值大于侧向应力 σ_h，即

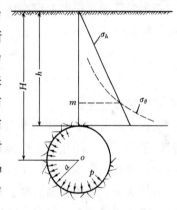

图 7 - 9　圆形洞室围岩的
自重应力和附加应力分布

$$|\sigma_\theta|>\sigma_h$$

此式说明在这个范围内，岩体处于受拉状态，这是危险的，也就是不稳的。只有当围岩内某一点的附加拉应力小于由自重所引起的侧向应力（压应力）时，即当

$$|\sigma_\theta|\leqslant\sigma_h$$

时，围岩才能稳定，也就是说，围岩稳定必需满足下列条件：

$$p\frac{a^2}{r^2}=\gamma\left[h-(r-a)\right] \tag{7 - 58}$$

式中　γ——岩体容重（kN/m³）。

实际上只要 $r=a$ 的洞顶那点达到了这个要求，则洞顶围岩范围内均达到这个要求，将 $r=a$ 代入式（7 - 58），该式成为：

$$p=\gamma h \tag{7 - 59}$$

γh 为洞顶岩柱的重量。式（7-59）也可理解为：洞顶围岩岩柱的重量应等于洞内内水压力的上抬力，这样围岩就不致有拉应力区而保持稳定。当内水压力 p 为一定时，我们可以求出保持围岩稳定而需要的覆盖岩层厚度：

$$h = \frac{p}{\gamma} \qquad (7-60)$$

实际应用这公式时，还应当根据不同的条件考虑一个安全系数 F_s，式（7-60）改写为：

$$h = F_s \frac{p}{\gamma}$$

F_s 值目前还没有统一的意见，一般在 1 到 5 之间。我国有些单位认为，对于无衬砌隧洞的安全系数不能过低。岩性较坚硬，岩体较完整，又未风化，抗风化和抗冲刷能力较强的岩石，覆盖层厚度应当等于或大于内水压力的水柱高度。即

$$h \geqslant \frac{p}{\gamma_\omega} \qquad (7-61)$$

式中　γ_ω——水的容重（kN/m^3）。

如果令覆盖层厚度与内水压力水柱高度 p/γ_ω 之比称为"覆盖比"，则也就是要求"覆盖比"满足下式：

$$\frac{h}{\frac{p}{\gamma_\omega}} \geqslant 1 \qquad (7-62)$$

围岩就能保证稳定。

从整个围岩的稳定性来考虑，假若没有其他方面的问题，"覆盖比"为 1.0 就可以不加衬砌了。但为了防止岩石受高速水流的冲刷和抵抗气蚀等作用，则还是要有护壁措施或作衬砌，衬砌的目的不是为了承担内水压力而仅是起着保护洞壁的作用。

一般认为，设置衬砌后覆盖比可以取为 0.4，围岩厚度应为隧洞直径的 3 倍（3 倍是计算公式的假设前提）。假若这两个条件不具备，在计算中就应该适当降低岩体的弹性抗力系数 k，以减少岩体分担的内水压力值，甚至也可以不考虑弹性抗力。

二、叶格尔方法

叶格尔（C. Jaeger）认为以上这些计算较粗略。他建议：在确定覆盖层厚度时，应当考虑到岩石的性质和强度，从而采用不同的公式。他把岩石分为下列三种类型进行考虑：①坚硬而无裂缝的岩石；②裂缝岩石；③塑性岩石。下面分别叙述。

（一）坚硬而无裂缝的岩石

这一类岩石中有压隧洞围岩的附加应力可以用均质弹性体的公式来计算。

如图 7-10 所示，隧洞中心至地表的距离为 H，当隧

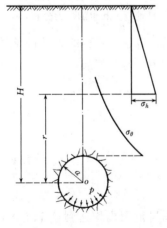

图 7-10　有压隧洞围岩的应力分布

洞充水后而压力为 p 时，从隧洞中心点起的距离 r 处，切向拉应力为

$$\sigma_\theta = -\frac{a^2}{r^2}p$$

另一方面，在同一点处，亦即在地表以下深度 $(H-r)$ 处，岩石由于自重而引起的垂直应力为：

$$\sigma_v = \gamma(H-r)$$

而由于自重引起的水平应力为：

$$\sigma_h = k_0\gamma(H-r)$$

式中 γ——岩石容重（kN/m^3）；

  k_0——岩石的静止侧压力系数。

为了在该点不产生开裂现象，则必须使

$$\left(\frac{a}{r}\right)^2 p = k_0\gamma(H-r) \tag{7-63}$$

令 $r=H/n$，代入上式求得 H 为：

$$H \geqslant \sqrt[3]{\frac{n^3 pa^2}{(n-1)k_0\gamma}} \tag{7-64}$$

叶格尔建议取：$n=3$，$\gamma=25kN/m^3$，$k_0=0.7$，代入得：

$$H \geqslant \sqrt[3]{0.77pa^2} \quad (m) \tag{7-64'}$$

式中 p——隧洞内水压力（kPa）；

  a——隧洞的半径（m）。

例题 7-3 设坚硬岩石中有压隧洞的内水压力为 $p=2000kPa$，洞半径 $a=3m$，试求最小覆盖层厚度。

解 将 p、a 等值代入上式，最小覆盖层厚度为：

$$H = \sqrt[3]{0.77pa^2} = \sqrt[3]{0.77\times2000\times3^2} = 24 \ m$$

式（7-64）即为求坚硬岩石（无裂缝）覆盖层厚度的公式，求出 H 后，即可得 $h=H-a$。公式中没有考虑岩石的抗拉强度 R_t，若要考虑进去也不困难，只需在式（7-63）的右边加上一个 R_t 再进行求解。

（二）裂缝岩石

在具有径向裂缝的岩石中，叶格尔假定附加应力 σ_θ 是与 r 成反比（不是与 r^2 成反比，在坚硬而完整的岩石中是与 r^2 成反比的），见图 7-10。在这种情况中，离隧洞中心点距离为 r 处的切向拉应力为：

$$\sigma_\theta = -p\frac{a}{r}$$

为了使该点处不产生切向拉应力造成的裂缝，必须满足

$$p\left(\frac{a}{r}\right) \leqslant K_0\gamma(H-r)$$

令 $r=H/n$ 代入上式，则可求得有裂缝岩石的 H 为

$$H \geqslant \sqrt{\frac{n^2 pa}{(n-1) K_0 \gamma}} \qquad (7-65)$$

设 $n=3$，$\gamma=25\mathrm{kN/m^3}$，$K_0=0.7$，得：

$$H \geqslant \sqrt{0.257 pa}\ (\mathrm{m}) \qquad (7-66)$$

例题 7 - 4　在例题 7 - 3，设岩石为有裂缝的，试求隧洞的最小覆盖层厚度。

解　　　　　$H=\sqrt{0.257 pa}=\sqrt{0.257\times2000\times3}=39\ \mathrm{m}$

可见所要求的覆盖层厚度比坚硬而完整岩石中所需的为大。

（三）塑性岩石

深隧洞或者储藏气体的深洞往往受到很高压力的作用，因而在内压力作用下围岩受力超过弹性极限往往发生塑性变形，在某一范围 d 内形成塑性区。覆盖层的最小厚度也可根据限制塑性区范围的原则来决定。

某些黏土类岩石最易发生塑性变形。在考虑这类岩石时，往往可以只考虑它们的凝聚力，而忽略其不大的摩擦力。这样就可采用特雷斯卡强度准则推导，问题简化得多。下面先导出隧洞受内水压力作用下围岩在弹塑性情况下的应力公式，然后提出最小覆盖层厚度的计算方法。

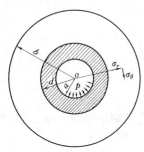

图 7 - 11　有压隧洞围岩的
弹性区和塑性区

如图 7 - 11 所示，半径为 a 的隧洞受到内水压力 p 的作用。当 p 值较小时，围岩都处于弹性状态；当压力 p 增大到某一程度时，围岩就产生塑性变形。这时围岩可以分为两个区域，一个是在内的塑性区域，自 a 到 d（$a \leqslant r \leqslant d$）；一个是在外的弹性区域，自 d 到 b（$d \leqslant r \leqslant b$）。这里 b 可以看作是不受或很少受到内水压力影响的区域的半径（亦即相当于厚壁管道的外径），例如，可假设 b 为隧洞中心至地表的距离。

1. 弹性阶段　当压力 p 不大时，隧洞围岩处于弹性状态，径向应力和切向应力用式（7 - 15）、式（7 - 16）决定（这里 $p_a=p$；$p_b=0$）：

$$\sigma_r=\frac{a^2}{b^2-a^2}\left(\frac{b^2}{r^2}-1\right)p$$

$$\sigma_\theta=-\frac{a^2}{b^2-a^2}\left(\frac{b^2}{r^2}+1\right)p$$

2. 弹塑性阶段　当压力 p 较大时，围岩产生塑性变形，形成了一个塑性区。在塑性区以外为弹性区。在弹性区内的应力为：

$$\sigma_r=A\left(\frac{b^2}{r^2}-1\right) \qquad (7-67)$$

$$\sigma_\theta=-A\left(\frac{b^2}{r^2}+1\right) \qquad (7-68)$$

式中　A——常数，根据弹塑性的边界上的条件决定。

对于某些黏土岩，可以采用特雷斯卡的强度准则（塑性条件）：

$$\sigma_1-\sigma_3=2c$$

亦即

$$\sigma_r - \sigma_\theta = 2c \qquad (7-69)$$

这里 c 是岩石的凝聚力（图 7-12），σ_1、σ_3 为大、小主应力。

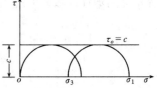

图 7-12　黏土岩的破坏莫尔圆

在弹塑性区域的边界上，即当 $r=d$ 时，应力也应当满足上列条件。因此，将式（7-67）、式（7-68）中的 r 代以 d，然后再代入式（7-69），得到：

$$A = \frac{cd^2}{b^2} \qquad (7-70)$$

将常数 A 代入式（7-67）、式（7-68），得到：

$$\left. \begin{aligned} \sigma_r &= \frac{cd^2}{b^2}\left(\frac{b^2}{r^2}-1\right) \\ \sigma_\theta &= -\frac{cd^2}{b^2}\left(\frac{b^2}{r^2}+1\right) \end{aligned} \right\} \quad (d \leqslant r \leqslant b) \qquad (7-71)$$

现再来求塑性区域内的应力。塑性区内的应力应当满足下列的平衡方程式：

$$\frac{d\sigma_r}{dr} = \frac{\sigma_\theta - \sigma_r}{r} \qquad (7-72)$$

塑性区域内必须满足塑性条件式（7-69），将式（7-69）代入式（7-72），得：

$$\frac{d\sigma_r}{dr} = -\frac{2c}{r}$$

或者

$$-\frac{d\sigma_r}{2c} = \frac{dr}{r}$$

两边积分，得：

$$-\frac{1}{2c}\sigma_r = \int \frac{dr}{r} = \ln r + C_1 \qquad (7-73)$$

其中常数 C_1 根据弹塑性的边界条件决定，当 $r=d$ 时，

$$\sigma_r = \frac{cd^2}{b^2}\left(\frac{b^2}{r^2}-1\right) = \frac{cd^2}{b^2}\left(\frac{b^2}{d^2}-1\right)$$

$$\sigma_r = c - \frac{cd^2}{b^2} \qquad (7-74)$$

将式（7-74）的 σ_r 代入式（7-73），并将其中的 r 用 d 代替，以求常数 C_1：

$$-\frac{1}{2c}\left(c - \frac{cd^2}{b^2}\right) = \ln d + C_1$$

由此得

$$C_1 = \frac{d^2}{2b^2} - \frac{1}{2} - \ln d$$

将上式的 C_1 代入式（7-73），得到

$$\frac{1}{2c}\sigma_r = \frac{1}{2} + \ln d - \ln r - \frac{d^2}{2b^2}$$

或者，得到塑性区域内的应力公式：

$$\sigma_r = c + 2c\ln\frac{d}{r} - \frac{cd^2}{b^2} \tag{7-75}$$

$$\sigma_\theta = \sigma_r - 2c$$

$$= -c + 2c\ln\frac{d}{r} - \frac{cd^2}{b^2} \quad (a \leqslant r \leqslant d) \tag{7-76}$$

在上列方程式（7-75）中，令其中的 $r=a$，这时的 $(\sigma_r)_{r=a}$ 即为隧洞的内水压力 p

$$p = (\sigma_r)_{r=a} = c + 2c\ln\frac{d}{a} - \frac{cd^2}{b^2} \tag{7-77}$$

这就是塑性岩石围岩处于塑性状态时的隧洞内水压力公式。我们的目的是求覆盖层厚度。为此，同我们前面的问题联系起来，这里 $b=H$，$d=r=\dfrac{H}{n}$，即塑性区开展的深度，将它们代入式（7-77）得到（这里 r、H、n 的意义与图 7-10 中的相同）：

$$p = c + 2c\ln\frac{H}{na} - \frac{c}{n^2}$$

或者

$$e^{\frac{1}{2}\left(\frac{p}{c} - 1 + \frac{1}{n^2}\right)} = \frac{H}{na}$$

式中　e——自然对数的底。

由此得

$$H = nae^{\frac{1}{2}\left(\frac{p}{c} - 1 + \frac{1}{n^2}\right)} \tag{7-78}$$

如果取 $n=3$，则得：

$$H = 3ae^{\frac{1}{2}\left(\frac{p}{c} - \frac{8}{9}\right)}$$

这就是塑性岩石内有压隧洞最小覆盖层厚度的公式，p、c、a 在设计时均为已知。求出 H 后，即可计算 h。

（四）其他情况

1. 岩石被松散冲积层覆盖时的情况（图 7-13）　在岩石和冲积层的边界上，其垂直应力为 $\sigma' = \gamma'h'$（这里 γ' 为该冲积层的容重，h' 为其厚度）。从隧洞中心起的距离为 r 处的垂直应力为：

$$\sigma_v = \gamma'h' + \gamma(h'' - r)$$

式中　γ——岩石容重；

　　h''——圆洞中心至冲积层底部的距离，见图 7-13。

而该处的水平应力 σ_h 为：

$$\sigma_h = K_0\sigma_v = K_0\left[\gamma'h' + \gamma(h'' - r)\right]$$

为了隧洞的安全，在岩石层与冲积层的边界上不应当有裂缝。因此，应当按照 $r = h''/n$ 以及 $n > 1$ 来计算。计算的方法与前面的（一）、（二）情况相同，计算的 h'' 应当满足下列关系：

对于坚硬而完整的岩石

$$\frac{a^2}{r^2}p \leqslant K_0 \left[\gamma'h' + \gamma \ (h''-r) \right] \qquad (7-79)$$

对于裂缝岩石

$$\frac{a}{r}p \leqslant K_0 \left[\gamma'h' + \gamma \ (h''-r) \right] \qquad (7-80)$$

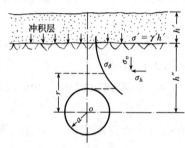

图 7-13　围岩上方有冲积层的有压洞室

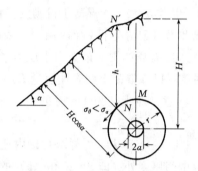

图 7-14　斜坡附近的有压洞室

2. 在斜坡附近的有压隧洞（图7-14）　一般而言，水电站的有压隧洞，位于水平岩石表面以下的情况比较少见。大多数是隧洞与河谷的方向平行，且距斜坡坡面有一定的距离。

设隧洞半径为 a，从隧洞中心起距离 r 处，切向应力为 σ_θ（根据岩石的类型，用前述的方法确定）。在 N 点处岩石覆盖层的深度，自坡面上 N' 点算起为 h。因此，N 点的垂直应力和水平应力可以近似地求得如下：

$$\sigma_v = \gamma h$$
$$\sigma_h = K'_0 \sigma_v = K'_0 \gamma h$$

其侧压力系数 K'_0 值实际上比 K_0 为小，并且从 N 点的 K'_0 逐渐降低到坡面为零（应力释放之故）。

先检查当 $\sigma_v = \gamma h$ 和 $\sigma_h = K'_0 \sigma_v$ 时，N 点是否破坏（视莫尔圆在强度包络线之内还是与包络线相切。在已知的莫尔圆上就可定出该点在 α 角平面上的应力 σ_a，求出 α_a，视其是否满足下列关系式：

$$\sigma_\theta \leqslant \sigma_a$$

对于 M 点的应力也应当加以校核，因为有时也可能产生较 N 点为不利的应力情况。此外，对于整个山坡应当进行稳定验算，特别是当隧洞周围有裂隙而衬砌不能防水时尤其要注意。

习　　题

习题 7-1　有压隧洞的最大内水压力 $p=2.8\mathrm{MPa}$，隧洞（内）半径为 2.3m，用厚度为 0.4m 的混凝土衬砌。已知混凝土的弹性模量 $E_1 = 1.8 \times 10^4 \text{MPa}$，泊松比 $\mu_1 = 0.333$。岩石的弹性模量 $E_2 = 1.1 \times 10^4 \text{MPa}$，泊松比 $\mu_2 = 0.367$。试求：

1）离中心 2.5m 处的衬砌内的应力；

2）离中心 3.5m 处的围岩附加应力。

习题 7-2　设某岩石内有一直径为 8m 的隧洞，其衬砌厚度为 0.5m，岩体的初始应力为静水压力式的，$p_0 = 6 \text{MPa}$。岩石剪切模量 $G = 3.5 \times 10^3 \text{MPa}$。岩石可看作为广义马克斯威尔体，其特性常数是：$G_1 = 4 \times 10^2 \text{MPa}$，$\eta_1 = 30 \times 10^7 \text{MPa} \cdot \min$；$\eta_2 = 7 \times 10^{10}$ $\text{MPa} \cdot \min$，以及 $\mu = 0.5$。混凝土衬砌的弹性常数是 $\mu' = 0.25$，$E' = 1.5 \times 10^4 \text{MPa}$。试求有衬砌情况和无衬砌情况下 1 年时的岩石表面位移。

习题 7-3　有压隧洞的最大内水压力 $p = 2.5 \text{MPa}$，隧洞直径为 4m，用厚度为 0.4m 的混凝土衬砌，已知混凝土的弹性模量 $E_1 = 1.5 \times 10^4 \text{MPa}$，泊松比 $\mu_1 = 0.3$，岩石弹性抗力系数 k_0。（注意：即半径为 1m 时的 k）$= 5000 \text{MPa/m}$，试求离隧洞中心 5m 处的附加应力。

习题 7-4　在上题中，怎样求衬砌内任何一点的应力。假设围岩的径向裂隙很发育，试求衬砌内中间厚度处（即 $r = 2.2\text{m}$ 处）的应力。

习题 7-5　设坚硬岩石中有压隧洞的内水压力 $p = 3000 \text{kPa}$，洞半径 $a = 3.5\text{m}$，试用叶格尔建议的方法求最小覆盖层厚度。

习题 7-6　在上题中，若岩石为有裂缝的，试用叶格尔方法求最小覆盖层厚度。

第八章　岩基的应力与稳定性分析

第一节　概　　述

　　水利枢纽中的挡水坝往往是造价高、工程量大的重要建筑物。因此，建坝时应慎重选择良好的地基（岩基或土基）。通常，高混凝土坝及浆砌石坝必须建于岩基上，它们对地基的承载力和抗滑稳定性提出较高的要求。重力坝除要求坝基有良好的抗滑能力和足够的承载能力外，还要求变形和不均匀沉降不超过允许值，否则坝体内将会引起较大的应力，导致坝体破坏。对拱坝而言，岩基的不均匀变形会使坝内产生很大的附加应力。由于拱坝端部传给拱座岩石的压力很大，所以拱坝对两岸岩体的要求比重力坝要高。

　　近数十年来，国内外的一些较高的重力坝，其底宽与坝高之比具有逐渐减小的趋势。宽高比的减小，意味着建坝材料和工程量的减少。自 20 世纪 30 年代到 70 年代，宽高比大致由 0.9 减至 0.7，材料降低 20%～30%。其主要原因是由于坝基抗滑稳定性计算方法的改进和计算参数选取的合理的结果。应该指出，随着人们对于抗滑、抗剪断等试验方法、参数选择以及抗滑稳定计算方法等方面的深入研究，致使岩基稳定分析的方法有所改进，但由于岩基稳定问题涉及因素很多，问题较复杂，直到目前，尚无公认的满意的方法。因此，岩基稳定分析的计算理论还有待于进一步完善。本章着重介绍常用的坝基应力计算、承载力计算以及抗滑稳定计算的方法。

第二节　岩基内应力分布的一般概念

　　众所周知，混凝土高坝（例如重力坝、拱坝等）都是直接建造在岩基上的。坝体自重及其所受的各种荷载最终必然都传递到岩基上去，坝基承载后，在岩体内部如果产生过大的应力，则将危及坝基的安全与稳定。因此，在设计时最好对坝基的应力有一定量的估计。

　　作用在坝基上的荷载，总可以分解成垂直荷载 V 及水平荷载 H，如图 8-1（a）所示。这时它们的合力 R 显然是倾斜的。为了分析上的方便，可近似认为由坝体传递到岩基上的荷载是一种如图 8-1（b）所示的分布荷载，这种分布荷载又可分解成大小按梯形分布的垂直荷载和水平荷载，如图 8-1（c）、图 8-1（d）所示。值得指出的是，不论是梯形分布的垂直荷载还是水平荷载，总可看成是由三个三角形分布的荷载所组成，例如上述图形中的梯形分布荷载 $ABCD$，可以看成是 ABE，AED 与 DEC 三个三角形分布荷载所组成。由此可知，不论作用在岩基上的荷载方式如何，在一般情况下我们总可以把它看成是由两种基本分布荷载所组成：一种是垂直分布的三角形荷载；另一种是水平分布的三角形荷载。因此，本节只讨论作用于岩基上的这两种最基本的分布荷载。

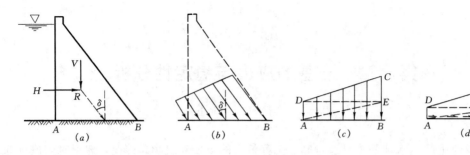

图 8-1 岩基上荷载的分解

一、三角形垂直分布荷载

如图 8-2 所示，当岩基上承受三角形垂直分布荷载（以后简称为三角形垂直荷载）时，岩基中坐标为 x、y 的任一点应力 σ_x、σ_y 以及剪应力 τ_{xy}（图 8-2 为该点应力的示意图）可由弹性力学中的公式给出：

$$
\left.
\begin{aligned}
\sigma_y &= \frac{p_v}{\pi b}\left[(x-b)\,\text{arctg}\,\frac{x-b}{y} - (x-b)\,\text{arctg}\,\frac{x}{y} + \frac{bxy}{x^2+y^2}\right] \\
\sigma_x &= \frac{p_v}{\pi b}\left\{(x-b)\,\text{arctg}\,\frac{x-b}{y} - y\ln\left[(x-b)^2+y^2\right] - (x-b)\,\text{arctg}\,\frac{x}{y}\right. \\
&\quad\left. + y\ln(x^2+y^2) - \frac{bxy}{x^2+y^2}\right\} \\
\tau_{xy} &= \frac{p_v}{\pi b}\left[y\,\text{arctg}\,\frac{x}{y} - y\,\text{arctg}\,\frac{x-b}{y} - \frac{by^2}{x^2+y^2}\right]
\end{aligned}
\right\} \tag{8-1}
$$

式中　p_v——三角形垂直荷载中的最大荷载强度（MPa）；

b——荷载分布宽度（坝底的宽度）（m）。

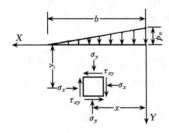

图 8-2　三角形垂直荷载作用下岩基中的应力计算

为了计算上的方便，根据式（8-1）编制了图 8-3、图 8-4、图 8-5 的三种应力系数曲线。在具体应用时应注意，由于绘制曲线时，应力值是按最大荷载强度 $p_v=1$MPa 的情况绘出的。因此，由曲线查出相应的应力系数后还应乘上岩基上实际的最大荷载强度 p_v，才能求得各种相应的应力分量；其次，图中的所有坐标都采用由 m 和 n 所表示的相对坐标，其中 $m=x/b$，$n=y/b$。因此，为了计算所求点的某一应力分量，首先应当根据所求点的坐标（x，y）换算成相对坐标 m 和 n，然后从相应图中查出应力系数，最后再乘上最大荷载强度 p_v，即求得该点的应力分量。

二、三角形水平分布荷载

如图 8-6 所示，当岩基上承受三角形水平分布荷载（以后简称三角形水平荷载）时，岩基中坐标为 x、y 的任一点应力分量 σ_x、σ_y 以及 τ_{xy}，可由下列弹性力学公式进行计算：

$$
\sigma_y = \frac{p_h}{\pi b}\left[\frac{by^2}{x^2+y^2} + y\left(\text{arctg}\,\frac{x-b}{y} - \text{arctg}\,\frac{x}{y}\right)\right]
$$

$$\sigma_x = \frac{p_h}{\pi b}\left[3y\left(\text{arctg}\ \frac{x}{y} - \text{arctg}\ \frac{x-b}{y}\right) - (x-b)\ \ln\ \frac{(x-b)^2+y^2}{x^2+y^2} - \frac{by^2}{x^2+y^2} - 2b\right]$$

$$\tau_{xy} = -\frac{p_h}{\pi b}\left[(x-b)\ \left(\text{arctg}\ \frac{x-b}{y} - \text{arctg}\ \frac{x}{y}\right) + y\ln\ \frac{x^2+y^2}{(x-b)^2+y^2} - \frac{bxy}{x^2+y^2}\right] \quad (8-2)$$

式中 p_h——三角形水平荷载的最大荷载强度（MPa）。

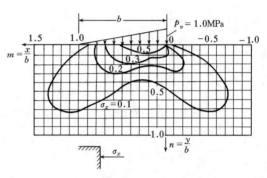

图 8-4 三角形垂直荷载下的应力 σ_x

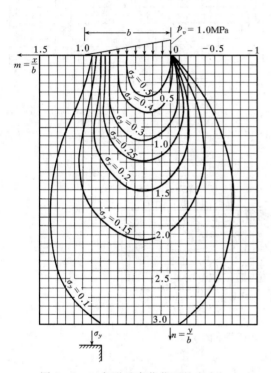

图 8-3 三角形垂直荷载下的应力 σ_y

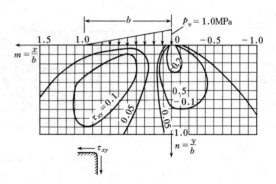

图 8-5 三角形垂直荷载下的剪应力 τ_{xy}

为便于计算，在图 8-7、图 8-8、图 8-9 中分别给出了式（8-2）中的三个应力分量的应力系数曲线。这些曲线与前述图 8-3 至图 8-5 中的曲线用法相同。值得指出的是在 p_v 与 p_h 相等的情况下，如果按绝对值考虑，式（8-2）中的剪应力 τ_{xy} 与式（8-1）中的水平应力 σ_x 相等；式（8-2）中的垂直应力 σ_y 则与式（8-1）中的剪应力 τ_{xy} 相等。因此，在实际计算中，利用这些已知关系，就可避免一些不必要的重复计算。

利用图 8-4 与图 8-8 直接给出三角形垂直荷载与三角形水平荷载在岩基不同深度上所产生的水平应力 σ_x 的分布曲线，如图 8-10（a）、图 8-10（b）所示。由图（a）与图（b）的对比可以看出，在坝踵下面相同深度处，三角形水平荷载所产生的拉应力大于三角形垂直荷载所产生的压应力。因此，当这两种荷载同时作用在坝基上，坝踵处的合应力将为拉应力。钦克维奇（Zienkiewiz）用有限单元法对重力坝、拱坝以及支墩坝的坝基作了详细分析，也证实了坝踵处出现拉应力的这一明显事实。

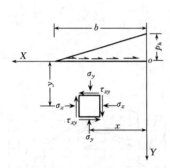

图 8 - 6　三角形水平荷载作
用下岩基中的应力

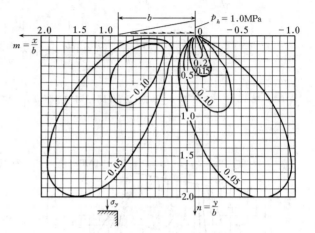

图 8 - 7　三角形水平荷载作用下岩基中垂直应力 γ_y

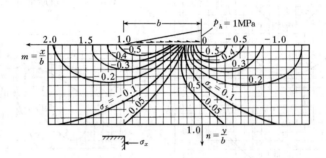

图 8 - 8　三角形水平荷载下的 σ_x

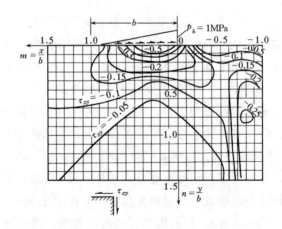

图 8 - 9　三角形水平荷载下的 τ_{xy}

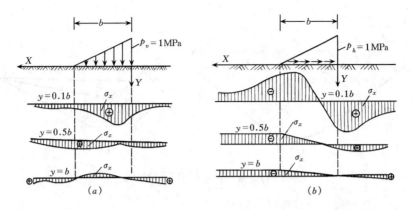

图 8-10 三角形垂直荷载与水平荷载沿不同深度的 σ_x 分布图

第三节 岩基承载力

在水工建筑物设计中，对于裂隙较少的坚硬岩基，一般认为岩基的承载力是不成问题的，往往不是水工设计的主要任务。相反，对于整体性较差、不够坚硬的岩基，特别是坝底宽度较窄的情况，则需进行承载力的验算。这一节将讨论岩基承载力的计算方法。

所谓岩基的极限承载力，就是指岩基所能负担的最大荷载（或称极限荷载）。当岩基承受这种荷载时，岩基中的某一区域将处于塑性平衡状态，形成所谓的塑性区（或称为极限平衡区），这时基础沿着某一连续滑动面产生滑动。因此，在计算岩基的极限承载力时，需用到塑性力学中的有关公式。对于塑性区的每一点来说，由于它处于塑性平衡状态。因此，它必须满足塑性条件，此外，还应满足平衡条件，亦即塑性区中的任一点应同时满足下述两个条件：

塑性条件：
$$\sqrt{(\sigma_x-\sigma_y)^2+4\tau_{xy}^2}-(\sigma_x+\sigma_y)\sin\varphi=2c\cos\varphi \qquad (8-3)$$

平衡条件：
$$\left.\begin{array}{l}\dfrac{\partial\sigma_x}{\partial x}+\dfrac{\partial\tau_{xy}}{\partial y}=0\\[2mm]\dfrac{\partial\tau_{xy}}{\partial x}+\dfrac{\partial\sigma_y}{\partial y}=\gamma\end{array}\right\} \qquad (8-4)$$

式中 x、y——水平与垂直坐标（m）；

σ_x、σ_y、τ_{xy}——水平法向应力、垂直法向应力与剪应力（kPa）；

γ、φ、c——岩体的容重（kN/m³）、内摩擦角（°）、凝聚力（kPa）。

计算岩基的极限承载力，实际上就是根据岩基的边界条件去解上述三个基本方程〔式（8-3）与式（8-4）〕，从而得出作用于岩基上的应力。当然，设计时必须把设计荷载限制在极限承载力以内，并具有足够的安全系数。

一、倾斜荷载下岩基的承载力

作用在坝基上的荷载，基本上多是倾斜的。倾斜荷载有两种情况：一种是基础底面虽然水平，然而荷载倾斜，如图 8-11（a）所示；另一种就是基础底面是倾斜的如图 8-11

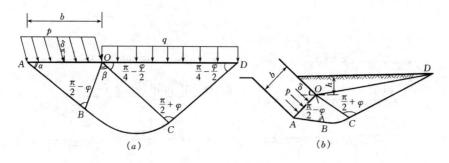

图 8-11 倾斜荷载作用下的滑动面

(b)，因而荷载也就倾斜。兹分别讨论如下：

（一）基础为水平的情况

根据塑性力学的分析，可以确定条形基础（基底为光滑的情况）下地基在极限荷载时所产生的滑动面。一般情况下，滑动面的形状是一个较为复杂的曲面，然而当坝基荷载远远大于岩基中滑动岩体的重量时，这时滑动面就可按照岩体容重 $\gamma=0$ 的情况下来确定。在此情况下，滑动面的形状是一个较为简单的曲面，如图 8-11（a）所示。图中由滑动面 ABCD 所围成的塑性区，是由两个三角形区 ABO 和 OCD 以及一个类似于"扇形"的所谓扇形区 OBC 所构成。各区域的有关角度如图 8-11 所示，其中 α 与 β 角可按下式确定：

$$\left. \begin{aligned} \alpha &= \frac{\pi}{4} + \frac{\varphi}{2} - \frac{1}{2}\left[\delta + \arcsin\left(\frac{\sin\delta}{\sin\varphi}\right)\right] \\ \beta &= \frac{\pi}{4} - \frac{\varphi}{2} + \alpha \end{aligned} \right\} \tag{8-5}$$

式中　δ——荷载与铅垂线之间的夹角。

在推导极限荷载时，为方便起见可根据图 8-11（a）所示的滑动面，利用方程组式（8-3）、式（8-4）首先确定作用于滑动面上各点的应力，然后再根据滑动体 ABCDA 所应满足的平衡条件，即可求得岩基的极限荷载 p 如下：

$$p = \frac{1}{N}\left[N_q q + N_c c\right] \tag{8-6}$$

式中　$N = \dfrac{\cos\delta}{2}\left[1 - \dfrac{\cos(\varphi-\alpha)\cos(\delta+\alpha)}{\cos\varphi\cos\delta}\right]$；

$N_c = \dfrac{\sin\alpha}{2\cos\varphi}\left[\cos(\varphi-\alpha) + \sin\alpha e^{2\beta \mathrm{tg}\varphi} + \dfrac{\sin\alpha}{\sin\varphi}(e^{2\beta \mathrm{tg}\varphi} - 1)\right]$；

$N_q = \dfrac{\sin^2\alpha}{2(1-\sin\varphi)}e^{2\beta \mathrm{tg}\varphi}$；

q——基础侧面的均布荷载（kPa），如图 8-11（a）所示；

c——凝聚力（kPa）；

e——自然对数的底；

其余符号同前。

值得指出的是，式（8-6）是普遍式。因此，可以由它导出特殊情况下的公式，例如普朗特尔公式。

普朗特尔利用塑性力学在不计重量以及 $\varphi \approx 0$ 的情况下,推出垂直极限荷载公式如下:

$$p = (2 + \pi) c + q \tag{8-7}$$

式(8-7)实际上也只是式(8-6)的一种特殊情况,因为在 $\delta = \varphi = 0$ 的情况下,则

$$N = \frac{1}{4}, \quad N_c = \frac{1}{4}(2 + \pi), \quad N_q = \frac{1}{4} \tag{8-8}$$

将式(8-8)代入式(8-6)即得式(8-7)。

（二）基础倾斜的情况

对于宽度为 b,埋深为 h 的倾斜基础,基础底面与水平面的夹角为 δ 如图8-11（b）所示。这时地基的极限承载力可由下式计算:

$$p = N_c c + \frac{1}{2} N_\gamma b \gamma \tag{8-9}$$

系数 N_c 和 N_γ 可根据基础倾角 δ 以及基础埋置深度 h 与宽度 b 之比从图8-12中查出。

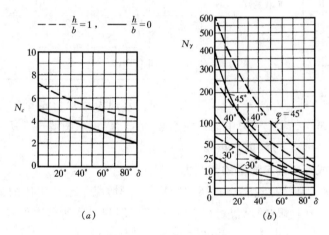

图8-12 倾斜承载力曲线

式(8-9)不仅可以计算倾斜荷载下的岩基承载力,而且也可近似用于计算垂直荷载作用下倾斜地基的承载力（图8-13）及拱坝坝肩的承载力（图8-14）。

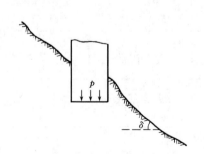

图8-13 垂直荷载下倾斜地基承载力

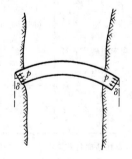

图8-14 拱坝坝肩承载力

二、垂直荷载下岩基的承载力

前面讨论了条形基础承受倾斜荷载时的极限承载力计算。下面列出各种形状的基础

（条形、正方形、圆形、矩形等基础）在垂直荷载作用下的许可承载力 $[p]$ 的计算公式：

$$[p] = \frac{1}{F_s} \left[\beta_1 N_\gamma b \gamma + \beta_2 (2+\pi) c + N_q \gamma h \right] + \gamma h \tag{8-10}$$

式中　F_s——安全系数；

N_γ、N_q——承载力系数，由图 8-15 根据内摩擦角 φ 确定；

β_1、β_2——基础形状系数，由表 8-1 确定；

b——基础短边宽度（若为圆形基础，代表直径）（m）；

h——基础埋置深度（m）；

其他符号同前。

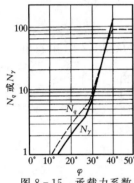

图 8-15　承载力系数
N_γ、N_q 曲线

表 8-1

基础形状 形状系数	条形	正方形	圆形	矩　形
β_1	0.5	0.4	0.3	$0.5-0.1\left(\dfrac{b}{l}\right)$
β_2	1	1.3	1.3	$1+0.3\left(\dfrac{b}{l}\right)$

表 8-1 中的 b 和 l 分别表示矩形基础的短边和长边。式 (8-10) 中的荷载系数 N_q、N_γ 可从图 8-15 所示的曲线根据岩石的内摩擦角 φ 来确定。

三、根据规范或经验确定岩基的承载力

岩基的容许承载力可按经验方法进行估算。一般情况是结合岩体的节理裂隙发育程度，根据岩块单轴饱和极限抗压强度（R_w），折算成坝基岩体的容许承载力，具体数值如表 8-2 所示。

表 8-2

岩 石 名 称	容　许　承　载　力			
	节理不发育 （间距大于 1.0m）	节理较发育 （间距 1.0～0.3m）	节理发育 （间距 0.3～0.1m）	节理极发育 （间距小于 0.1m）
坚硬和半坚硬岩石 （$R_C>30$MPa）	$\left(\dfrac{1}{7}\right)R_w$	$\left(\dfrac{1}{7}\sim\dfrac{1}{10}\right)R_w$	$\left(\dfrac{1}{10}\sim\dfrac{1}{16}\right)R_w$	$\left(\dfrac{1}{16}\sim\dfrac{1}{20}\right)R_w$
软　弱　岩　石 （$R_C<30$MPa）	$\left(\dfrac{1}{5}\right)R_w$	$\left(\dfrac{1}{5}\sim\dfrac{1}{7}\right)R_w$	$\left(\dfrac{1}{7}\sim\dfrac{1}{10}\right)R_w$	$\left(\dfrac{1}{10}\sim\dfrac{1}{15}\right)R_w$

注　本表数据摘自"岩石坝基工程地质"，长江流域规划办公室编。

对于风化的岩基的许可承载力，可按风化程度将上列数值降低 25%～50%。对于 Ⅳ 级和 Ⅴ 级水工建筑物，在岩基未经风化破坏的情况下，可考虑采用表 8-3 所列的许可承载力。

表 8 - 3

岩 基 名 称	许可承载力 (MPa)
松软的岩基（凝灰岩、密实的白垩、粗面岩）	0.8~1.2
中等坚硬的岩基（砂岩、石灰岩等）	1~2
坚硬的岩基（片麻岩、花岗岩、密实的砂岩，密实的石灰岩等）	2~4
特别坚硬的岩基（石英岩、细粒花岗岩等）	4~6

第四节 岩基抗滑稳定计算

实践表明，坚硬岩基滑动破坏的形式不同于松软地基。前者的破坏往往受到岩体中的节理、裂隙、断层破碎带以及软弱结构面的空间方程及其相互间的组合形态所控制。由于岩基中天然岩体的强度，主要取决于岩体中各软弱结构面的分布情况及其组合形式，而不决定于个别岩石块体的极限强度。因此，在探讨坝基的强度与稳定性时，首先应当查明岩基中的各种结构面与软弱夹层位置、方向、性质以及搞清它们在滑移过程中所起的作用。

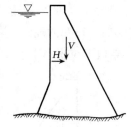

图 8 - 16 表层滑动

岩体经常被各种类型的地质结构面切割成不同形状与大小的块体（结构体）。为了正确判断岩基中这些结构体的稳定性，必须考虑结构体周围滑动面与结构面的产状、面积以及结构体体积和各个边界面上的受力情况。

根据过去坝工失事的经验以及室内模型试验的情况来看，大坝失稳形式主要有两种情况：第一种情况是岩基中的岩体强度远远大于坝体混凝土强度，同时岩体坚固完整且无显著的软弱结构面，这时大坝的失稳多半是沿坝体与岩基接触处产生，这种破坏形式称为表层滑动破坏，如图 8 - 16 所示；第二种情况是在岩基内部存在着节理、裂隙和软弱夹层，或者存在着其他不利于稳定的结构面，在此情况下岩基容易产生如图 8 - 17 所示的深层滑动。除了上述两种破坏形式之外，有时还会产生所谓混合滑动的破坏形式，即大坝失稳时一部分沿着混凝土与岩基接触面滑动，另一部分则沿岩体中某一滑动面产生滑动。因

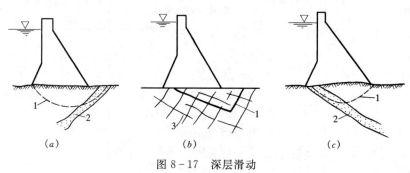

图 8 - 17 深层滑动

1—可能滑动面；2—软弱夹层；3—缓倾角裂隙

此，混合滑动的破坏形式实际上是介于上述两种破坏形式之间的情况。

一、表层滑动稳定性计算

验算表层滑动的抗滑安全系数 F_s 时，可按图 8-18 所示的坝体受力情况，分别求出坝体沿岩基表层的抗滑力与滑动力，然后通过两者之比求得 F_s：

$$F_s = \frac{f(V-U)}{H} \tag{8-11}$$

式中　V——由坝体传至岩基表面的总垂直荷载（MN）；

　　　　H——坝体承受的总水平荷载（MN）；

　　　　U——坝底扬压力（MN）；

　　　　f——坝体混凝土与岩基接触面上的摩擦系数。

式（8-11）中未将混凝土与岩石接触面上的凝聚力 c 计算在内。因此，设计时只要求具有稍大于 1 的安全系数即可。按照原水利电力部"混凝土重力坝设计规范（试行）SDJ21—78"的规定，若不计接触面的凝聚力［即用式（8-11）计算］，坝体抗滑稳定安全系数不应当小于表 8-4 所列数值。

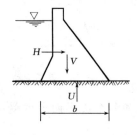

图 8-18　表层滑动的
稳定性计算

表 8-4　　　　　　　　　　　　抗滑稳定安全系数

荷载组合		坝　的　级　别	
	1	2	3
基本组合	1.10	1.05	1.05
特殊组合　(1)	1.05	1.00	1.00
特殊组合　(2)	1.00	1.00	1.00

注　基本组合是指正常水位下的各种荷载组合；特殊组合（1）是在校核洪水位情况下的荷载组合；特殊组合（2）是包括地震荷载下的各种荷载组合。

坝体与岩基之间的摩擦系数 f，可选用现场试验的实测值，一般情况下仅取实测值的 $70\% \sim 80\%$。选用参数时，也可参考我国过去建坝时所采用的数据（表 8-5）。根据过去建坝经验，f 值一般在 $0.5 \sim 0.8$ 之间。

表 8-5

坝　　型	坝　高 （m）	坝　长 （m）	坝　基　岩　石　性　质	岩石湿抗压强度 （MPa）	摩擦系数
堆石坝	47		白垩纪砂岩	39	0.52
重力坝	93	367	侏罗纪砂页岩	34～69	0.51～0.53
大头坝	104	311	震旦纪砂岩板岩	150	0.65
重力坝	68		泥盆纪石英砂岩	255	0.58
大头坝	110	700	震旦纪闪长玢岩、闪长岩	98	0.65
宽缝重力坝	105		泥盆纪千里岗砂岩	108	0.50
大头坝	77.5	580	侏罗白垩纪凝灰集块岩	74	0.70
宽缝重力坝	146	237	前震旦纪云母石英片岩	127	0.75
重力坝	47		白垩纪流纹斑岩	196	0.65

计算抗滑安全系数 F_s 时，如果需考虑接触面上的凝聚力 c，则式（8 - 11）分子中增加了与凝聚力 c 有关的一项，这时 F_s 应由下式确定：

$$F_s = \frac{f \ (V-U) \ +cb}{H} \qquad (8-12)$$

式中　c——坝体与岩基接触面上的凝聚力（MPa）；

　　　b——坝底宽度（m）（图 8 - 18）；

其余符号同前。

考虑 c 值以后求得的 F_s 值，一般要求 $F_s = 2.5 \sim 3.0$ 甚至更大。

二、深层滑动稳定性计算

在进行深层滑动的稳定性计算中，必须首先判断岩基中可能滑动面的形状及位置，确定岩基中可能产生滑动的块体，然后根据力学原理分析块体的受力情况，即可求出块体的抗滑安全系数 F_s。岩基中可能滑动面，是根据工程地质勘察所提供的资料，按照岩基中的节理裂隙、断层以及各种地质结构面的分布和组合情况来确定的。当然，可能滑动面一般不止一个。因此，必须选择若干个可能滑动面进行多次计算，从而求得安全系数最小的那个面。在计算抗滑安全系数 F_s 时，由于滑动面的形状、方向不同，分析过程中所采用的方法也略有不同。以下列举常见的几种滑动面为例，说明一般分析的原理。

（一）滑动面倾向上游的情况

如图 8 - 19 所示，AB 为岩基中倾向上游的一个滑动面，其倾角以 α 表示。当坝体在水平推力 H 的作用下，坝体连同下面的三角形块体 ABC 有可能同时沿滑动面 AB 产生滑动。图中以 V 表示坝体的总垂直荷载与三角形块体 ABC 的重量之和。滑动面上的扬压力以 U 表示。根据图 8 - 19 中所示的受力情况，可分别计算滑动面上的抗滑力以及滑动

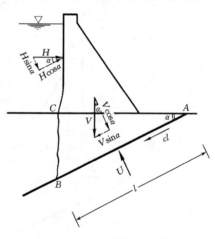

图 8 - 19　滑动面倾向上游

块体沿滑动面方向的滑动力。在计算过程中，如果认为 BC 面是由三角形块体沿 BA 向上滑动时所产生的断裂面，那么由于岩体的抗拉强度很低。因此，BC 面上的拉应力可以略去不计。采用这种简化假定后，这时的抗滑力 R 与滑动力 T 分别是：

$$R = \ (H\sin\alpha + V\cos\alpha - U) \ \mathrm{tg}\varphi + cl$$

$$T = H\cos\alpha - V\sin\alpha$$

式中　c、φ——分别表示滑动面上的凝聚力（MPa）与内摩擦角（°）。由此可得抗滑安全系数 F_s 如下：

$$F_s = \frac{(H\sin\alpha + V\cos\alpha - U) \ \mathrm{tg}\varphi + cl}{H\cos\alpha - V\sin\alpha} \qquad (8-13)$$

（二）滑动面倾向下游的情况

如果岩基中出现倾向下游的软弱结构面［图8-20（a）中的AB面］，这时必须验算坝下的岩体是否可能沿此软弱面并通过岩基中的另一可能滑动面BC产生滑动。在一般情况下，滑动面BC的位置以及它的倾角β都是未知的。因此，在计算安全系数F_s时，要选定若干个可能滑动面BC分别进行试算，以便求得最小安全系数及其相应的危险滑动面。以下将讨论当滑动面选定后，如何根据岩基中的已知滑动面ABC［图8-20（a）］来确定相应的安全系数F_s。对于重力坝或拱坝坝基抗滑安全系数的计算，常采用以下三种方法：

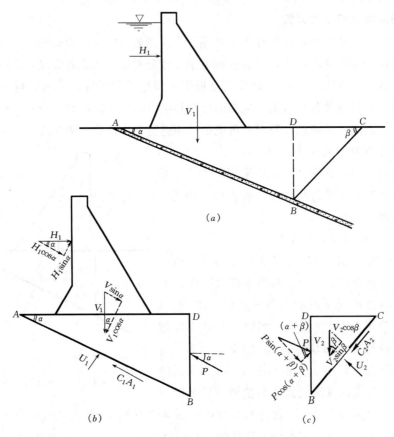

图8-20　滑动面倾向下游的情况

1. 抗力体极限平衡法　自图8-20（a）中可以看出，坝体以及坝基中的部分岩体ABC在水平推力与重力的共同作用下具有自左向右的滑动趋势。然而ABC中的部分块体BCD在其自重（有时DC面上也有外荷）的作用下，显然具有沿CB面下滑的趋势，这一下滑趋势必然对左侧块体ABD产生阻滑作用。因此，常将左侧块体称为"滑移体"而右侧块体BCD则称为"抗力体"。

所谓用"抗力体极限平衡法"来计算坝基的抗滑安全系数，就是通过"抗力体的极限平衡状态"首先计算出滑移体ABC与抗力体BCD之间的相互推力P［参见图8-20（b）、（c）］。然后，再根据滑移体的受力状态来计算抗滑安全系数F_s。具体计算步骤如下：

（1）由抗力体的极限平衡状态计算推力 P：自抗力体 BCD 的受力状态，由图 8-20 (c) 可以直接写出作用于抗力体上的抗滑力与滑动力分别为：

$$抗滑力 = f_2 [Psin (\alpha+\beta) + V_2cos\beta - U_2] + c_2A_2$$

$$滑动力 = Pcos (\alpha+\beta) - V_2sin\beta$$

式中　f_2、c_2——滑移面 BC 上的内摩擦系数与凝聚力（MPa）；

　　　　V_2——抗力体 BCD 的重量（MN）；

　　　α、β——分别为滑面 AB 与 BC 的倾角（°）；

　　　　U_2——滑面 BC 上的扬压力（MN）；

　　　　A_2——滑面 BC 的面积（m²）。

当抗力体处于极限平衡状态时，其抗滑力与滑动力必然相等，即：

$$f_2 [Psin (\alpha+\beta) + V_2cos\beta - U_2] + c_2A_2 = Pcos (\alpha+\beta) - V_2sin\beta$$

$$P = \frac{V_2sin\beta + f_2 (V_2cos\beta - U_2) + c_2A_2}{cos (\alpha+\beta) - f_2sin (\alpha+\beta)} \tag{8-14}$$

（2）根据滑移体 ABD 计算抗滑安全系数，由图 8-20 (b) 可知，作用于滑移体 ABD 上的抗滑力与滑动力分别是：

$$抗滑力 = f_1 (V_1cos\alpha - H_1sin\alpha - U_1) + c_1A_1 + P$$

$$滑动力 = H_1cos\alpha + V_1sin\alpha$$

式中　f_1、c_1——滑动面 AB 上的内摩擦系数与凝聚力（MPa）；

　　　　V_1——坝体与滑移体 ABC 的重量之和（MN）；

　　　　U_1——作用于 AB 面上的扬压力（MN）；

　　　　A_1——滑面 AB 的面积（m²）；

其余符号意义同前。

由抗滑力与滑动力之比，直接求得安全系数 F_s 如下：

$$F_s = \frac{抗滑力}{滑动力} = \frac{f_1 (V_1cos\alpha - H_1sin\alpha - U_1) + c_1A_1 + P}{H_1cos\alpha + V_1sin\alpha} \tag{8-15}$$

例题 8-1　如图 8-20 (a) 所示，已知水平推力 $H_1 = 250kN$，$V_1 = 500kN$；$V_2 = 150kN$，滑面 AB 与 BC 面积分别为：$A_1 = 50m^2$，$A_2 = 23m^2$；内摩擦系数 $f_1 = 0.4$，$f_2 = 0.6$；凝聚力 $c_1 = c_2 = 0$；作用于滑面 AB 与 BC 上的扬压力分别为：$U_1 = 80kN$，$U_2 = 20kN$。若已知滑面 AB 与 BC 的倾角分别为 $\alpha = 10°$，$\beta = 30°$，试用"抗力体极限平衡法"计算坝基的抗滑安全系数 F_s。

解　首先由式（8-14）计算推力 P 如下：

$$P = \frac{150sin30° + 0.6 (150cos30° - 20) + 0}{cos (10° + 30°) - 0.6sin (10° + 30°)} = 370.5 \text{ kN}$$

由公式（8-15）计算 F_s 如下：

$$F_s = \frac{0.4 (500cos10° - 250sin10° - 80) + 0 + 370.5}{250cos10° + 500sin10°} = 1.55$$

2. 等 F_s 法 由"抗力体极限平衡法"的推导过程可知，这种方法的基本观点是以"抗力体"处于极限平衡状态为依据，由此计算推力 P 并进一步算出滑移体抗滑安全系数。这种计算方法必然导致滑移与抗滑体具有不同的稳定系数（显然，这时抗力体的稳定系数为1）。这里所谓的"等 F_s 法"则相反，认为坝基在丧失稳定的过程中，不论是滑移体还是抗力体，两者具有相同的抗滑安全系数 F_s。以下按此观点推导 F_s 的算式。

1）根据图 8-20 (b) 中滑移体的受力状态，可直接写出作用于滑移体 ABD 上的抗滑力与滑动力如下：

$$抗滑力 = f_1 (V_1\cos\alpha - H_1\sin\alpha - U_1) + c_1A_1 + P$$
$$滑动力 = H_1\cos\alpha + V_1\sin\alpha$$

由此可得 F_s 如下：

$$F_s = \frac{f_1 (V_1\cos\alpha - H_1\sin\alpha - U_1) + c_1A_1 + P}{H_1\cos\alpha + V_1\sin\alpha} \tag{8-16}$$

式中符号同前。

2）根据图 8-20 (c) 中抗力体的受力状态，可求得相应的抗滑力与滑动力为：

$$抗滑力 = f_2 [P\sin (\alpha+\beta) + V_2\cos\beta - U_2] + c_2A_2$$
$$滑动力 = P\cos (\alpha+\beta) - V_2\sin\beta$$

由此可得安全系数 F_s 如下：

$$F_s = \frac{抗滑力}{滑动力} = \frac{f_2 [P\sin (\alpha+\beta) + V_2\cos\beta - U_2] + c_2A_2}{P\cos (\alpha+\beta) - V_2\sin\beta} \tag{8-17}$$

由此式解出推力 P：

$$P = \frac{F_sV_2\sin\beta + f_2 (V_2\cos\beta - U_2) + c_2A_2}{F_s\cos (\alpha+\beta) - f_2\sin (\alpha+\beta)} \tag{8-18}$$

由式 (8-16) 与式 (8-17) 可知，式中均含有待求未知量 F_s 与 P，因此联立求解上述二式，即可分别求出抗滑安全系数与推力 P。然而实际计算中，可采用迭代法。首先假定某一 F_s 值，然后由式 (8-17) 中算出 P 值，并将其代入式 (8-16)，求出相应的 F_s 值。将求得的 F_s 值与最初假定的 F_s 值相比，若差值太大，则将算得的 F_s 值作为新的假定值代入式 (8-17) 中再计算 P 值，然后将再算得的 P 值代入式 (8-16)，求出新的 F_s 值。如此反复迭代，直到假定的 F_s 值与计算的 F_s 值相当接近为止。在实际迭代过程中，可将本次迭代中 F_s 的假定值与计算值进行平均，并以此平均值作为下一次迭代中的假定值，这样处理可大大加速收敛速度。详见以下例题。

例题 8-2 利用例题 8-1 中的数据，试用"等 F_s 法"计算抗滑安全系数。

解 由式 (8-16) 与式 (8-17) 分别列出计算 F_s 与推力 P 的算式如下：

$$F_s = \frac{0.4 (500\cos10° - 250\sin10° - 80) + 0 + P}{250\cos10° + 500\sin10°} = \frac{14.759 + P}{33.303}$$

$$P = \frac{F_s150\sin30° + 0.6 (150\cos30° - 20) + 0}{F_s\cos (10°+30°) - 0.6\sin (10°+30°)} = \frac{75F_s + 65.94}{0.766F_s - 0.3857}$$

采用上面 F_s 与 P 的表达式进行迭代时，可假定 F_s 的初始值为 1.2。经实际计算表明，迭代时最好采用平均值迭代法可加快收敛速度。具体迭代方法详见表 8-6。由该表可以看出，采用上述迭代法仅迭代四次即可获得满意的结果。如果采用一般迭代方法，则需迭代 17 次才能得到相同精度的结果。

表 8-6

迭代次数	假定的 F_s 值	计算的 P 值 [公式（8-18）]	计算的 F_s 值 [公式（8-16）]	本表第（1）栏 F_s 值的确定
	(1)	(2)	(3)	
1	1.2	292.296	1.3209	假定值
2	1.2605	276.760	1.2742	1.2 与 1.3209 的平均值
3	1.2674	275.145	1.2694	1.2605 与 1.2742 的平均值
4	1.2684	274.913	1.2687	1.2674 与 1.2694 的平均值

3. 不平衡推力法　此法的基本观点是认为图 8-20（a）中左侧滑移体 ABD 如果沿滑面 AB 不能处于平衡状态（亦即滑移体的抗滑安全系数小于1），这时 ABD 将具有下滑趋势，并将未知的下滑力 P 传至其下的抗力体 BDC，并成为抗力体 BDC 的推力如图 8-20（c）。因此，该推力 P 称之为"不平衡推力"。按不平衡推力 P 的概念，其值显然等于 AB 面上的下滑力与抗滑力之差，亦即：

$$P = (V_1\sin\alpha + H_1\cos\alpha) - [f_1(V_1\cos\alpha + H_1\sin\alpha - U_1) + c_1A_1] \qquad (8-18a)$$

推力求出后，再根据抗力体如图 8-20（c）沿 BC 面的抗滑力与滑动力之比，即可求得抗滑安全系数 F_s 如下：

$$F_s = \frac{抗滑力}{滑动力} = \frac{f_2[P\sin(\alpha+\beta) + V_2\cos\beta - U_2] + c_2A_2}{P\cos(\alpha+\beta) - V_2\sin\beta} \qquad (8-18b)$$

习　　题

习题 8-1　设岩基上条形基础受倾斜荷载，其倾斜角 $\delta=18°$，基础的埋置深度为 3m，基础宽度 $b=8$m。岩基岩体的物理力学性指标是：$\gamma=25$kN/m³，$c=3$MPa，$\varphi=31°$，试求岩基的极限承载力，并绘出其相应的滑动面。

习题 8-2　某混凝土坝重 90000kN（以单位宽度即 1m 计），建在岩基上，见题 8-2 图。岩基为粉砂岩，干容重 $\gamma_d=25$kN/m³，孔隙率 $n=10\%$。坝基内有一倾向上游的软弱结构面 BC，该面与水平面成15°角。结构面的强度指标为：凝聚力 $c_j=200$kPa，内摩擦角 $\varphi_j=20°$。建坝后由于某原因在坝踵岩体内产

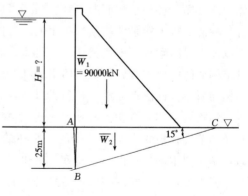

题 8-2　图

生一条铅直张裂隙，与软弱结构面 BC 相交，张裂隙的深度为 25m，设 BC 内的水压力按线性规律减少。问库内水位上升高度 H 达到何值时，坝体和地基开始沿 BC 面滑动？

第九章 岩坡稳定分析

第一节 概　　述

水利水电工程中常常要遇到岩坡稳定的问题。例如在大坝施工过程中，坝肩开挖破坏了自然坡脚，使得岩体内部应力重新分布，常常发生岩坡的不稳定现象。又如在引水隧洞的进出口部位的边坡、溢洪道开挖的边坡、渠道的边坡以及公路、铁路、采矿工程等等都会遇到岩坡稳定的问题。如果岩坡由于应力过大和强度过低，则它可以处于不稳定状态，一部分岩体向下或向外塌滑，这一种现象叫做滑坡。滑坡造成的危害性很大。因此，在施工前，必须做好岩坡稳定分析工作。

岩坡不同于一般土质边坡，其特点是岩体结构复杂、断层、节理、裂隙互相切割，块体极不规则。因此，岩坡稳定有其独特的性质。它同岩体的结构、容重和强度、边坡坡度、高度、岩坡表面和顶部所受荷载，边坡的渗水性、地下水位的高低等有关。

岩坡内的结构面，尤其是软弱结构面的存在，常常是岩坡不稳定的主要因素。大部分岩坡在丧失稳定性时的滑动面可能有三种。一种是沿着岩体软弱岩层滑动；另一种是沿着岩体中的结构面滑动；最后，当这两种软弱面不存在时，也可能在岩体中滑动，但主要的是前两种情况较多。在进行岩坡稳定分析时，应当特别注意结构面和软弱层的影响。

软弱岩层，主要是黏土页岩、凝灰岩、泥灰岩、云母片岩、滑石片岩以及含有岩盐或石膏成分的岩层。这类岩层遇水浸泡后易软化，强度大大地降低，形成软弱层。在坚硬的岩层中（如石英岩、砂岩等等）应当查明有无这类软弱夹层存在。

结构面包括：沉积作用的层面、假整合面、不整合面；火成岩侵入结构面以及冷缩结构面；变质作用的片理，构造作用的断裂结构面等等。岩质边坡稳定分析时，应当研究岩体中应力场和各种结构面的组合关系。岩坡的滑动就是在应力作用下岩体破坏了平衡而沿着某种面（很可能是结构面）产生的。岩体的应力是由岩体重量、渗透压力、地质构造应力以及外界因素，如地震惯性力、风力、温度应力等所形成的边坡剪应力。这种剪应力超过结构面的抗剪强度就促使岩体沿着结构面滑动。有时沿某一结构面滑动，有时沿着多种结构面所组合的滑动面滑动。通常以后者为多效。

结构面中如夹有黏土或其他泥质充填物，则就成为软弱结构面。地质构造作用形成的断裂和节理在地壳表层是最多的，这种结构面往往都夹有黏土或泥质充填物，遇水浸泡后，结构面中的软弱充填物就容易软化，强度大大地降低，促使岩坡沿着它发生滑动。因此，岩坡分析中，对结构面，特别是软弱结构面的类型、性质、组合形式、分布特征以及由各种软弱面切割后的块体形状等进行仔细分析是十分重要的。

第二节 岩坡的破坏类型

岩坡的破坏类型从形态上来看可分为**岩崩**和**岩滑**两种。岩崩一般发生在边坡过陡的岩坡中，这时大块的岩体与岩坡分离而向前倾倒，如图9-1（a）所示，或者坡顶岩体因某种原因脱落而在坡脚下堆积，见图9-1（b）、（c），它经常产生于坡顶裂隙发育的地方。其起因是由于风化等原因减弱了节理面的凝聚力；或由于雨水进入裂隙产生水压力所致；或者也可能由于气温变化、冻融松动岩石的结果；或者是植物根造成膨胀压力、地震、雷击等都可造成岩崩现象。岩滑是指一部分岩体沿着岩体较深处某种面的滑动。岩滑可分为**平面滑动、楔形滑动**以及**旋转滑动**。平面滑动是一部分岩体在重力作用下沿着某一软弱面（层面、断层、裂隙）的滑动、见图9-2（a），滑动面的倾角必大于该平面的内摩擦角。平面滑动不仅滑体克服了底部的阻力，而且也克服了两侧的阻力。在软岩中（例如页岩），如果底部倾角远陡于内摩擦角，则岩石本身的破坏即可解除侧边约束，从而产生平面滑动。而在硬岩中，如果不连续面横切坡顶，边坡上岩石两侧分离，则也能发生平面滑动。楔形滑动是岩体沿两组（或两组以上）的软弱面滑动的现象，见图9-2（b）。在挖方工程中，如果两个不连续面的交线出露，则楔形岩体失去下部支撑作用而滑动。法国马尔帕塞坝的崩溃（1959年）就是岩基楔形滑动的结果。旋转滑动的滑动面通常呈弧形状，见图9-2（c），这种滑动一般产生于非成层的均质岩体中。

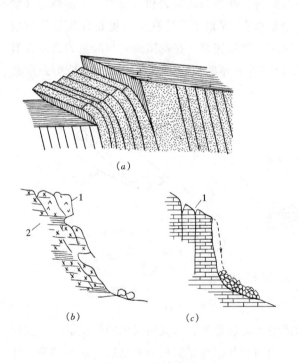

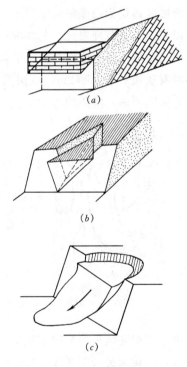

图9-1　岩崩类型

（a）倾倒破坏；（b）软硬互层坡体的局部崩塌和坠落；

（c）三峡月亮洞崩塌

1—砂岩；2—页岩

图9-2　岩滑类型

（a）平面滑动；（b）楔形滑动；

（c）旋转滑动

岩坡的滑动过程有长有短，有快有慢，一般可分为三个阶段。初期是蠕动变形阶段，这一阶段中坡面和坡顶出现拉张裂缝并逐渐加长和加宽，滑坡前缘有时出现挤出现象，地下水位发生变化，有时会发出响声。第二阶段是滑动破坏阶段，此时滑坡后缘迅速下陷，岩体以极大的速度向下滑动。此一阶段往往造成极大的危害。最后是逐渐稳定阶段，这一阶段中，疏松的滑体逐渐压密，滑体上的草木逐渐生长，地下水渗出由浑变清等。

在进行岩坡稳定性分析时，首先应当查明岩坡可能的滑动类型，然后对不同类型采用相应的分析方法。严格而言，岩坡滑动大多属空间滑动问题，但对只有一个平面构成的滑裂面或者滑裂面由多个平面组成而这些面的走向又大致平行者，且延着走向长度大于坡高时，则也可按平面滑动进行分析，其结果偏于安全方面。在平面分析中，常常把滑动面简化为圆弧、平面、折面，把岩体看作为刚体，按莫尔-库伦强度准则，对指定的滑动面进行稳定验算。本章从第四节起将分别阐述各种分析方法。

经验证明，许多滑坡的发生都与岩体内的渗水作用有关，这是由于岩体内渗水后岩石强度恶化和应力增加的缘故。因此，做好岩坡的排水工作是防止滑坡的手段之一。

下面我们来举一些滑坡的例子。

图9-3表示浙江黄坛口大坝左坝头滑坡的位置图和断面图。河流自南往北。边坡上可见明显的三级台阶。由于强烈风化，所以岩石极为破碎。

滑坡区地层为白垩纪火山岩系，属花岗斑岩、紫色凝灰页岩和凝灰岩。上部厚层块状花岗斑岩，垂直节理发育，主要有三组，倾角都在75°以上，这些节理把花岗斑岩切割成方形或三角形柱体。底部为致密的块状凝灰岩，比较完整。在花岗斑岩与凝灰岩之间夹有薄层的凝灰质页岩，厚2m，该层顶部有$10\sim20$cm厚的页岩，浸水后泥化，抗剪强度甚低。它倾向河床，倾角约为10°。

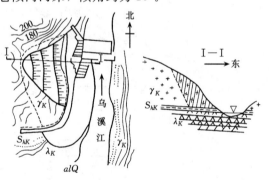

图9-3　黄坛口左坝头岩石滑坡

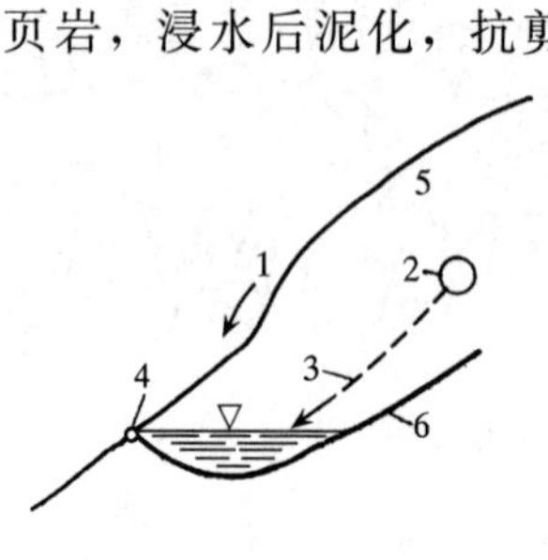

图9-4

1—山崩；2—压力隧洞；3—渗水；

4—泉水；5—透水岩石；

6—不透水岩石

由于三组陡倾角的节理相互割切，形成滑动的边界面，与倾向河床的凝灰页岩的泥化层组合，将花岗斑岩割切成不稳定的岩体。当坝头开挖切穿凝灰页岩层后，这一部分岩体失去侧面支撑作用，形成滑动临空面。加之凝灰质页岩长期浸水软化，强度很低，地下水沿着凝灰页岩顶部向河谷排泄，致使边坡稳定性恶化，造成这次滑坡事故。

图9-4表示康德斯特格（Kandersteg）隧洞由于渗水作用岩坡山崩而失事的例子。隧洞原来设计为无压隧洞，但后来却成为有压隧洞。中等程度的水压力使衬砌造成裂缝。隧洞中的水从裂缝中渗出，流过透水层最后聚集在不透水岩层的顶部（图9-4）。在山坡底部流出一股泉水，渗水使岩石性质恶化，山坡变为不稳定而造成山体崩滑，使附近居民

的生命财产受到很大损失。这次失事，主要是衬砌部分受力过高而地质条件又不好而引起的。岩石中的渗水是这次事故中的外因，渗水使岩石强度降低是内因，外因通过内因起作用，造成了这次事故。这是一个典型的例子，可以说明许多类似失事的原因。

意大利瓦依昂（Vajont）水库岩坡崩坍而造成的事故是闻名于全世界的。水库的岸坡由分层的石灰岩组成。水库蓄水后在 1960 年 10 月就发现上坡附近有主要裂隙，同时直接在沿河的陡坡上曾经发生过一次较小的滑坡，从该时起，这整个区域都处于运动中，这运动的速度为每天若干个十分之一毫米到十毫米以上。在 1963 年 10 月 9 日夜晚，岸坡发生骤然的崩坍，在一分多钟时间内大约有 2.5 亿 m^3 的岩石崩入水库，顿时造成高达 150m 到 250m 的水浪，洪水漫过 270m 高的拱坝，致使下游的郎加朗市镇遭到了毁灭性的破坏，数百人死亡。

在图 9-5 上示有瓦依昂山坡崩坍的两个断面图。

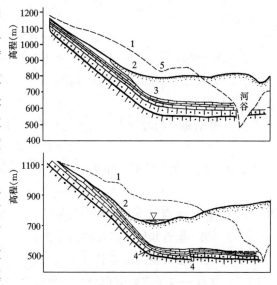

图 9-5 瓦依昂岩坡滑坡的两个断面

1—滑坡前的地面；2—滑坡后的地面；3—滑动面；
4—断层；5—洼地

由此看来，岩坡崩坍所造成的事故是危害极大的，必须严加防止。因此，设计之前应当加强工程地质的勘测工作，以及在设计时做好岩坡稳定分析工作。

第三节　圆弧法岩坡稳定分析

对于均质的以及没有断裂面的岩坡，在一定的条件下可看作平面问题，用圆弧法进行稳定分析。圆弧法是最简单的分析方法之一。

在用圆弧法进行分析时，首先假定滑动面为一圆弧（图 9-6），把滑动岩体看作为刚体，求滑动面上的滑动力及抗滑力，再求这两个力对滑动圆心的力矩。抗滑力矩 M_R 和滑动力矩 M_S 之比，即为该岩坡的稳定安全系数 F_s：

$$F_s = \frac{抗滑力矩}{滑动力矩} = \frac{M_R}{M_S}$$

如果 $F_s > 1$，则沿着这个计算滑动面是稳定的；如果 $F_s < 1$，则是不稳定的；如果 $F_s = 1$，则说明这个计算滑动面处于极限平衡状态。

由于假定计算滑动面上的各点覆盖岩石重量各不相同。因此，由岩石重量引起在滑动面上各点的法向压力也不同。抗滑力中的摩擦力与法向应力的大小有关，所以应当计算出

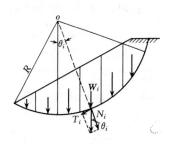

图 9-6　圆弧法岩坡分析

193

假定滑动面上各点的法向应力。为此可以把滑弧内的岩石分条，用所谓条分法进行分析。

如图 9-6，把滑体分为 n 条，其中第 i 条传给滑动面上的重量为 W_i，它可以分解为两个力：一是垂直于圆弧的法向力 N_i；另一是切于圆弧的切向力 T_i。由图 9-6 可见：

$$\left. \begin{array}{l} N_i = W_i \cos\theta_i \\ T_i = W_i \sin\theta_i \end{array} \right\} \tag{9-1}$$

N_i 力通过圆心，其本身对岩坡滑动不起作用。但是 N_i 可使岩条滑动面上产生摩擦力 $N_i \mathrm{tg}\varphi_i$（φ_i 为该弧所在的岩体的内摩擦角）其作用方向与岩体滑动方向相反，故对岩坡起着抗滑作用。

此外，滑动面上的凝聚力 c 也是起抗滑作用的，所以第 i 条岩条滑弧上的抗滑力为：

$$c_i l_i + N_i \mathrm{tg}\varphi_i$$

因此第 i 条产生的抗滑力矩为

$$(M_R)_i = (c_i l_i + N_i \mathrm{tg}\varphi_i) R$$

式中 c_i——第 i 条滑弧所在岩层的凝聚力（MPa）；

   φ_i——第 i 条滑弧所在岩层的内摩擦角（°）；

   l_i——第 i 条岩条的滑弧长度（m）。

同样，对每一岩条进行类似分析，可以得到总的抗滑力矩为：

$$M_R = \left(\sum_1^n c_i l_i + \sum_1^n N_i \mathrm{tg}\varphi_i \right) R \tag{9-2}$$

式中 n——分条数目，图 9-6 中等于 6。

而滑动面上总的滑动力矩为：

$$M_S = \sum_1^n T_i R \tag{9-3}$$

将式（9-2）及式（9-3）代入安全系数公式，得到假定滑动面上的安全系数为

$$F_s = \frac{\sum_1^n c_i l_i + \sum_1^n N_i \mathrm{tg}\varphi_i}{\sum_1^n T_i} \tag{9-4}$$

由于圆心和滑动面是任意假定的，因此要假定多个圆心和相应的滑动面作类似的分析，进行试算，从中找到最小的安全系数，即为真正的安全系数，其对应的圆心和滑动面即为最危险的圆心和滑动面。

根据用圆弧法的大量计算结果，有人已经绘制了如图 9-7 所示的曲线。该曲线表示当一定的任何物理力学性质时坡高与坡角的关系。在图上，横轴表示坡角 α，纵轴表示坡高系数 H'，H_{90} 表示均质垂直岩坡的极限高度，亦即坡顶张裂缝的最大深度，用下式计算：

$$H_{90} = \frac{2c}{\gamma} \mathrm{tg}\left(45° + \frac{\varphi}{2}\right) \tag{9-5}$$

利用这些曲线可以很快地决定坡高或坡角，其计算步骤如下：

1）根据岩体的性质指标（c，φ，γ）按式（9-5）确定 H_{90}。

2）如果已知坡角，需要求坡高，则在横轴上找到已知坡角值的那点，自该点向上作一垂直线，相交于对应已知内摩擦角 φ 的曲线，得一交点，然后从这点作一水平线交于纵轴，求得 H'，将 H' 乘以 H_{90}，即得所要求的坡高 H

$$H = H' H_{90} \qquad (9-6)$$

3）如果已知坡高 H 需要确定坡角，则首先用下式确定 H'

$$H' = \frac{H}{H_{90}}$$

根据这个 H'，从纵轴上找到相应点，通过该点作一水平线相交于对应已知 φ 的曲线，得一交点，然后从该交点作向下的垂直线交于横轴，求得坡角。

例题 9-1 已知均质岩坡的 $\varphi = 26°$，$c = 400\text{kPa}$，$\gamma = 25\text{kN/m}^3$，问当岩坡高度为 300m 时，坡角应当采用多少度？

1）根据已知的岩石指标计算 H_{90}

$$H_{90} = \frac{2 \times 400}{25} \text{ctg}\,(45° - 13°) = 51.2\text{m}$$

2）计算 H'

$$H' = \frac{H}{H_{90}} = \frac{300}{51.2} = 5.9$$

3）按照图 9-7 的曲线，根据 $\varphi = 26°$ 以及 $H' = 5.9$，求得 α 为：

$$\alpha = 46°30'$$

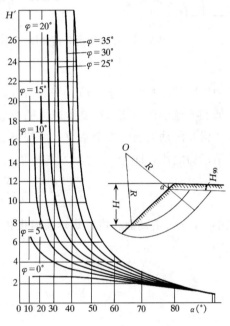

图 9-7　对于各种不同计算指标值的均质岩坡高度与坡角的关系曲线

第四节　平面滑动岩坡稳定分析

一、平面滑动的一般条件

岩坡沿着单一的平面发生滑动，一般必须满足下列几何条件（见图 9-8）：

1）滑动面的走向必须与坡面平行或接近平行（约在 $\pm20°$ 的范围内）。

2）滑动面必须在边坡面露出，即滑动面的倾角 β 必小于坡面的倾角 α，即 $\beta < \alpha$。

3）滑动面的倾角 β 必大于该平面的摩擦角 φ_j，即 $\beta > \varphi_j$。

4）岩体中必须存在对于滑动阻力很小的分离面，以定出滑动的侧面边界。

二、平面滑动分析

大多数岩坡在滑动之前坡顶上或在坡面上出现张裂缝，如图 9-8 所示。张裂缝中不可避免地还充有水，从而产生侧向水压力，使岩坡的稳定性降低。在分析中往往作下列假定：

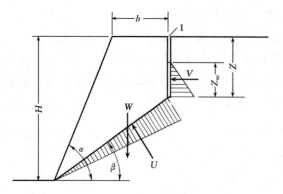

图 9-8　平面滑动分析简图
1—张裂缝

1）滑动面及张裂缝的走向平行于坡面。

2）张裂缝垂直，其中充水深度为 Z_w。

3）水沿张裂缝底进入滑动面渗漏，张裂缝底与坡趾间的长度内水压力按线性变化至零（三角形分布），如图 9-8 所示。

4）滑动块体重量 W、滑动面上水压力 U 和张裂缝中水压力 V 三个均通过滑体的重心。换言之，假定没有使岩块转动的力矩，破坏只是由于滑动。一般而言，忽视力矩造成的误差可以忽略不计，但对于具有陡倾斜不连续面的陡边坡要考虑可能产生倾倒破坏。

潜在滑动面上的安全系数，可按极限平衡条件求得。这时，安全系数等于总抗滑力与总滑动力之比，即

$$F_s = \frac{c_j L + (W\cos\beta - U - V\sin\beta)\, \mathrm{tg}\varphi_j}{W\sin\beta + V\cos\beta} \tag{9-7}$$

式中　L——滑动面长度（每单位宽度内的面积）（m），它等于：

$$L = \frac{H - Z}{\sin\beta} \tag{9-8}$$

$$U = \frac{1}{2}\gamma_w Z_w L \tag{9-9}$$

$$V = \frac{1}{2}\gamma_w Z_w^2 \tag{9-10}$$

W 按下列公式计算，当张裂缝位于坡顶面时：

$$W = \frac{1}{2}\gamma H^2 \left\{ \left[1 - (Z/H)^2\right] \mathrm{ctg}\beta - \mathrm{ctg}\alpha \right\} \tag{9-11}$$

当张裂缝位于坡面上时：

$$W = \frac{1}{2}\gamma H^2 \left[1 - (Z/H)^2 \mathrm{ctg}\beta\, (\mathrm{ctg}\beta\,\mathrm{tg}\alpha - 1)\right] \tag{9-12}$$

当边坡的几何要素和张裂缝内的水深为已知时，用上列这些公式计算安全系数很简单。但有时需要对不同的边坡几何要素、水深、不同抗剪强度的影响进行比较，这时用上述方程式计算就相当麻烦。为了简化起见，可以将方程式（9-7）重新整理为下列的无量纲的形式：

$$F_s = \frac{(2c/\gamma H)\, P + \left[Q\mathrm{ctg}\beta - R\,(P + S)\right]\, \mathrm{tg}\varphi_j}{Q + RS\mathrm{ctg}\beta} \tag{9-13}$$

式中

$$P = (1 - Z/H)\,\text{ctg}\beta \tag{9-14}$$

当张裂缝在坡顶面上时：

$$Q = \{\,[1 - (Z/H)^2]\,\text{ctg}\beta - \text{ctg}\alpha\}\,\sin\beta \tag{9-15}$$

当张裂缝在坡面上时：

$$Q = [\,(1 - Z/H)^2 \cos\beta\,(\text{ctg}\beta\,\text{tg}\alpha - 1)] \tag{9-16}$$

$$R = \frac{\gamma_w}{\gamma}\frac{Z_w}{Z}\frac{Z}{H} \tag{9-17}$$

$$S = \frac{Z_w}{Z}\frac{Z}{H}\sin\beta \tag{9-18}$$

P、Q、R、S 均无量纲，即它们只取决于边坡的几何要素，而不取决于边坡的尺寸。因此，当凝聚力 $c=0$ 时，安全系数 F_s 不取决于边坡的具体尺寸。

图 9-9、图 9-10、图 9-11 分别表示各种几何要素的边坡的 P、S、Q 的值，可供计算使用，两种张裂缝的位置都包括在 Q 比值的图解曲线中，所以不论边坡外形如何，都不需检查张裂缝的位置，就能求得 Q 值。但应注意，张裂缝的深度一律从坡顶面算起。

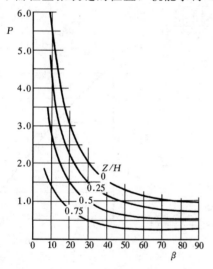

图 9-9　不同边坡几何要素的 P 值

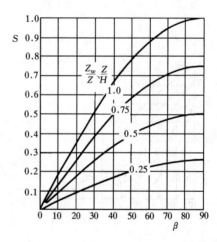

图 9-10　不同边坡几何要素的 S 值

例题 9-2　设有一岩石边坡，高 30.5m，坡角 $\alpha = 60°$，坡内有一层面穿过，层面的倾角为 $\beta = 30°$。在边坡坡顶面线 8.8m 处有一条张裂缝，其深度为 $Z = 15.2m$。岩石容重为 $\gamma = 25.6\text{kN/m}^3$。层面的凝聚力 $c_j = 48.6\text{kPa}$，内摩擦角 $\varphi_j = 30°$，求水深 Z_w 对边坡安全系数 F_s 的影响。

解　当 $Z/H = 0.5$ 时，由图 9-9 和图 9-11 查得 $P = 1.0$ 和 $Q = 0.36$。

对于不同的 Z_w/Z，R［由式（9-17）算得］和 S（从图 9-10 查得）的值为：

Z_w/Z	1.0	0.5	0
R	0.195	0.098	0
S	0.26	0.13	0

又知 $2c/\gamma H = 2 \times 48.6/25.6 \times 30.5 = 0.125$。

所以，当张裂缝中水深不同时，根据式（9-13）计算的安全系数变化如下：

Z_w/Z	1.0	0.5	0
F_s	0.77	1.10	1.34

将这些值绘成图9-12的曲线，可见张裂缝中的水深对岩坡安全系数的影响很大。因此，采取措施防止水从顶部进入张裂缝，是提高安全系数的有效办法。

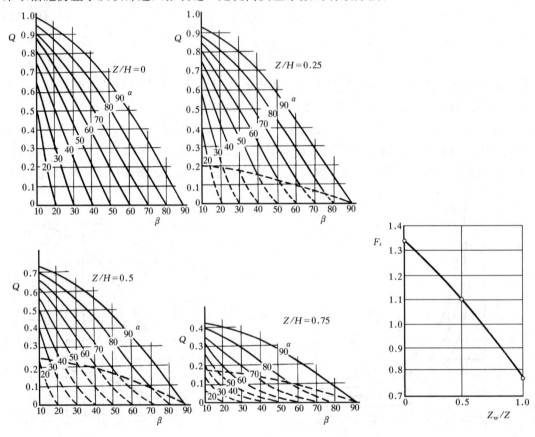

图9-11 不同边坡几何要素的 Q 值

图9-12 张裂缝中水深对安全系数的影响（算例）

第五节 双平面滑动岩坡稳定分析

如图9-13所示，岩坡内有两条相交的结构面，形成潜在的滑动面。上面的滑动面的倾角 α_1 大于结构面内摩擦角 φ_1，即 $\alpha_1 > \varphi_1$，设 $c_1 = 0$，则其上岩块体有下滑的趋势，从而通过接触面将力传递给下面的块体，今称上面的岩块体为主动滑块体。下面的潜在滑动面的倾角 α_2 小于结构面的内摩擦角 φ_2，即 $\alpha_2 < \varphi_2$，按原理下面的块体是不致滑动的，但是它受到上面滑动块体传来的力，使之也可能滑动，今称下面的岩块体为被动滑块体。为了

198

使岩体保持平衡，必须对岩体施加支撑力 F_b，该力与水平线成 θ 角。假设主动块体与被动块体之间的边界面为垂直，对上、下两滑块体分别进行图 9-13 所示力系的分析，可以得到为极限平衡而所需施加的支撑力

$$F_b = \frac{W_1 \sin (\alpha_1 - \varphi_1) \cos (\alpha_2 - \varphi_2 - \varphi_3) + W_2 \sin (\alpha_2 - \varphi_2) \cos (\alpha_1 - \varphi_1 - \varphi_3)}{\cos (\alpha_2 - \varphi_2 + \theta) \cos (\alpha_1 - \varphi_1 - \varphi_3)}$$

$$(9-19)$$

式中：φ_1、φ_2 以及 φ_3 分别为上面滑动面、下面滑动面以及垂直滑动面上所用的摩擦角；W_1 和 W_2 分别为单位长度主动和被动滑块体的重量。

为了简单起见，假定所有摩擦角是相同的，即 $\varphi_1 = \varphi_2 = \varphi_3 = \varphi$。

如果已知 F_b、W_1、W_2、α_1 和 α_2 之值，则可以用下列方法确定岩坡的安全系数：首先用式（9-19）确定保持极限平衡而所需要的摩擦角值 $\varphi_{required}$（或 $\varphi_{需要}$），然后将岩体结构面上的设计采用的内摩擦

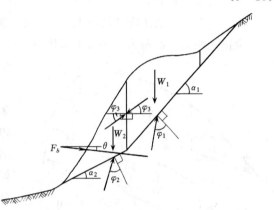

图 9-13　双平面抗滑稳定分析模型

角值 $\varphi_{available}$（或 $\varphi_{采用}$）与之比较，用下列公式确定安全系数：

$$F_s = \frac{\text{tg} \varphi_{available}}{\text{tg} \varphi_{required}}$$

$$(9-20)$$

在开始滑动的实际情况中，通过岩坡的位移测量可以确定出坡顶、坡趾以及其他各处的总位移的大小和方向。如果总位移量在整个岩坡中到处一样，并且位移的方向是向外的和向下的，则可能是刚性滑动的运动形式。于是，总位移矢量的方向可以用来定出 α_1 和 α_2 的值，并且张裂缝的位置可确定 W_1 和 W_2 的值。假设安全系数为 1，可以计算出 $\varphi_{available}$（$\varphi_{采用}$）的值，此值即为方程式（9-19）的根。今后如果在主动区开挖或在被动区填方或在被动区进行锚固，均可提高安全系数。这些新条件下的所需要的内摩擦角 $\varphi_{required}$（$\varphi_{需要}$）也可从式（9-19）得出。在新条件下的安全系数的增加也就不难求得。

第六节　力多边形法岩坡稳定分析

两个或两个以上多平面的滑动或者其他形式的折线和不规则曲线的滑动，都可以按照极限平衡条件，用力多边形（分条图解）法来进行分析。下面说明这种方法。

如图 9-14(a) 所示，假定根据工程地质分析，ABC 是一个可能的滑动面，将这个滑动区域(简称为滑楔)用垂直线划分为若干岩条，对于每一岩条都考虑到相邻岩条的反作用力，并绘制每一岩条的力多边形。以第 i 条为例，岩条上作用着下列各力如图 9-14(b)：

W_i——所考虑的第 i 条岩条的重量（kN）；

R'——相邻的上面的岩条对 i 条岩条的反作用力（kN）；

cl'——相邻的上面的岩条与 i 条岩条垂直界面之间的凝聚力（kN）（这里 c 为单位面积凝聚力，l' 为相邻交界线的长度）；R' 与 cl' 组成合力 E'（kN）；

R'''——相邻的下面的岩条对 i 条岩条的反作用力（kN）；

cl'''——相邻的下面的岩条与 i 岩条之间的凝聚力（l''' 为相邻交界线的长度）（kN）；

R''' 与 cl''' 组成合力 E'''（kN）；

R''——第 i 条岩条底部的反作用力（kN）；

cl''——第 i 条岩条底部的凝聚力（l'' 为 i 条底部的长度）（kN）。

根据这些力，绘制力的多边形如图 9-14（c）所示。在计算时，应当从上向下（在本例中也就是从右向左）自第一块岩条一个一个地循序进行图解计算（在图中分为 6 条），一直计算到最下面的一块岩条。力的多边形可以绘在同一个图上，如图 9-14（d）所示。如果绘到最后一个力多边形是闭合的，则就说明岩坡刚好是处于极限平衡状态，也就是稳定安全系数等于 1 ［图 9-14（d）的实线］。如果绘出的力多边形不闭合，如图 9-14（d）左边的虚线箭头所示，则说明该岩坡是不稳定的，因为为了图形的闭合还缺少一部分凝聚力。如果最后的力多边形如右边的虚线箭头所示，则说明岩坡是稳定的，因为为了多边形的闭合还可少用一些凝聚力，亦即凝聚力还有多余。

用岩体的凝聚力 c 和内摩擦角 φ 进行上述的这种分析，只能看出岩坡是稳定的还是不稳定的，但不能求出岩坡的稳定安全系数来。为了求得安全系数必须进行多次的试算。这时一般可以先假定一个安全系数，例如 $(F_s)_1$，把岩体的凝聚力 c 和内摩擦系数 $\text{tg}\varphi$ 都除以 $(F_s)_1$，亦即得到

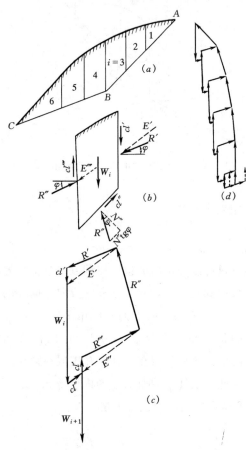

图 9-14　用力多边形法进行岩坡稳定分析
（a）当岩坡稳定分析时对岩坡分块；（b）第 i 条岩块受力示意图；（c）第 i 条岩块的力多边形；
（d）整个岩块的力多边形图解

以及

$$\left.\begin{array}{l} \text{tg}\varphi_1 = \dfrac{\text{tg}\varphi}{(F_s)_1} \\[3mm] c_1 = \dfrac{c}{(F_s)_1} \end{array}\right\} \qquad (9-21)$$

然后，用 c_1、φ_1 进行上述图解验算。如果图解结果，力多边形刚好是闭合的，则所假定的安全系数就是在这一滑动面下的岩坡安全系数；如果不闭合，则重新假定安全系数，$(F_s)_2$，…，$(F_s)_n$，用 c_2，φ_2，…，c_n，φ_n 进行计算，直至闭合为止，求出真正的安全系数。

如果岩坡有水压力、地震力以及其他的力也可在图解中把它们包括进去，没有任何困难。

第七节　力的代数叠加法岩坡稳定分析

当岩坡的坡角小于 $45°$ 时，采用垂直线把滑楔分条，则可以近似地作下列假定：分条块边界上反力的方向与其下一条块的底面滑动线的方向一致。如图 $9-15$ 所示，第 i 条岩条的底部滑动线与下一岩条 $i+1$ 的底部滑动线，相差 $\Delta\theta_i$ 角度。

$$\Delta\theta_i = \theta_i - \theta_{i+1}$$

在这种情况下，岩条之间边界上的反力，通过分析用下列式子决定：

$$E_i = \frac{W_i\ (\sin\theta_i - \cos\theta_i \operatorname{tg}\varphi)\ - cl_i + E_{i-1}}{\cos\Delta\theta_i + \sin\Delta\theta_i \operatorname{tg}\varphi} \qquad (9-22)$$

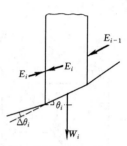

图 $9-15$　岩条受力图

当 $\Delta\theta$ 角减小时，上式分母就趋近于 1。当 $\Delta\theta=5°$，$\varphi=20°$，该分母等于 0.985，也就是说，如果把分母取用为 1，则求出的反力的误差不超过 3%。

如果采用式（$9-22$）中的分母等于 1，并解此方程式，则可以求出所有岩条上的反力 E_i，用下列各式表示：

$$
\left.
\begin{aligned}
E_1 &= W_1\ (\sin\theta_1 - \cos\theta_1 \operatorname{tg}\varphi)\ - cl_1 \\
E_2 &= W_2\ (\sin\theta_2 - \cos\theta_2 \operatorname{tg}\varphi)\ - cl_2 + E_1 \\
E_3 &= W_3\ (\sin\theta_3 - \cos\theta_3 \operatorname{tg}\varphi)\ - cl_3 + E_2 \\
&\vdots \\
E_n &= W_n\ (\sin\theta_n - \cos\theta_n \operatorname{tg}\varphi)\ - cl_n + E_{n-1}
\end{aligned}
\right\}
\qquad (9-23)
$$

式中　　　　　c——岩石凝聚力（kPa）；

　　　　　　　φ——岩石内摩擦角（°）；

l_1，l_2，$\cdots$，l_n——各分条底部滑动线的长度（m）。

计算时，先算 E_1，然后再算 E_2，E_3，$\cdots$，依此类推，一直算到 E_n。如果算到最后

$$E_n = 0 \qquad (9-24)$$

或者

$$\sum_1^n W_i(\sin\theta_i - \cos\theta_i \operatorname{tg}\varphi) - \sum_1^n cl_i = 0 \qquad (9-25)$$

则就表明岩坡处于极限状态，安全系数等于 1。如果 $E_n>0$，则岩坡是不稳定的；反之如果 $E_n<0$，则该岩坡是稳定的。为了求安全系数，也可以采用上节的方法试算，即用 $c_1 = \dfrac{c}{(F_s)_1}$，$\operatorname{tg}\varphi_1 = \dfrac{\operatorname{tg}\varphi}{(F_s)_1}$，$\cdots$代入式（$9-23$），求出满足式（$9-24$）和式（$9-25$）的安全系数。

用力的代数叠加法计算时，滑动面一般应为平缓的曲线或折线。

第八节 楔形滑动岩坡稳定分析

前面所讨论的岩坡稳定分析方法，都是适用于走向平行或接近于平行坡面的滑动破坏。前已说明，只要滑动破坏面的走向是在坡面走向的±20°范围以内，则用这些分析方法就是有效的。本节讨论另一种滑动破坏，这时沿着发生滑动的结构软弱面的走向都交切破顶线，而分离的楔形体沿着两个这样的平面的交线发生滑动，即楔形滑动，见图 9-16 (a)。

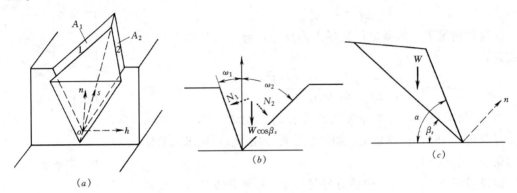

图 9-16 楔形滑动图形

(a) 立体视图；(b) 沿交线视图；(c) 正交交线视图
1—滑动面 1；2—滑动面 2

设滑动面 1 和 2 的内摩擦角分别为 φ_1 和 φ_2，凝聚力分别为 c_1 和 c_2，其面积分别为 A_1 和 A_2，其倾角分别为 β_1 和 β_2，走向分别为 ψ_1 和 ψ_2，二滑动面的交线的倾角为 β_s，走向为 ψ_s，交线的法线 $\vec{n}$ 和滑动面之间的夹角分别为 ω_1 和 ω_2，楔形体重量为 W，W 作用在滑动面上的法向力分别为 N_1 和 N_2。楔形体对滑动的安全系数为：

$$F_s = \frac{N_1 \mathrm{tg}\varphi_1 + N_2 \mathrm{tg}\varphi_2 + c_1 A_1 + c_2 A_2}{W \sin\beta_s} \tag{9-26}$$

其中 N_1 和 N_2 可根据平衡条件求得：

$$N_1 \sin\omega_1 + N_2 \sin\omega_2 = W \cos\beta_s \tag{9-27}$$

$$N_1 \cos\omega_1 = N_2 \cos\omega_2 \tag{9-28}$$

从而可解得：

$$N_1 = \frac{W \cos\beta_s \cos\omega_2}{\sin\omega_1 \cos\omega_2 + \cos\omega_1 \sin\omega_2} \tag{9-29}$$

$$N_2 = \frac{W \cos\beta_s \cos\omega_1}{\sin\omega_1 \cos\omega_2 + \cos\omega_1 \sin\omega_2} \tag{9-30}$$

式中 $\qquad \sin\omega_i = \sin\beta_i \sin\beta_s \sin(\psi_s - \psi_i) + \cos\beta_i \cos\beta_s \quad (i=1,2) \tag{9-31}$

如果忽略滑动面上的凝聚力 c_1 和 c_2，并设两个面上的内摩擦角相同，都为 φ_j，则安全系数为：

$$F_s = \frac{(N_1 + N_2)\ \mathrm{tg}\varphi_j}{W\sin\beta_s} \tag{9-32}$$

根据式（9-29）和式（9-30），并经过化简，得：

$$N_1 + N_2 = \frac{W\cos\beta_s\cos\dfrac{\omega_2 - \omega_1}{2}}{\sin\dfrac{\omega_1 + \omega_2}{2}}$$

因而

$$F_s = \frac{\cos\dfrac{\omega_2 - \omega_1}{2}}{\sin\dfrac{\omega_1 + \omega_2}{2}}\frac{\mathrm{tg}\varphi_j}{\mathrm{tg}\beta_s}$$

$$= \frac{\sin\left(90° - \dfrac{\omega_2}{2} + \dfrac{\omega_1}{2}\right)}{\sin\dfrac{\omega_1 + \omega_2}{2}}\frac{\mathrm{tg}\varphi_j}{\mathrm{tg}\beta_s}$$

不难证明，$\omega_1 + \omega_2 = \xi$ 是两个滑动面间的夹角，而 $90° - \dfrac{\omega_2}{2} + \dfrac{\omega_1}{2} = \beta$ 是滑动面底部水平面与这夹角的交线之间的角度（自底部水平面逆时针转向算起），见图 9-17 的右上角。因而

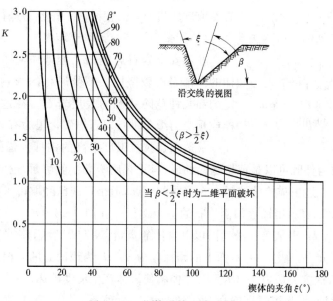

图 9-17　楔体系数 K 的曲线

$$F_s = \frac{\sin\beta}{\sin\frac{1}{2}\xi}\left(\frac{tg\varphi_j}{tg\beta_s}\right) \qquad (9-33)$$

或者换言之：

$$(F_s)_{楔} = K \ (F_s)_{平} \qquad (9-34)$$

式中 $(F_s)_{楔}$ 为仅由摩擦力时的楔形体的抗滑安全系数；$(F_s)_{平}$ 是坡角为 α、滑动面的倾角为 β_s 的平面破坏的抗滑安全系数；K 是楔体系数，如式（9-33）中所示，它取决于楔体的夹角 ξ 以及楔体的歪斜角 β。图 9-17 上绘有对应于一系列 ξ 和 β 的 K 值，可供使用。

第九节　岩坡加固

目前还没有能够阻止大规模岩石滑坡的方法，但是，对于小规模岩石滑坡或岩崩常常可以用适当的方法加以阻止。

对于潜在的大规模岩石滑坡，应当加强观察，确定它们的特性和估计它们的危险性。潜在的岩石滑坡，一方面可用仪器来监视；另一方面可通过边坡的表面现象来判断分析，例如，树木斜生，孤立的岩石开始滚动或滑动，坡脚局部失稳等等都是可能发生滑坡的预兆。

对于潜在的小规模岩石滑坡，常常采用如下的方法进行岩坡加固。

（一）用混凝土填塞岩石断裂部分

岩体内的断裂面往往就是潜在的滑动面。用混凝土填塞断裂部分就消除了滑动的可能，如图 9-18 所示，这个道理是不需解释的。在填塞混凝土以前，应当将断裂部分的泥质冲洗干净，这样，混凝土与岩石可以良好地结合。有时还应当将断裂部分加宽，再进行填塞。这样既清除了断裂面表面部分的风化岩石或软弱岩石，又使灌注工作容易进行。

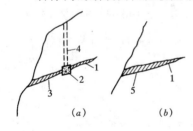

图 9-18　用混凝土填塞岩石断裂
1—岩石断裂；2—混凝土块；3—清洗断裂面并用混凝土填塞；4—钻孔；5—清洗和扩大断裂并用混凝土填塞

（二）锚栓或预应力缆索加固

在不安全岩石边坡的工程地质测绘中，经常发现岩体的深部岩石较坚固，不受风化的影响，足以支持不稳定的和某种危险状况的表层岩石。在这种情况下采用锚栓或预应力缆索进行岩石锚固，很为有利。

一般采用抗拉强度很高的钢杆来锚固岩石，其道理是很明显的。钢质构件既可以是剪切螺栓的形式，垂直用于潜在剪切面，也可以用作预拉锚栓加固不稳定岩石。过去锚栓的防锈存在严重的问题，但是目前已经取得了重大的进展。

图 9-19（a）表示用锚栓加固岩石的一个例子。在图 9-19(b）上绘出了作用于岩坡上的力的多边形。W 表示潜在滑动面以上岩体的重量；N 和 T 表示该重量在 $a-a$ 面上的法向分力和切向分力。假定 $a-a$ 面上的摩擦角为 $35°$，F 为该面上的摩擦力。从图上看出，摩擦力 F 不足以抵抗剪切力 T，$(T-F)$ 差值将使岩体产生滑动破坏。这个差值必须由外力加以平衡。在设计时，为了保证安全，这个外力应当要稍大于 $(T-F)$ 差值，一般应能使被加

固岩体的抗滑安全系数提高到1.25。安设锚栓就能实现这个要求。为此,既可以布置平行于潜在剪切面 $a-a$ 而作用的剪切锚栓,以形成阻力 R_r(剪切锚杆的总力),也可以布置与剪切面 $a-a$ 多少有点偏斜的锚栓,从而在力系中增加阻力 $A_{\min}$、A_H、A_N。

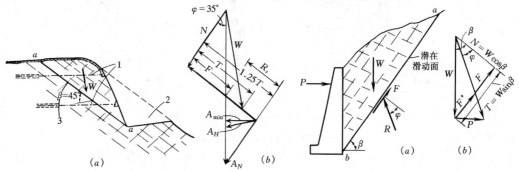

图 9-19 用锚栓加固石的实例

1—岩石锚固;2—挖方;3—潜在破坏面

图 9-20 用混凝土挡墙加固岩坡

（三）用混凝土挡墙或支墩加固

在山区修建大坝、水电站、铁路和公路而进行开挖时,天然或人工的边坡,经常需要防护,以免岩石坍滑。在很多情况下,不能用额外的开挖放缓边坡来防止岩石的滑动,而应当采用混凝土挡墙或支墩,这样可能比较经济。

如图 9-20（a）所示。岩坡内有潜在滑动面 ab,采用混凝土挡墙加固。ab 面以上的岩体重 W,潜在滑动面方向有分力（剪切力）$T=W\sin\beta$,垂直于潜在滑动面的分力 $N=W\cos\beta$,抗抵滑动的摩擦力 $F=W\cos\beta\mathrm{tg}\varphi$。显然如图 9-20（$b$）这里的摩擦力 F 比剪切力 T 小,不能抵抗滑动,如果没有挡墙的反作用力 P,岩体就不能稳定。由于 P 在滑动方向造成分力 F^*,岩体才能静力平衡,即 $F+F^*=T$。应当指出,从挡墙来的反作用力只有当岩体开始滑动时才成为一个有效的力。

（四）挡墙与锚栓相结合的加固

在大多数情况下采用挡墙与锚杆相结合的办法来加固岩坡。锚杆可以是预应力的,也可以不是预应力的。

图 9-21（a）表示挡墙与锚栓相结合的例子。这里挡墙较薄较轻,目的在于防冻和防风化,它只受图中阴影部分的岩楔下滑产生的压力如图 9-21（b）。只要后边的岩楔受到支持,其后面的岩体就处于稳定状态。在图 9-21（c）上绘有力多边形,其中 W_r 表示不稳定岩石（即图中的阴影部分）的重量,W_w 表示有拉杆锚固时挡墙的重量,W_w' 表示无拉杆锚固时挡墙应当增加的重量（虚线）,R 表示合力,A 表示拉杆总拉力,R' 表示无拉杆时的合力,1.25 表示安全系数,φ 表示沿节理面摩擦角。从力多边形中明显看出,需要用挡墙的自重和拉杆的总拉力来保护岩石的不稳定部分。在设计时,可将拉杆沿着墙面均匀布置,并使每根拉杆的应力和贯入到稳定岩体的深度减到最低程度。挡墙上的荷载也假定均匀分布。从这个力多边形中还可看出,采用拉杆后,挡墙的断面就可大大缩小。因此,只要在墙后适当距离内有坚固而稳定的岩石,就可以用锚固挡墙来支撑不稳定岩石

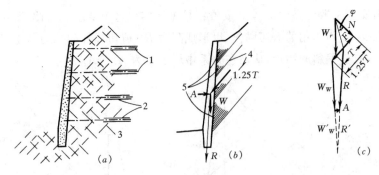

图 9-21 挡墙与锚栓相结合的加固

(a) 断面图；(b) 荷载形式；(c) 力多边形图解分析

1—拉杆；2—灌浆；3—有节理的岩体；4—节理方向；5—被支撑的岩楔

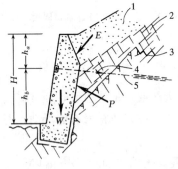

图 9-22 混凝土挡墙与高强度预应力锚栓加固不稳定岩坡实例

1—覆盖土；2—破碎岩石；3—坚固岩石；4—锚力；5—预应力岩石锚固

及其上部的覆盖物。但拉杆集中于一行时，将使锚固挡土墙的断面有所增大。

图 9-22 上示有混凝土挡墙与高强度预拉应力锚栓加固不稳定岩坡的实例。由于这个预拉应力的作用，可以在挡墙断面内造成较高的应力，所以挡墙的断面不能太薄。从静力学观点出发，要求锚栓位于尽可能高的位置。不过邻近锚栓插入处的挡墙和岩体之间的接触也极为重要。根据经验，锚固挡墙的最大经济高度 H_{max} 约为锚栓距地面高度 h_b 的两倍。

利用锚固挡墙，特别是在建筑物较长时，由于减少开挖量和减小墙的断面，所节约的石方量和混凝土量是相当可观的。如果使用预制混凝土构件，则可能更加经济。

习　　题

习题 9-1　有一岩坡如题 9-1 图所示，坡高 $H=100\mathrm{m}$，坡顶垂直张裂隙深 40m，坡角 $\alpha=35°$，结构面倾角 $\beta=20°$。岩体的性质指标为：$\gamma=25\mathrm{kN/m^3}$，$c_j=0$，$\varphi_j=25°$。试问当裂隙内的水深 Z_w 达何值时，岩坡处于极限平衡状态？

习题 9-2　已知均质岩坡的 $\varphi=30°$，$c=300\mathrm{kPa}$，$\gamma=25\mathrm{kN/m^3}$，问当岩坡高度为 200m 时，坡角应当采用多少度？

习题 9-3　上题中如果已知坡角为 50 度，问极限的坡高是多少？

习题 9-4　设岩坡的坡高 50m，坡角 $\alpha=55°$，坡内有一结构面穿过，其倾角 $\beta=35°$。在边坡坡顶面线 10m 处

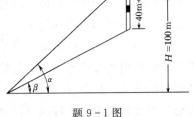

题 9-1 图

有一条张裂隙，其深度为 $Z=18\mathrm{m}$。岩石性质指标为 $\gamma=26\mathrm{kN/m^3}$，$c_j=60\mathrm{kPa}$，$\varphi_j=30°$，求水深 Z_w 对边坡安全系数 F_s 的影响。

第十章 有限单元法在岩石力学中的应用

第一节 概 述

我们知道，岩石是一种复杂的、各向异性的、非均质和非线性的弹塑性材料。它们的物理力学常数（弹性模量、泊松比、凝聚力、内摩擦角、抗拉和抗压强度等等）不仅随不同方向而异，而且还会发生突然的变化，往往在有限的范围内就有多种变化；即使同一种岩石，它们的应力应变关系也是较复杂的，有线性的，也有非线性弹性和非线性弹塑性的。此外，岩石内常常有这样或那样的裂缝，张开的和闭合的以及充填黏土的；其方向也变化无常，有的无规律，有的有一定的规律性。断层、层面、软弱夹层等结构软弱面，性质更是各式各样。岩体的这种非均质性、各向异性、裂隙性，不是微观的，而是大范围宏观的。这些复杂的性质也就是岩石力学发展迟缓的原因之一。乍看起来，似乎任何数学力学方法都难于应付这些情况。

作为一例，如图 10-1 所示的情况。在各种岩层组成的岩坡下面开挖一个矩形坑道，在斜坡上还有断层穿过，各岩层的物理力学常数都不相同，要探求坑道周围岩体内的应力场，这在过去除了做试验以外是没有其他办法的。

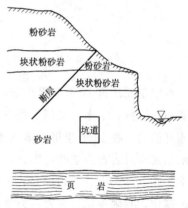

图 10-1 复杂岩坡内的坑道

这里，有限单元法是特别适用的一种工具。因为这个方法的处理，是把连续体理想地化为由有限多个有限大小的单元构件组成的离散的结构，所以对于不同单元可以根据其具体情况而指定不同的性质，对断层采用较合理的计算模型，这就可以在一定程度上来模拟上述复杂岩体中遇到的实际问题。

应当指出，由于岩石的性质复杂，在用有限单元法进行分析时，如果把它所有的复杂因素都考虑进去，则就必然引起计算的过于复杂化，使问题不易求解，或者反而解决得不好。所以在进行有限单元法的分析时还必须抓住问题的主要矛盾（主要因素），对于一些次要的因素可不予考虑，以便使问题既得到解决，又不致计算过于复杂化。例如图 10-2 (a) 上的重力坝建造在一部分坚硬一部分软弱的岩基上，则主要问题是这一部分软弱地基对应力和变形的影响。如果软弱地基内还没有破坏或屈服区域，则我们可以对这两部分地基分别采用不同的弹性模量来模拟地基，在计算中还应考虑到岩体不能或只能承受很少拉应力的分析方法。如果软弱地基部分有破坏或屈服，则对这一部分地基可采用弹塑性的分析方法。图 10-2 (b) 表示坝基内有软弱夹层，这些夹层往往是影响应力和变形以及控制坝基稳定的因素，我们可用线性弹性体模拟夹层两侧的岩石，而用非线性的弹塑性体模拟软弱夹层。如果地基岩石比较软弱，而荷载又较大，则也可以把地基内的岩石都看作弹塑性体。图 10-2（c）中的主要问题是沿着层面的方向与垂直层面的方向的力学常数显著不同，即岩层有各向异性，我们就应当采用各向异性体来模拟地基，并应当研究沿着层面的滑动问题。此外，对于任何岩体，如果节理裂隙发育，抗拉能力差，则应当考虑这种岩体内不能产生拉应力的分析等等。总之，采用有限单元法作应力分析，可以考虑过去不能考虑的因素，但是也绝不可能把所有的因素都考虑进去，应当抓住主要因素拟定计算模型。

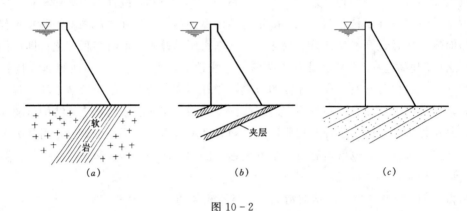

图 10-2

（a）坝基一部分为硬岩，一部分为软岩；（b）坝基内有软弱夹层；（c）坝基内有倾斜层理面

有限单元法是 1956 年提出的，它首先被应用于飞机结构的应力分析方面，继而扩大到造船、机械、土木、水利工程以及其他连续体分析。应用到岩石力学方面，是从 1966 年才开始的。在 1966 年里斯本（葡萄牙）召开的第一届国际岩石力学会议上，曾提出了有限单元法对岩石力学的应用方面的论文；在 1970 年贝尔格莱德召开的第二届国际岩石力学会议上，一个总的趋向是，一致公认有限单元法对岩石力学的应用有着很大的优越性。现在，有限单元法在岩石力学中的应用已经越来越多、越来越广了。

关于有限单元法的原理和解题步骤，在弹性力学课程中已经有详细的叙述。本章除了有一些必要的重复之外，只着重介绍它对于岩石力学应用的某些方面，并且只限于平面应变问题。

第二节　各向同性弹性体有限单元法简述

在岩石力学的有限单元法分析中，我们仍旧遵循岩石力学中对应力和应变的惯用的符号规定，即：以压应力为正，拉应力为负，以压缩应变为正，以拉伸应变为负。这些规定与一般弹性力学中的规定完全相反。因此，在下面的有限单元法的叙述中，有些矩阵的符号也与弹性力学中导出的符号相反，请读者在学习中注意。

一、弹性矩阵

我们知道，在各向同性弹性体的平面应变问题中，其应力与应变的关系（物理方程）可用下式表示：

$$\sigma_x = \frac{E(1-\mu)}{(1+\mu)(1-2\mu)} \times \left(\varepsilon_x + \frac{\mu}{1-\mu}\varepsilon_y\right) \Bigg\}$$

$$\sigma_y = \frac{E(1-\mu)}{(1+\mu)(1-2\mu)} \times \left(\frac{\mu}{1-\mu}\varepsilon_x + \varepsilon_y\right) \qquad (10-1)$$

$$\tau_{xy} = \frac{E}{2(1+\mu)}\gamma_{xy} = \frac{E(1-\mu)}{(1+\mu)(1-2\mu)}\frac{1-2\mu}{2(1-\mu)}\gamma_{xy} \Bigg\}$$

式中的符号同前。现用矩阵的形式表示：

$$\{\sigma\} = [D]\{\varepsilon\} \qquad (10-2)$$

式中　　　　　　　　$\{\sigma\} = \{\sigma_x \ \sigma_y \ \tau_{xy}\}^T, \ \{\varepsilon\} = \{\varepsilon_x \ \varepsilon_y \ \gamma_{xy}\}^T$

而 $[D]$ 是一个 3×3 的完全决定于弹性常数 E、μ 的矩阵，叫做弹性矩阵，用下式表示：

$$[D] = \frac{E(1-\mu)}{(1+\mu)(1-2\mu)} \begin{bmatrix} 1 & \dfrac{\mu}{1-\mu} & 0 \\ \text{对} & 1 & 0 \\ \text{称} & & \dfrac{1-2\mu}{2(1-\mu)} \end{bmatrix} \qquad (10-3)$$

二、几何方程

按岩石力学中习惯，以压应变为正，在平面问题中，应变—位移关系（几何方程）可以表示为：

$$\{\varepsilon\} = \begin{Bmatrix} \varepsilon_x \\ \varepsilon_y \\ \gamma_{xy} \end{Bmatrix} = \begin{Bmatrix} -\dfrac{\partial u}{\partial x} \\ -\dfrac{\partial v}{\partial y} \\ -\dfrac{\partial u}{\partial y} - \dfrac{\partial v}{\partial x} \end{Bmatrix} \qquad (10-4)$$

三、有限单元法的概念

在用有限单元法分析时，首先应将弹性体（岩体及其上的结构物）进行所谓离散化，把一个连续的弹性体变换成为一个离散的结构物，它由有限多个、有限大小的构件在有限多个结点相互连系而组成。这些有限大小的构件就称为有限单元，简称单元。

对于平面问题，最简单而最常用的单元是三角形单元。所有的结点都取为铰接。在结点位移或其某一分量可以忽略不计的地方，就在结点上安置一个铰支座或相应的连杆支座。每一单元所受的荷载，都按静力等效的原则移置到结点上，成为结点荷载，这样就得出平面问题的有限单元法计算简图。在图 10-3 上示有一个支墩坝及其地基的有限单元划分图。

岩体和结构物被离散化后，就可以采用结构力学中的位移法进行计算。每一结点的位移 u、v 是解题中的基本未知量。为了求得结点位移以后能够求得应力，就要用到单元中的应力以结点位移表示的表达式。例如，在图 10-4 (a) 所示的单元 ijm 中，需要建立如下关系式

$$\{\sigma\} = [S] \{\delta\}^e \qquad\qquad (10-5)$$

式中　　$\{\sigma\} = \{\sigma_x \ \sigma_y \ \tau_{xy}\}^T$

$\{\delta\}^e = \{\delta_i \ \delta_j \ \delta_m\}^T = \{u_i \ v_i \ u_j \ v_j \ u_m \ v_m\}^T$

而 $[S]$ 是一个 3×6 的矩阵，称为应力矩阵。本节在下面将要介绍这个矩阵的建立过程。

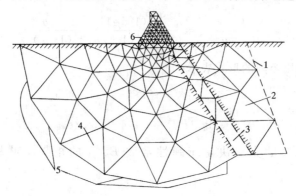

图 10-3　一个支墩坝及其地基的有限单元划分图（E_c 为混凝土弹性模量）

1—断层（假定无约束）；2—过渡层砂砾 $E_1 = \dfrac{1}{10} E_c$；3—砂砾 $E_g = \dfrac{1}{4} E_c$；4—泥灰岩

$E_2 = \dfrac{1}{2} E_c$；5—假定位移为零；6—大坝 E_c

用来求解基本未知量的方程，是结点的平衡方程。假定图 10-4（a）所示的单元，受到结点所施加的所谓结点力

$$\{F\}^e = \{F_i \ F_j \ F_m\}^T = \{U_i \ V_i \ U_j \ V_j \ U_m \ V_m\}^T$$

则结点 i、j、m 将受有该单元所施的力，与这些结点力大小相等而方向相反。例如图 10-4（b）所示的结点 i，就受有上述单元 ijm 所施的沿负标向的 U_i 及 V_i。同样，环绕结点 i 的其他单元也对结点 i 施有结点力。它们的总和为 $-\sum U_i$，$-\sum V_i$。此外，结点 i 还受有结点荷载 X_i，Y_i（各单元所受体力、面力以及集中荷载按静力等效原则移置到结点上去的）。根据 i 点的平衡条件，得到下列平衡方程：

同理，对其他结点得：

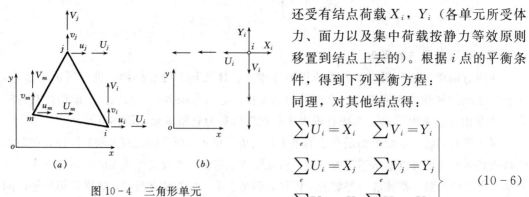

图 10-4　三角形单元

$$\left.\begin{array}{ll} \displaystyle\sum_e U_i = X_i & \displaystyle\sum_e V_i = Y_i \\[2mm] \displaystyle\sum_e U_i = X_j & \displaystyle\sum_e V_j = Y_j \\[2mm] \displaystyle\sum_e U_m = X_m & \displaystyle\sum_e V_m = Y_m \\ \vdots & \end{array}\right\} \qquad (10-6)$$

上列平衡方程式用矩阵表示：

$$\sum_e \{F_r\} = \{R_r\} \qquad\qquad (10-7)$$

式中 $\sum\limits_{e}$ ——对那些环绕结点 i 的所有单元求和。

在每一个单元上都可以把结点力 $\{F\}^e$ 用结点位移 $\{\delta\}^e$ 来表示，即

$$\{F\}^e = [k] \{\delta\}^e \tag{10-8}$$

式中 $[k]$ ——是一个 6×6 的矩阵，称为该单元的劲度矩阵（这种关系式的建立将在下面介绍）。

这样，结点力 U_i、V_i、…就能用结点位移 u_i、v_i、…来表示。将这些用结点位移表示的表达式代入平衡方程式（10-6）中（该式中 X_i、Y_i、…均为已知值），就得到以结点位移为未知量的方程式。如果有 n 个结点，则就有 $2n$ 个未知量，$2n$ 个方程式，可以联立求解，得出结点位移 u_i，v_i，…，u_n，v_n。

求出结点位移后，就可用（10-5）式求得各单元的应力。

就有限单元法本身来看，它对岩体、岩基、岩洞、岩坡的应力计算是非常适用的。因为有限单元法是把一个连续体看作为由许多有限多个的有限大的单元体所组成。因此，就可以分别考虑每一个单元的弹性矩阵、应力矩阵、劲度矩阵，这样就直接考虑到岩体的不均质性了。像图 10-1 和图 10-3 那样复杂情况的应力分析也就没有什么困难，只要适当布置有限单元的网格，就可分别考虑各种岩石的弹性性质。和其他物理力学性质。

四、位移模式

设每一单元是一个连续的、均匀的、完全弹性的各向同性体。

我们知道，如果弹性体的位移分量是坐标的已知函数，则就可以用几何方程式（10-4）求应变分量，从而用物理方程式（10-2）求得应力分量。因此，为了能用结点位移表示应变和应力，首先必须假定一个位移模式，也就是假定位移分量为坐标的某种简单函数，当然，这些函数在结点的数值，应当等于结点位移分量的数值。

今假定单元中的位移分量是坐标的线性函数，即

$$u = \alpha_1 + \alpha_2 x + \alpha_3 y, \quad v = \alpha_4 + \alpha_5 x + \alpha_6 y \tag{10-9}$$

在图 10-4（a）的 i、j、m 三点，应当有：

$$u_i = \alpha_1 + \alpha_2 x_i + \alpha_3 y_i \quad v_i = \alpha_4 + \alpha_5 x_i + \alpha_6 y_i$$

$$u_j = \alpha_1 + \alpha_2 x_j + \alpha_3 y_j \quad v_j = \alpha_4 + \alpha_5 x_i + \alpha_6 y_j$$

$$u_m = \alpha_1 + \alpha_2 x_m + \alpha_3 y_m \quad v_m = \alpha_4 + \alpha_5 x_m + \alpha_6 y_m$$

由左边的三个方程求解 α_1、α_2、α_3，由右边的三个方程求解 α_4、α_5、α_6，再代回式（10-9），整理后，得：

$$u = N_i u_i + N_j u_j + N_m u_m, \quad v = N_i v_i + N_j v_j + N_m v_m \tag{10-10}$$

式中 N_i、N_j、N_m 一般是坐标的函数，它们反映单元的位移形态，因而称为位移的形态函数，或简称为形函数：

$$\left. \begin{array}{l} N_i = (a_i + b_i x + c_i y) / 2A \\ N_j = (a_j + b_j x + c_j y) / 2A \\ N_m = (a_m + b_m x + c_m y) / 2A \end{array} \right\} \tag{10-11}$$

其中 A 是三角形 ijm 的面积，即

$$A = \frac{1}{2} \begin{vmatrix} 1 & x_i & y_i \\ 1 & x_j & y_j \\ 1 & x_m & y_m \end{vmatrix} \tag{10-12}$$

而系数 a_i 是

$$\left. \begin{array}{l} a_i = x_j y_m - x_m y_j, \quad b_i = y_j - y_m, \quad c_i = -x_j + x_m \\ a_j = x_m y_i - x_i y_m, \quad b_j = y_m - y_i, \quad c_j = -x_m + x_i \\ a_m = x_i y_j - x_j y_i, \quad b_m = y_i - y_j, \quad c_m = -x_i + x_j \end{array} \right\} \tag{10-13}$$

为了使得出的面积不成负值，i、j、m 的次序必须是逆时针转向的，如图 10-4 所示。

五、应力矩阵

下面将利用几何方程、物理方程、虚功方程，做到用结点位移表示单元的应变，从而表示单元的应力，再从而表示结点力，也就是建立应力矩阵和劲度矩阵。最后再导出用结点位移表示的结点平衡方程。

利用几何方程式（10-4），可由式（10-10）及式（10-11）得出用结点位移表示单元的应变的表达式：

$$\{\varepsilon\} = \left\{ \begin{array}{c} -\dfrac{\partial u}{\partial x} \\[2mm] -\dfrac{\partial v}{\partial y} \\[2mm] -\dfrac{\partial u}{\partial y} - \dfrac{\partial v}{\partial x} \\[2mm] -\dfrac{\partial u}{\partial y} - \dfrac{\partial v}{\partial x} \end{array} \right\} = \frac{-1}{2A} \begin{bmatrix} b_i & 0 & b_j & 0 & b_m & 0 \\ 0 & c_i & 0 & c_j & 0 & c_m \\ c_i & b_i & c_j & b_j & c_m & b_m \end{bmatrix} \left\{ \begin{array}{c} u_i \\ v_i \\ u_j \\ v_j \\ u_m \\ v_m \end{array} \right\} \tag{10-14}$$

或者简写为

$$\{\varepsilon\} = -[B]\{\delta\}^e \tag{10-15}$$

其中矩阵 $[B]$ 可写为分块形式

$$[B] = [B_i, \ B_j, \ B_m] \tag{10-16}$$

而其子矩阵为

$$[B_i] = \frac{1}{2A} \begin{bmatrix} b_i & 0 \\ 0 & c_i \\ c_i & b_i \end{bmatrix} \quad (i, \ j, \ m)$$

由于单元的面积 A 以及各个 b 和 c 都是常量，所以矩阵 $[B]$ 的元素都是常量，可见应变 $\{\varepsilon\}$ 的元素也是常量，也就是说，在每一个单元中，应变分量 ε_x、ε_y、γ_{xy} 都是常量。

将表达式（10-15）代入物理方程（10-2），就得到用结点位移表示单元中应力的表达式：

$$\{\sigma\} = [D]\{\varepsilon\} = -[D][B]\{\delta\}^e \tag{10-17}$$

可见，在每一个单元中，应力分量也是常量。

将表达式（10-17）与式（10-15）对比，可见

$$[S] = -[D][B] \tag{10-18}$$

将平面应变问题中的弹性矩阵的表达式（10-3）和式（10-16）代入式（10-18），即得平面应变问题中的应力矩阵，写成分块形式：

$$[S] = [S_i \quad S_j \quad S_m] \tag{10-19}$$

其中的子矩阵为

$$[S_i] = \frac{-E(1-\mu)}{2(1+\mu)(1-2\mu)A} \begin{bmatrix} b_i & \dfrac{\mu}{1-\mu}c_i \\ \dfrac{\mu}{1-\mu}b_i & c_i \\ \dfrac{1-2\mu}{2(1-\mu)}c_i & \dfrac{1-2\mu}{2(1-\mu)}b_i \end{bmatrix} \quad (i,j,m) \tag{10-20}$$

六、劲度矩阵，结点平衡方程

现在来导出用结点位移表示结点力的表达式。假想在单元 ijm 中发生了虚位移，相应的结点虚位移为 $\{\delta^*\}^e$，引起的虚应变为 $\{\varepsilon^*\}$。因为每一个单元所受的荷载都已移置到结点上，所以该单元所受的外力只是结点力 $\{F\}^e$。单元弹性体的虚功方程为（在平面应变条件下取单元的厚度为1）：

$$(\{\delta^*\}^e)^T\{F\}^e = \iint \{\varepsilon^*\}^T\{\sigma\} \mathrm{d}x\mathrm{d}y$$

将式（10-17）以及由式（11-15）得来的 $\{\varepsilon^*\} = -[B]\{\delta^*\}^e$ 代入上式，得：

$$(\{\delta^*\}^e)^T\{F\}^e = \iint (-[B]\{\delta^*\}^e)^T(-[D][B]\{\delta\}^e)\mathrm{d}x\mathrm{d}y$$

根据矩阵乘积的逆序法则，上式可化为

$$(\{\delta^*\}^e)T\{F\}^e = \iint (\{\delta^*\}^e)^T[B]^T[D][B]\{\delta\}^e\mathrm{d}x\mathrm{d}y$$

由于 $\{\delta^*\}^e$ 中的元素是常量，上式右边的 $(\{\delta^*\}^e)^T$ 可以提到积分号的前面去。又由于虚位移可以是任意的，从而矩阵 $(\{\delta^*\}^e)^T$ 也是任意的，所以等式两边与它相乘的矩阵应当相等，于是得：

$$\{F\}^e = \iint [B]^T[D][B]\mathrm{d}x\mathrm{d}y\{\delta\}^e \tag{10-21}$$

令

$$[k] = \iint [B]^T[D][B]\mathrm{d}x\mathrm{d}y \tag{10-22}$$

则上式取式（10-8）的形式，即

$$\{F\}^e = [k]\{\delta\}^e$$

这就建立了该单元上的结点力与结点位移的关系。由于 $[D]$ 中的元素是常量，而且在线性位移的情况下，$[B]$ 中的元素也是常量，再注意到 $\iint \mathrm{d}x\mathrm{d}y = A$，式（10-21）及式（10-22）就简化为：

$$\{F\}^e = [B]^T [D] [B] A \{\delta\}^e \qquad (10-23)$$

$$[k] = [B]^T [D] [B] A \qquad (10-24)$$

矩阵 $[k]$ 就是该单元的劲度矩阵，它的元素表明该单元的各结点沿坐标方向发生单位位移时引起的结点力，它决定于该单元的形状、大小、方位和弹性常数，而与单元的位置无关，即不随单元或坐标轴的平行移动而改变。

将表达式（10-16）及式（10-3）代入式（10-24），即得平面应变问题中简单三角形单元的劲度矩阵，写成分块形式如下：

$$[k] = \begin{bmatrix} k_{ii} & k_{ij} & k_{im} \\ k_{ji} & k_{jj} & k_{jm} \\ k_{mi} & k_{mj} & k_{mm} \end{bmatrix} \qquad (10-25)$$

其中

$$[k_{rs}] = \frac{E(1-\mu)}{4(1+\mu)(1-2\mu)A} \begin{bmatrix} b_r b_s + \dfrac{1-2\mu}{2(1-\mu)}c_r c_s & \dfrac{\mu}{1-\mu}b_r c_s + \dfrac{1-2\mu}{2(1-\mu)}c_r b_s \\ \dfrac{\mu}{1-\mu}c_r b_s + \dfrac{1-2\mu}{2(1-\mu)}b_r c_s & c_r c_s + \dfrac{1-2\mu}{2(1-\mu)}b_r b_s \end{bmatrix}$$

$$(r=i,\ j,\ m \quad s=i,\ j,\ m) \qquad (10-26)$$

有了单元的劲度矩阵表达式（10-25），即可将任一结点 i 的平衡方程（10-6）改用结点位移表示成为：

$$\sum_e \sum_{n=i,\ j,\ m} [k_{in}]\{\delta_n\} = \{R_i\} \qquad (10-27)$$

对于每一结点，都可写出这样的平衡方程，实际上它代表两个线性方程。

将结构（建筑物和岩体）上各结点的平衡方程集合在一起，即得整个结构的平衡方程组：

$$[K]\{\delta\} = \{R\} \qquad (10-28)$$

其中的未知量列阵是结点位移，自由项列阵是结点荷载 $\{R\}$，而矩阵 $[K]$ 称为该结构的整体劲度矩阵或集合劲度矩阵。

第三节　横观各向同性岩体的分析

一、横观各向同性体的物理方程

如果弹性体在平行于某一平面的所有各个方向，即所谓"横向"，都具有相同的弹性常数，则这种弹性体就称为横观各向同性体。显然，任意一个横向都是一个弹性主向，而垂直于各个横向的那个"纵向"也是一个弹性主向。

由于岩石在形成过程中有层理、片理等特征，或者在某一方向有非常发育的节理系统。因此，沿着层面（或片理面或裂隙面）方向和垂直层面（或片理面或裂隙面）方向具有不同的弹性模量，有的相差到几倍，十几倍，甚至几十倍。显然，如果把这种情况当作各向同性体来计算，是不符合实际结果的。将岩体作为横观各向同性体来处理是比较符合实际的。

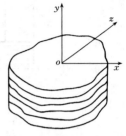

图 10-5　横观各向同性岩体的坐标设置

与各向同性体的计算相比，横观各向同性体的有限单元计算并不增加什么困难，只是单元的弹性矩阵比较复杂一些。下面先介绍物理方程，然后导出弹性矩阵。

我们把 y 轴放在纵向，z 轴和 x 轴放在横向（图 10-5），即三个坐标轴都沿着弹性主向。xoz 面为各向同性面，oy 轴垂直于各向同性面。这样的材料（岩石）应当用五个弹性常数来描述，这五个弹性常数是：

E_1——平行各向同性面方向的弹性模量（MPa）；

E_2——垂直各向同性面方向的弹性模量（MPa）；

μ_1——在各向同性面内压缩时，决定同一平面内的膨胀的泊松比；

μ_2——在垂直各向同性面的方向压缩时决定各向同性面内膨胀的泊松比；

G_2——决定各向同性面内各方向与垂直此平面的方向之间夹角的变化的剪切模量（MPa）。

这些常数都应当通过试验求得。

按照广义虎克定律（应变与引起该应变的应力成正比），横观各向同性体的物理方程为：

$$
\left.
\begin{aligned}
\varepsilon_x &= \frac{1}{E_1}\sigma_x - \frac{\mu_2}{E_2}\sigma_y - \frac{\mu_1}{E_1}\sigma_z \\[2mm]
\varepsilon_y &= -\frac{\mu_2}{E_2}\sigma_x + \frac{1}{E_2}\sigma_y - \frac{\mu_2}{E_2}\sigma_z \\[2mm]
\varepsilon_z &= -\frac{\mu_1}{E_1}\sigma_x - \frac{\mu_2}{E_2}\sigma_y + \frac{1}{E_1}\sigma_z \\[2mm]
\gamma_{zx} &= \frac{2(1+\mu_1)}{E_1}\tau_{zx} \\[2mm]
\gamma_{xy} &= \frac{1}{G_2}\tau_{xy} \\[2mm]
\gamma_{yz} &= \frac{1}{G_2}\tau_{yz}
\end{aligned}
\right\}
\tag{10-29}
$$

二、水平层状岩体平面应变问题中的弹性矩阵

坝基、隧洞围岩、岩石边坡等层状岩体都可看作是横观各向同性体的平面应变问题，见图 10-6。采用图形中所示的坐标系统。

在这些情况下，由于 $\varepsilon_z = 0$，所以根据式（10-29）中的第三式可以得到：

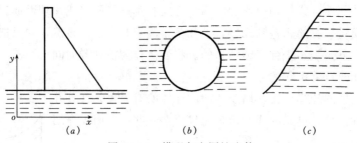

图 10-6 横观各向同性岩体

(a) 坝基；(b) 隧洞围岩；(c) 岩石边坡

$$\sigma_z = \mu_1 \sigma_x + \frac{E_1}{E_2} \mu_2 \sigma_y$$

代入式（10-29）中的第一式及第二式，并同第五式联立，得：

$$\left.\begin{array}{l} \varepsilon_x = (1-\mu_1^2)\dfrac{\sigma_x}{E_1} - (1+\mu_1)\,\mu_2\dfrac{\sigma_y}{E_2} \\[3mm] \varepsilon_y = \left(1-\mu_2^2\dfrac{E_1}{E_2}\right)\dfrac{\sigma_y}{E_2} - (1+\mu_1)\,\mu_2\dfrac{\sigma_x}{E_2} \\[3mm] \gamma_{xy} = \dfrac{\tau_{xy}}{G_2} \end{array}\right\} \tag{10-30}$$

从上面三式中求解应力分量，得到：

$$\left.\begin{array}{l} \sigma_x = E_2\dfrac{n\,(1-n\mu_2^2)\,\varepsilon_x + n\,(1+\mu_1)\,\mu_2\varepsilon_y}{(1+\mu_1)\,(1-\mu_1-2n\mu_2^2)} \\[3mm] \sigma_y = E_2\dfrac{n\,(1+\mu_1)\,\mu_2\varepsilon_x + (1-\mu_1^2)\,\varepsilon_y}{(1+\mu_1)\,(1-\mu_1-2n\mu_2^2)} \\[3mm] \tau_{xy} = mE_2\gamma_{xy} \end{array}\right\} \tag{10-31}$$

其中 $n = E_1/E_2$，$m = G_2/E_2$。这里，表示 5 个独立弹性常数的是 μ_1，μ_2，E_2，m，n。

和各向同性弹性体的平面问题一样，令

$$\{\sigma\} = \{\sigma_x \quad \sigma_y \quad \tau_{xy}\}^T, \quad \{\varepsilon\} = \{\varepsilon_x \quad \varepsilon_y \quad \gamma_{xy}\}^T$$

则式（10-31）可以写成矩阵的形式：

$$\{\sigma\} = [D_0]\{\varepsilon\} \tag{10-32}$$

其中 $[D_0]$ 就是弹性主向的弹性矩阵，用下式表示：

$$[D]_0 = \frac{E_2}{(1+\mu_1)\,(1-\mu_1-2n\mu_2^2)}\begin{bmatrix} n\,(1-n\mu_2^2) & n(1+\mu_1)\mu_2 & 0 \\ 对 & (1-\mu_1^2) & 0 \\ 称 & & m\,(1+\mu_1)\,(1-\mu_1-2n\mu_2^2) \end{bmatrix}$$

$$\tag{10-33}$$

类似于各向同性体情况，应力矩阵 $[S_0]$ 和劲度矩阵 $[k_0]$ 都可以运用矩阵的乘法而求出：

$$[S_0] = - [D_0][B] \qquad\qquad (10-34)$$

$$[k_0] = [B]^T[D_0][B]A \qquad\qquad (10-35)$$

三、倾斜层状岩体的平面应变弹性矩阵

如果岩体的层面（或节理面，片理面）是倾斜的，与水平面成 β 角，如图 $10-7$ 所示，则计算也没有多大困难。这时，为了整个问题的计算简便，坐标轴 x 及 y 仍然可选在水平及铅直方向。但这样一来，坐标方向就不是岩体的弹性主向，因而岩体内的应力分量 $\{\sigma\}$ 和应变分量 $\{\varepsilon\}$ 也就不是沿着弹性主向。在这种情况下，物理方程 $\{\sigma\}=[D]\{\varepsilon\}$ 中的弹性矩阵 $[D]$ 并不等于式（$10-33$）中的 $[D_0]$。为了简便地求得 $[D]$，可以对应力分量 $\{\sigma\}$ 和应变分量 $\{\varepsilon\}$ 进行坐标变换。

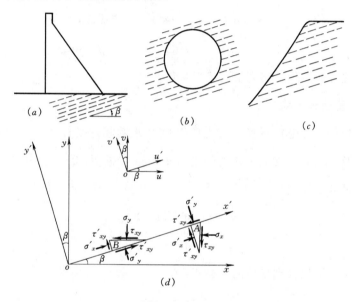

图 $10-7$　倾斜层状岩体

(a) 坝基；(b) 隧洞围岩；(c) 岩石边坡；(d) 坐标设置

（一）应力分量坐标变换

为了对应力分量进行坐标变换，可在岩体的弹性主向取辅助坐标轴 x' 及 y'，见图 $10-7$（d），其中 x' 平行于层面，而 y' 垂直于层面。在岩体内取微小的直角三角形部分 A，它的三边的法线分别沿 x' 轴、y' 轴和 x 轴。三边上的应力分量如图中所示。立出这微小部分岩石的平衡方程 $\sum F_x = 0$ 以及 $\sum F_y = 0$，可以得到：

$$\sigma_x = \sigma_x'\cos^2\beta + \sigma_y'\sin^2\beta - 2\tau_{xy}'\sin\beta\cos\beta$$

$$\tau_{xy} = \sigma_x'\sin\beta\cos\beta - \sigma_y'\sin\beta\cos\beta + \tau_{xy}'(\cos^2\beta - \sin^2\beta)$$

再在岩体内取微小的直角三角形部分 B，它的三边的法线分别沿着 x' 轴、y' 轴和 y 轴，根据平衡条件 $\sum F_y = 0$，可以得到：

$$\sigma_y = \sigma_x'\sin^2\beta + \sigma_y'\cos^2\beta + 2\tau_{xy}'\sin\beta\cos\beta$$

引用记号

$$\{\sigma'\} = \left\{ \begin{array}{c} \sigma_x' \\ \sigma_y' \\ \tau_{xy}' \end{array} \right\}$$

则上面三式可用矩阵表示为：

$$\{\sigma\} = [T]\{\sigma'\} \qquad (10-36)$$

其中

$$[T] = \left[\begin{array}{ccc} \cos^2\beta & \sin^2\beta & -2\sin\beta\cos\beta \\ \sin^2\beta & \cos^2\beta & 2\sin\beta\cos\beta \\ \sin\beta\cos\beta & -\sin\beta\cos\beta & \cos^2\beta-\sin^2\beta \end{array} \right] \qquad (10-37)$$

这就是应力分量的变换矩阵，它完全决定于倾角 β。

（二）应变分量坐标变换

为了对应变分量进行坐标变换，首先要对位移分量进行坐标变换。令位移在 x 及 y 方向的分量为 u 及 v，在 x' 及 y' 方向的分量为 u' 及 v'，见图 10-7。由简单的几何关系，可以得到位移分量的变换式：

$$\left. \begin{array}{l} u' = u\cos\beta + v\sin\beta \\ v' = v\cos\beta - u\sin\beta \end{array} \right\} \qquad (10-38)$$

由同样的几何关系，可以得到坐标的变换式：

$$\left. \begin{array}{l} x' = x\cos\beta + y\sin\beta \\ y' = y\cos\beta - x\sin\beta \end{array} \right\} \qquad (10-39)$$

并从而解出：

$$\left. \begin{array}{l} x = x'\cos\beta - y'\sin\beta \\ y = y'\cos\beta + x'\sin\beta \end{array} \right\} \qquad (10-40)$$

应用 $x'y'$ 坐标系中的几何关系，并利用式（10-38）和式（10-40），可以得到：

$$\varepsilon_x' = -\frac{\partial u'}{\partial x'} = -\frac{\partial u'}{\partial x}\frac{\partial x}{\partial x'} - \frac{\partial u'}{\partial y}\frac{\partial y}{\partial x'}$$

$$= -\left(\frac{\partial u}{\partial x}\cos\beta + \frac{\partial v}{\partial x}\sin\beta\right)\cos\beta - \left(\frac{\partial u}{\partial y}\cos\beta + \frac{\partial v}{\partial y}\sin\beta\right)\sin\beta$$

应用 xy 坐标系中的几何方程 $\dfrac{\partial u}{\partial x} = -\varepsilon_x$，$\dfrac{\partial v}{\partial y} = -\varepsilon_y$，$\dfrac{\partial v}{\partial x} + \dfrac{\partial u}{\partial y} = -\gamma_{xy}$，可将上式改写为：

$$\varepsilon_x' = \varepsilon_x \cos^2\beta + \varepsilon_y \sin^2\beta + \gamma_{xy} \sin\beta\cos\beta$$

同样可以得到：

$$\varepsilon_y' = -\frac{\partial v'}{\partial y'} = -\frac{\partial v'}{\partial x}\frac{\partial x}{\partial y'} - \frac{\partial v'}{\partial y}\frac{\partial y}{\partial y'}$$
$$= \varepsilon_x \sin^2\beta + \varepsilon_y \cos^2\beta - \gamma_{xy} \sin\beta\cos\beta$$

以及

$$\gamma_{xy}' = -\left(\frac{\partial v'}{\partial x} + \frac{\partial u'}{\partial y'}\right)$$
$$= -\left(\frac{\partial v'}{\partial x}\frac{\partial x}{\partial x'} + \frac{\partial v'}{\partial y}\frac{\partial y}{\partial x'}\right) - \left(\frac{\partial u'}{\partial x}\frac{\partial x}{\partial y'} + \frac{\partial u'}{\partial y}\frac{\partial y}{\partial y'}\right)$$
$$= \varepsilon_x \left(-2\sin\beta\cos\beta\right) + \varepsilon_y \left(2\sin\beta\cos\beta\right) + \gamma_{xy} \left(\cos^2\beta - \sin^2\beta\right)$$

引用记号：

$$\{\varepsilon'\} = \begin{Bmatrix} \varepsilon_x' \\ \varepsilon_y' \\ \gamma_{xy}' \end{Bmatrix} \tag{10-41}$$

则上列三式可用矩阵表示为：

$$\{\varepsilon'\} = [L] \{\varepsilon\} \tag{10-42}$$

其中

$$[L] = \begin{bmatrix} \cos^2\beta & \sin^2\beta & \sin\beta\cos\beta \\ \sin^2\beta & \cos^2\beta & -\sin\beta\cos\beta \\ -2\sin\beta\cos\beta & 2\sin\beta\cos\beta & \cos^2\beta - \sin^2\beta \end{bmatrix} \tag{10-43}$$

这就是应变分量的变换矩阵，它也完全决定于倾角 β。

将式 (10-43) 与式 (10-37) 对比，可见 $[T] = [L]^T$。于是应力分量的变换式 (10-36) 可以改写为：

$$\{\sigma\} = [L]^T \{\sigma'\} \tag{10-44}$$

（三）弹性矩阵

有了应力分量的变换式及应变分量的变换式，就可以由弹性主向的弹性矩阵求得水平——铅直方向的弹性矩阵，现说明如下。

因为 x' 和 y' 是沿弹性主向，所以 $\{\sigma'\}$ 与 $\{\varepsilon'\}$ 的关系是：

$$\{\sigma'\} = [D_0] \{\varepsilon'\}$$

代入式 (10-36)，得到：

$$\{\sigma\} = [T] [D_0] \{\varepsilon'\} = [L]^T [D_0] \{\varepsilon'\}$$

再将式 (10-42) 代入，得到：

$$\{\sigma\} = [L]^T [D_0] [L] \{\varepsilon\} \tag{10-45}$$

与物理方程 $\{\sigma\} = [D] \{\varepsilon\}$ 对比，可见有关系式：

$$[D] = [L]^T [D_0] [L] \tag{10-46}$$

其中的 $[L]$ 如式（10-43）所示，$[D_0]$ 如式（10-33）所示。

在水平层状岩体内，倾角 $\beta=0$，变换矩阵 $[L]$ 成为单位阵，式（10-46）简化为 $[D]=[D_0]$。

有时，层状岩体的层向可能随处而变（例如在褶皱区内，岩层弯曲），即倾角 β 可能随处而变，岩体的弹性常数 E_1、E_2、μ_1、μ_2、G_2 也可能随处而变，即 μ_1、μ_2、E_2、m、n 可能随处而变。在划分单元时，必须使得倾角 β 及各个弹性常数在每个单元中可以近似地作为常量，从而使每个单元具有确定的弹性矩阵 $[D]$。

最后指出，岩体的横观各向同性，只在物理方程中反映出来，因而只在弹性矩阵中反映出来。凡是与弹性矩阵无关的处理和运算，例如单元中位移模式的选择，荷载向结点移置，矩阵 $[B]$ 的计算等等，都不会由于该单元的横观各向同性而不同于各向同性的单元。凡是与弹性矩阵有关的运算，例如，应力矩阵和劲度矩阵的建立，则可按照前述各向同性的办法一样来进行，也没有什么困难。

作为考虑岩体横观各向同性的例子，在图 10-8 上示有四川某地下厂房的轮廓及其围岩的有限单元划分图。厂房拱顶上覆岩层的平均厚度为 87.40m，在拱顶处的初始垂直应力 $p_0\approx2.1$MPa。岩层分三层。上层为细砂岩（$E=2500$MPa，$\mu=0.25$，$\gamma=24$kN/m³），

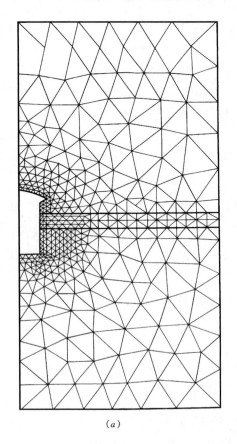

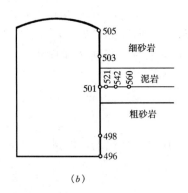

(a) (b)

图 10-8 横观各向同性岩体有限单元分析的例子

(a) 网格划分图；(b) 有关结点编号

下层为粗砂岩（$E=1300$MPa，$\mu=0.25$，$\gamma=22$kN/m³），中间夹有 6m 厚的泥岩，具有横观各向同性的性质（$E_1=150$MPa，$E_2=60$MPa，$\mu_1=0.3$，$\mu_2=0.12$，$G_2=40$MPa，$\gamma=26$kN/m³）。在分析中，曾经考虑到泥岩的横观各向同性的影响，并与不考虑各向同性的计算作了比较，如表 10-1 所示。

表 10-1

数值　　点号　计算方案		496	498	503	505	501	521	542	560
考虑到横观各向同性	σ_1	8.72	4.39	4.27	6.62	2.55	2.68	2.74	2.85
	σ_3	3.20	0.44	−0.09	1.95	0.37	0.15	1.12	1.93
不考虑横观各向同性	σ_1	8.60	4.17	4.19	6.68	2.15	2.42	2.69	2.95
	σ_3	3.13	0.43	−0.09	1.96	0.41	0.29	1.22	2.02

注　1. 各点号的位置见图 10-8 (b)；

2. σ_1、σ_3 代表大、小主应力，压应力为正，拉应力为负，单位为 MPa。

从表中可见，考虑泥岩层横观各向同性后，砂岩内应力变化不大，泥岩内有些变化。最明显的是 501# 点，由 2.15MPa 变化到 2.55MPa。泥岩层的应力状态有所恶化。但总的来看，泥岩层的各向异性对应力分布扰动不大，仅对泥岩层的部分地段有所影响。这是因为泥岩层厚度不大，而且横观各向同性指标相差不大（$E_1/E_2=\mu_1/\mu_2=2.5$ 倍），加之砂岩又未考虑各向异性等等缘故。

在图 10-9 上绘出了在各向异性（横观各向同性）非常显著的岩石中的圆形隧洞围岩的应力分析情况。

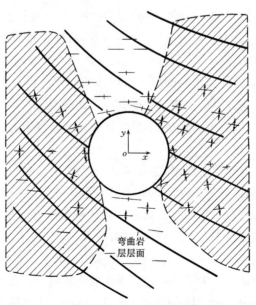

图 10-9　弯曲地层内一个隧洞围岩的应力情况

（$E_1=3$；$E_2=1$；$G_2=0.75$，$\mu_1=0.05$，$\mu_2=0.15$，在离开隧洞很远处作用着一个单位水平应力，

即 $\sigma_x=1$，$\sigma_y=0$），阴影区代表拉伸区

第四节　岩体的无拉应力分析

前两节都以线性弹性理论为基础，并假设岩体为连续体，它既能承受压应力，也能承受拉应力。这样的分析通常称为弹性分析。

事实上，岩体内总是分布着许多节理和裂隙，同时岩体本身的抗拉强度也极小。这就会发生如下的事实：即它不能承受拉应力，而当受到压应力时，同样是这种岩体，它却可以传力，并且符合近似的线性应力应变关系，即符合弹性分析。

这样，以前所讨论的线性应力应变关系（弹性分析）只有当岩体内到处都是压应力的状态下才是符合的。如果按照以前的弹性分析计算出来的岩体内有一部分区域出现拉应力时，则这部分区域内的拉应力实际上是不存在的，而且压应力区域内的应力值与计算的结果不符。因为当岩体内某局部地方出现拉应力时，该处的岩石首先开裂：从而使该处岩石的拉应力变为零，然后岩体内的应力进行重新调整分布；当重新调整分布的过程中可能又有局部的地方产生拉应力时，则该处的岩石也就开裂，该处拉应力也变为零，岩体内的应力再度重新进行调整。这样，不断调整，在岩体内最终将出现一部分开裂的区域，其中应力为零，其他的区域为压应力区域。这就是本节所要叙述的"无拉应力分析"的基本概念。

为了模拟岩体这种"无拉应力"的性能，可以把岩体在主压应力方向当作线性弹性材料来看待：而在主拉应力方向看作没有（或很少有）抵抗变形的能力。目前，通常可以用下列两种方法来解这类所谓"无拉应力"的问题。

第一种方法的解题步骤是：

1）首先把问题当作各向同性的和弹性的问题进行分析，并检查是否出现主拉应力。

2）如果出现主拉应力，那么就假定岩石材料是各向异性非常显著的，在拉伸的方向内弹性模量为零（或者很小）。

3）根据所假定的各向异性的新的性质：对原来的问题进行分析，检查是否又出现主拉应力，并重复一、二步骤，直至达到"无拉应力"状态为止。

这个方法曾经被试用成功，但是该法的收敛性很慢，而且不能保证。下面介绍另一种方法。

第二种方法叫做"应力迁移法"，其主要步骤如下：

1）把问题当作弹性问题分析，并计算每个单元里的主应力，把它再加上荷载开始前就存在岩体内的任何初始应力（这种初始应力，或称残余应力，在岩体内几乎总是有的：一般应当估算或者实际量测出来），这一时期称为阶段Ⅰ。

2）在阶段Ⅰ的终了会发现某些单元出现主拉应力 $\{\sigma_-\}^e$。因为假定岩体是不能承受拉伸的，所以就把它们消除掉。为了消除这些单元的主拉应力，在这一阶段可以在单元的结点处对这些单元暂时施加一个"约束"力 $\{F_0\}^e$。该力可用虚位移原理求出：

$$\{F_0\}^e = [B]^T \{\sigma_-\}^e A \qquad (10-47)$$

这阶段称为阶段Ⅱ。

3）因为事实上这个"约束"力是不存在的，所以必须施加与"约束"力相等而方向相反的结点荷载，以消除它们的影响。然后以这些荷载的影响对整个结构系统进行再分析，算出的应力加到阶段Ⅱ终了的应力上去，这一阶段称为阶段Ⅲ。

施加这种结点荷载进行计算时，假定结构（岩体）性能仍是弹性的，并且计算出来的主应力仍可能出现拉应力，不过这些拉应力将比前一阶段的要小得多。

4）如果在阶段Ⅲ的终了：主拉应力仍然存在，则重复2）、3）两个步骤，直到所有的拉应力减小到可以忽略不计为止。

这种"应力迁移法"使用极其简单，而且总是收敛。

为了更进一步把这个方法解释清楚，可以参看图10-10的简单例子。该图表示这个方法对于一个三杆件结构系统的一维问题的应用。

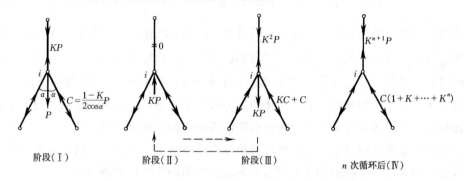

图10-10　"无拉应力"准则用于一个三杆件结构系统的示意图
（用应力迁移法解）

图中阶段Ⅰ表示：一个超静定结构，根据弹性分析，其垂直杆件受到拉应力 KP（$K<1$），斜向杆件受到压应力 C 的作用。

阶段Ⅱ表示：为了把垂直杆件里的拉应力消去，在杆件下端的结点 i 处，对杆件施加一个向上的力 KP，因之，垂直杆件里的拉应力就被迁移去了（应力等于零）。

阶段Ⅲ表示：在 i 点对整个结构系统施加向下的力 KP（以消除施加向上力 KP 的影响），然后对整个结构系统再进行受力分析（在同阶段Ⅰ完全一样的基础上），由于 i 点有向下的力 KP，因之垂直杆件相应地再产生拉应力 K^2P，斜向杆件再产生压应力 KC，连同上一阶段Ⅰ的压应力 C，斜向杆件上的总的压应力为 $KC+C$。

最后的结果是（Ⅱ）和（Ⅲ）几次重复循环后所达到的情况。

在图10-10上的情况弄清楚后，就不难理解图10-11上绘出的相应的有限单元"无拉应力"的分析过程。

阶段（Ⅰ）表示，根据弹性分析，单元 ijm 中有主拉应力 $\{\sigma_-\}^e$。

阶段（Ⅱ）表示，为了把单元里的拉应力消去，而在该单元结点处对单元施加结点力 $\{F_0\}^e=[B]^T\{\sigma_-\}^e A$［该式可以从式（10-23），式推出］因此，单元里的拉应力被消去了（$\{\sigma_-\}^e=0$）。对于单元 ijm 而言，$\{F_0\}^e=\{F_{0i}\ F_{0j}\ F_{0m}\}$。

阶段（Ⅲ）表示，在该单元的结点处施加与上阶段（Ⅱ）大小相等、方向相反的结点

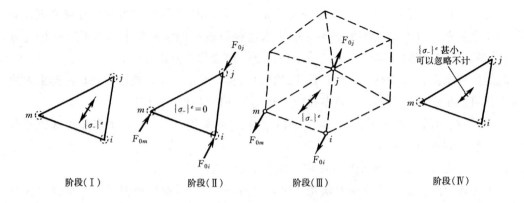

阶段（Ⅰ）　　　阶段（Ⅱ）　　　阶段（Ⅲ）　　　阶段（Ⅳ）

图 10-11　有限单元"无拉应力"分析（应力迁移法）的示意图

荷载，作为结构系统的外荷载 $\{F_0\}^e$，然后对整个结构系统进行应力分析，求出每个单元的应力来，例如在 ijm 单元中，又产生了新的拉应力 $\{\sigma'_-\}^e$。

阶段（Ⅳ）表示（Ⅱ）、（Ⅲ）重复多次的结果，$\{\sigma_-\}^e$ 甚小了，可以忽略不计。

这种"无拉应力"的计算，对于岩体的应力分析非常适合，它解决了以往没有解决的岩体性能问题。计算所需的时间是一般弹性解所需时间的三倍到四倍。

由于这里是非线性的解题方法，所以叠加原理已不适用。因此，在解题时必须首先知道岩体内的初始应力，并把初始应力与全部外载同时施加于结构系统（岩体）。

计算可用电子计算机进行。下面我们来列举四个例子，可以对计算结果大致有一个基本概念。

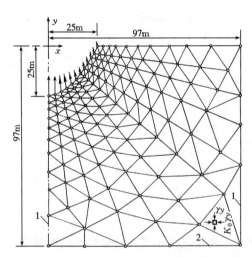

图 10-12　河谷的形状和单元布置

1—水平位移为零的边界；2—水平、
垂直位移均为零的边界

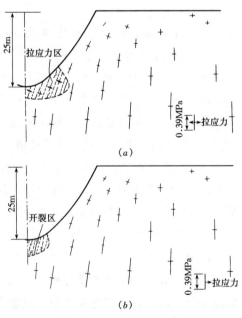

图 10-13　对称河谷的解答

（a）初始弹性解（包括初始应力）；

（b）最后"无拉应力"解

224

第一个例子见图 10-12。该图表示一陡峻的对称河谷周围的应力情况。解题时用的图形和单元的布置如图中所示。分析中假定岩石的初始应力状态是：垂直压应力为自重应力 γy（γ 为岩石容重，y 为所考虑点离地表的垂直距离）；水平压应力是 $K_0\gamma y$（K_0 为岩石的侧压力系数）。在本例中 K_0 采用 0.2。

在计算中，把河谷中被侵蚀部分的岩石重量，看作是沿河底线上的荷载。在图 10-13（a）、（b）上分别表示出本例的初始弹性解（指出拉应力发展的区域）和最后的"无拉应力"解（指出开裂发展的所有区域）。图中指出的开裂方向和开裂区的范围，也正是在实践中经常看到的。这一地球物理现象过去常常引起人们的注意，但对它的详细解释较为少见。

第二个例子为一个浅埋的衬砌隧洞，见图 10-14。这里的初始应力计算仍用 $K_0=0.2$ 的值。由于初始应力较小，预料在拱顶上有不少的开裂。图 10-14 表示分析所采用的图形。在计算中只对岩石使用"无拉应力"准则，而将衬砌是看作能够承受拉应力的。

图 10-15、图 10-16 分别表示该浅埋隧洞的初始弹性解和最终的"无拉应力"解。

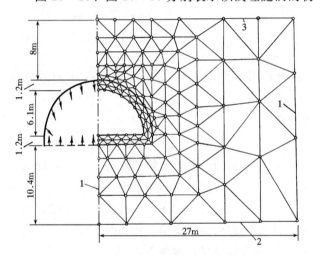

图 10-14　浅埋衬砌隧洞的有限单元网格图

1—水平位移为零的边界；2—水平、垂直位移均为零的边界；
3—地面分析假定

衬砌：$E=1.4\times10^4$ MPa，$\mu=0.15$，$\gamma=24$ kN/m³
岩石：$E=7\times10^3$ MPa，$\mu=0.2$，$\gamma=24$ kN/m³
荷载：释放荷载如图，初始应力系统 $K_0=0.2$
　　　衬砌可承受拉应力，单元数=227，结点数=135

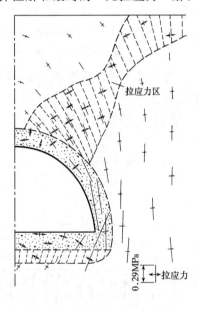

图 10-15　浅埋衬砌隧洞
的初始弹性解
（包括初始应力）

图 10-17 表示该隧洞开挖以后所发生的变形。

第三个例子是重力坝岩基的计算情况（图 10-18）。以往根据弹性分析，不论坝体或坝基内都必定有拉应力。在本例中，假定坝体混凝土可以承受拉应力，但坝基则不能承受拉应力。

分析时采用岩基的 $K_0=0.6$，岩石的重量包括在初始应力中，坝的重量当作外加荷载。

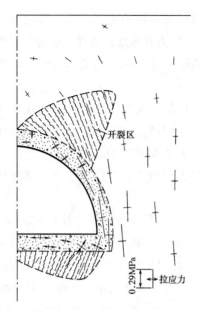

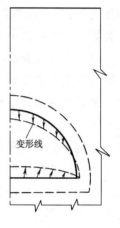

图 10-16 浅埋衬砌隧洞的最
终"无拉应力"解

图 10-17 隧洞衬砌
的变形

为简化问题，在本例中仅取外水压力荷载，但考虑孔隙水压力（扬压力）也并不困难。

图 10-18 表示坝的形状和单元的布置图。

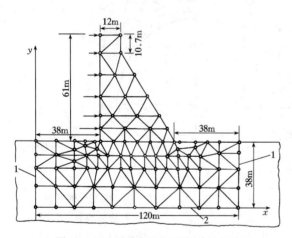

图 10-18 重力坝和坝基的单元划分图

1—水平位移为零的边界；2—水平、垂直位移均为零的边界

分析假定：

坝：E（混凝土）$=1.4 \times 10^4$ MPa，μ（混凝土）$=0.15$，
　　γ（混凝土）$=25$ kN/m³

坝基：E（岩石）$=1.4 \times 10^3$ MPa，μ（岩石）$=0.15$，
　　　γ（岩石）$=25$ kN/m³

荷载：坝的自重，水压力，初始应力系统（$K_0 = 0.6$），混凝土
　　　能承受拉应力单元数$=145$，结点数$=94$

图 10-19 表示该重力坝及其地基应力分析的初始弹性解，可以看到在坝后有很大的拉应力区域；图 10-20 表示最终的"无拉应力"解，说明该坝可以保持稳定的。开裂的区域与一般的观测结果是相符合的。

最后一个例子是瑞士的一个大型地下电站。开挖过程中对拱顶用预应力锚杆以加强软弱区域。在分析中仍然采用侧压力系数 $K_0 = 0.2$。图 10-21 表示开挖的形状、锚杆的布置和有限单元网格的布置。

如果不加锚杆，则由于开挖移去边界荷载而产生的应力分布如图 10-22 所示。在拱顶和底板有很大的拉应力区，预料将发生岩石坍落。

如果在开挖的同时在围岩内加上锚杆，则弹性解和"无拉应力"解如图

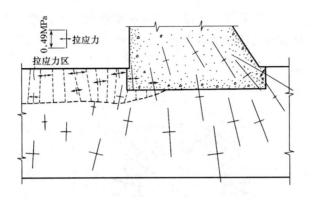

图 10-19 坝基的初始弹性解

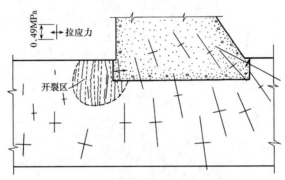

图 10-20 坝基的最终"无拉应力"解

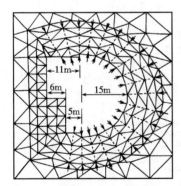

图 10-21 地下电站的
开挖形状和锚杆布置、
有限单元划分图

分析假定:

岩石: $E=0.14\times10^3$ MPa, $\mu=0.15$,
$\gamma=2.5$ kN/m³

荷载: 洞表面的释放荷载, 由于所示岩石
锚杆引起的压力 (0.6×10⁷ N/每杆)

初始应力系统 ($K_0=0.2$), 单元数=500,
结点数=274

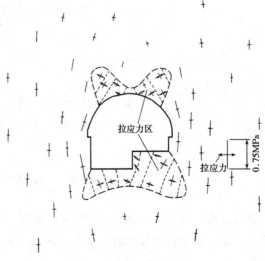

图 10-22 地下电站围岩在无锚杆情况下
的应力分布(初始弹性解)

10－23（a）、（b）所示。可以看到，大部分开裂区都移到岩体内部，不致有坍落的危险。拱顶小部分开裂区可用预应力锚杆加以支承。在底板区，开裂虽广，但不致发生危险。

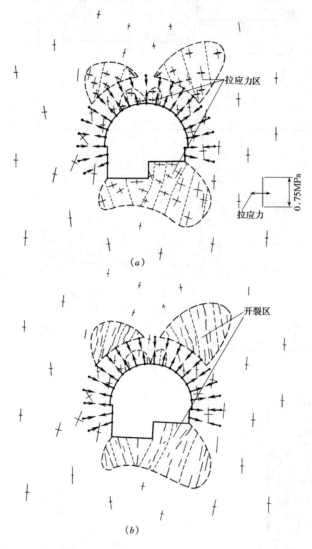

图 10－23　地下电站有锚杆情况的应力分析
（a）初始弹性解；（b）最终"无拉应力"解

第五节　断层、裂隙和软弱夹层的分析

宽度大的张开裂隙，例如有些很宽的断层，一般可把它们看作为"无应力"的边界来处理。可是，有的裂隙较长而且闭合，则应当采用专门分析裂隙应力用的所谓裂隙单元进行分析。

当岩体内有软弱夹层时，例如断层内充满了软岩，如果其宽度较大，则可以同两侧的岩体一样，划分三角形单元分析，只是在计算中考虑夹层的力学常数与两侧岩体的常数不同而已。但是在岩体内往往会遇到很狭的软弱夹层，它们的厚度只有几十 cm，几 cm，甚至更小，这时用普通的三角形单元显然不合适。在这种情况下可以采用薄层单元。所谓薄层单元完全等同于普通的矩形单元，只是单元很薄而已，如图 10-24 所示。实践证明，当薄层单元的厚度 t 与单元的长度 l 之比限制在 0.1~0.01 之间时，模拟实际的软弱夹层可获较高的精度。有关普通矩形单元的有限单元分析，可参阅有关专著。下面较详细地介绍裂隙单元的有限单元分析。

所谓裂隙单元，也称接触面单元，是哥德曼（Goodman）等人提出的计算岩体内有裂隙情况下的力学模型。它实质上是一种理想化的矩形单元。如图 10-25 所示，单元模型由两片长度为 l 的接触面 ab 和 cd 所组成，两片接触面之间假想为无数微小的弹簧所连接。在受力前两接触面完全吻合，即单元没有厚度，只有长度。例如在图 10-25 中，厚度 $\overline{ac}$ 与 $\overline{bd}$ 为零，长度 ab 与 cd 为 l。它是一种一维单元。裂隙单元与相邻三角形单元之间，只在结点处有力的联系。每片接触面两端有两个结点，一个裂隙单元共有四个结点，如图中 a、b、c、d 所示。为了清楚起见，在图中将 ab 与 cd 画在 x 轴的两边。

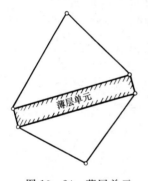

图 10-24　薄层单元

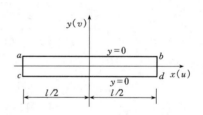

图 10-25　裂隙单元

假设单元处于简单受力状态，在结点力 $\{F\}^e$ 作用下，两片接触面的弹簧所受的内应力与接触面之间产生的相对位移（变形）成正比，即

$$\tau = k_s w_s \tag{10-48}$$

$$\sigma_n = k_n w_n \tag{10-49}$$

式中　τ 和 σ_n——剪应力和正应力（MPa）；

w_s 和 w_n——接触面之间产生的切向相对位移和法向相对位移（m）。

k_s 称为切向的单位长度劲度系数（N/m³），k_n 称为法向的单位长度劲度系数（N/m³）。

令

$$\{\sigma\} = \begin{Bmatrix} \tau \\ \sigma_n \end{Bmatrix}, \quad \{w\} = \begin{Bmatrix} w_s \\ w_n \end{Bmatrix}$$

$$[k_0] = \begin{bmatrix} k_s & 0 \\ 0 & k_n \end{bmatrix}$$

则式（10-48）和式（10-49）合并写成：

$$\{\sigma\} = [k_0]\{w\} \tag{10-50}$$

下面来推导裂隙单元的结点力和结点位移的关系式。因为沿长度方向的应力与变形成正比，于是 a 点和 b 点的正应力为：

$$\sigma_{ac} = k_n(v_a - v_c)$$

$$\sigma_{bd} = k_n(v_b - v_d)$$

在 a 点和 b 点的剪应力为：

$$\tau_{ac} = k_s(u_a - u_c)$$

$$\tau_{bd} = k_s(u_b - u_d)$$

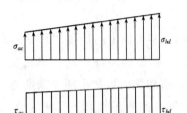

图 10-26 裂隙单元上的应力

以上各式中：

u_a，u_b，u_c，u_d 为 a，b，c，d 各点在 x 方向的位移；

v_a，v_b，v_c，v_d 为 a，b，c，d 各点在 y 方向的位移。

沿着 ab 面上的应力合成，就是作用于结点 a 和 b 的结点力（如图 10-26）：

$$U_a = k_s l\left[\frac{1}{3}(u_a - u_c) + \frac{1}{6}(u_b - u_d)\right]$$

$$V_a = k_n l\left[\frac{1}{3}(v_a - v_c) + \frac{1}{6}(v_b - v_d)\right]$$

$$U_b = k_s l\left[\frac{1}{6}(u_a - u_c) + \frac{1}{3}(u_b - u_d)\right]$$

$$V_b = k_n l\left[\frac{1}{6}(v_a - v_c) + \frac{1}{3}(v_b - v_d)\right]$$

$$U_c = -U_a$$

$$V_c = -V_a$$

$$U_d = -U_b$$

$$V_d = -V_b$$

将上述结果可以合并写成下列矩阵的形式：

$$
\begin{Bmatrix} U_a \\ V_a \\ U_b \\ V_b \\ U_c \\ V_c \\ U_d \\ V_d \end{Bmatrix} = \frac{l}{6}
\begin{bmatrix}
2k_s & 0 & k_s & 0 & -2k_s & 0 & -k_s & 0 \\
0 & 2k_n & 0 & k_n & 0 & -2k_n & 0 & -k_n \\
k_s & 0 & 2k_s & 0 & -k_s & 0 & -2k_s & 0 \\
0 & k_n & 0 & 2k_n & 0 & -k_n & 0 & -2k_n \\
-2k_s & 0 & -k_s & 0 & 2k_s & 0 & k_s & 0 \\
0 & -2k_n & 0 & -k_n & 0 & 2k_n & 0 & k_n \\
-k_s & 0 & -2k_s & 0 & k_s & 0 & 2k_s & 0 \\
0 & -k_n & 0 & -2k_n & 0 & k_n & 0 & 2k_n
\end{bmatrix}
\begin{Bmatrix} u_a \\ v_a \\ u_b \\ v_b \\ u_c \\ v_c \\ u_d \\ v_d \end{Bmatrix}
$$

$$\tag{10-51}$$

这就是裂隙单元的结点力和结点位移的关系式，或者写成：

$$\{F\}^e = [k]\{\delta\}^e$$

可见裂隙单元的劲度矩阵为：

$$[k] = \frac{l}{6} \begin{bmatrix} 2k_s & 0 & k_s & 0 & -2k_s & 0 & -k_s & 0 \\ 0 & 2k_n & 0 & k_n & 0 & -2k_n & 0 & -k_n \\ k_s & 0 & 2k_s & 0 & -k_s & 0 & -2k_s & 0 \\ 0 & k_n & 0 & 2k_n & 0 & -k_n & 0 & -2k_n \\ -2k_s & 0 & -k_s & 0 & 2k_s & 0 & k_s & 0 \\ 0 & -2k_n & 0 & -k_n & 0 & 2k_n & 0 & k_n \\ -k_s & 0 & -2k_s & 0 & k_s & 0 & 2k_s & 0 \\ 0 & -k_n & 0 & -2k_n & 0 & k_n & 0 & 2k_n \end{bmatrix}$$

$$\{\delta\}^e = \{u_a, \ v_a, \ u_b, \ v_b, \ u_c, \ v_c, \ u_d, \ v_d\}^T$$

各裂隙单元的劲度矩阵，与一般三角形单元一样，可按结点平衡条件而叠加到整体劲度矩阵上，求解位移，求得结点位移后不难求出相对位移，再代入式（10-50）求得裂隙接触面上的应力。

以上是按照水平向裂隙，并将坐标轴 x 及 y 选在水平及铅直方向内建立劲度矩阵的。显然，裂隙不一定为水平，而是倾斜成各种方向的，这就需要进行坐标变换。今设裂隙的倾角为 β，见图 10-27。坐标轴 x 及 y 仍选在水平及铅直方向，但在顺裂隙方向和垂直

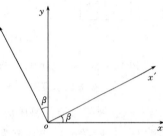

图 10-27 整体坐标与辅助坐标

裂隙方向设置辅助坐标轴 x' 及 y'。根据简单的几何关系，$x'y'$ 坐标系与 xy 坐标系之间存在下列关系：

$$\begin{Bmatrix} x' \\ y' \end{Bmatrix} = \begin{bmatrix} \cos\beta & \sin\beta \\ -\sin\beta & \cos\beta \end{bmatrix} \begin{Bmatrix} x \\ y \end{Bmatrix} = [\lambda] \begin{Bmatrix} x \\ y \end{Bmatrix} \quad (10-52)$$

令

$$[Q] = \begin{bmatrix} \lambda & 0 & 0 & 0 \\ 0 & \lambda & 0 & 0 \\ 0 & 0 & \lambda & 0 \\ 0 & 0 & 0 & \lambda \end{bmatrix} \quad (10-53)$$

则结点力和结点位移的辅助坐标与整体坐标间有如下关系：

$$\left. \begin{aligned} \{F'\}^e &= [Q]\{F\}^e \\ \{\delta'\}^e &= [Q]\{\delta\}^e \end{aligned} \right\} \quad (10-54)$$

式中 $\{F\}^e$ 和 $\{\delta\}^e$ 表示整体坐标系的结点力和结点位移。又在辅助坐标系统中，有：

$$\{F'\}^e = [k]\{\delta'\}^e$$

将这关系代入式（10-54）的第一式，得：

$$\{F\}^e = [Q]^{-1}\{F'\}^e = [Q]^{-1}[k]\{\delta'\}^e$$

或者

$$\{F\}^e = [Q]^{-1}[k][Q]\{\delta\}^e \quad (10-55)$$

式（10-48）和式（10-49）中的劲度系数 k_s 和 k_n 应当通过裂隙试件的受力试验来

决定。图 10-28 (a)、(b) 是测定裂隙试件劲度实验的示意图。必须指出，从试验测得的试件变形中，需要减去裂隙以外试块的变形。

由上面的讨论可知，当裂隙厚度等于零时，裂隙便不可能有变形，也无所谓劲度。故裂隙单元是对具有微小厚度充填物的裂隙的简化。

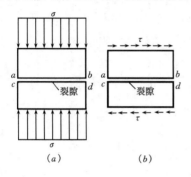

图 10-28　测定裂隙试件劲度
实验的示意图

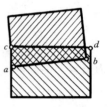

图 10-29　裂隙"侵
入"现象

因为一般裂隙只能传递压应力，而不能承受拉应力，所以可假设拉伸时法向劲度为很小（例如取 $10kN/m^3$）或甚至为零。由于裂隙受压时，裂隙单元的相对结点将发生"侵入"、"重叠"现象（图 10-29），为了使侵入量不要太大，有的假设压缩时法向劲度是一个很大的数值（例如取 $k_n = 10^6 kN/m^3$）。

第六节　岩体的弹塑性应力分析

深隧道围岩、高边坡及高坝地基等等，由于它们所受的应力很高，岩石表现出弹塑性性质。野外观察证明，用一般的线性弹性解答往往不符合实际情况，特别是当岩石较弱，节理较发育更是如此。这时，用弹塑性应力分析较符合实际。下面简略地介绍这一分析方法。

一、广义应力与广义应变的关系

实验证明，岩石在主动变形时，岩石内各点的广义应力与应变（或广义塑性应变）之间存在一定的函数关系，即

$$\bar{\sigma} = \Phi(\bar{\varepsilon}) \tag{10-56}$$

上式中广义应力和广义应变等于：

$$\bar{\sigma} = \sqrt{\frac{1}{2}} \sqrt{(\sigma_x - \sigma_y)^2 + (\sigma_y - \sigma_z)^2 + (\sigma_z - \sigma_x)^2 + 6(\tau_{xy}^2 + \tau_{yz}^2 + \tau_{zx}^2)}$$

$$\bar{\varepsilon} = \frac{\sqrt{2}}{3} \sqrt{(\varepsilon_x - \varepsilon_y)^2 + (\varepsilon_y - \varepsilon_z)^2 + (\varepsilon_z - \varepsilon_x)^2 + \frac{3}{2}(\gamma_{xy}^2 + \gamma_{yz}^2 + \gamma_{zx}^2)}$$

在广义应力和广义应变曲线的应变硬化阶段上，各点的 $\frac{\bar{\sigma}}{\bar{\varepsilon}}$ 比值是不同的，见图 10-30。

这个比值即为割线模量，用 E' 表示：

$$E' = \frac{\bar{\sigma}}{\bar{\varepsilon}} = \frac{\Phi(\bar{\varepsilon})}{\bar{\varepsilon}} \qquad (10-57)$$

显然，在硬化曲线上，还可以求得各点的斜率 E''：

$$E'' = \frac{d\bar{\sigma}}{d\bar{\varepsilon}} = \Phi'(\bar{\varepsilon}) \qquad (10-58)$$

岩石的应变硬化（软化）曲线表现出非线性的弹塑性性质，在考虑非线性的应力分析时，必需用到割线模量 E' 和切线模量 E'' 的数值。

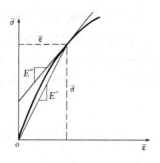

图 10-30 岩石的广义
应力应变曲线

二、弹塑性矩阵

在塑性力学中亦像在弹性力学中一样，求解具体问题时必须从基本方程出发。这些方程是平衡方程、几何方程和物理方程。前两种方程与弹性力学中一样，但物理方程已不是线性弹性关系，而是应当反映弹塑性变形的物理方程。在有限单元法的计算中，当单元屈服后，不能再用弹性矩阵，而应代之以弹塑性矩阵。关于塑性力学中物理方程的建立，读者可参阅塑性力学专著，下面介绍两种弹塑性矩阵。

（一）以塑性变形理论为根据的弹塑性矩阵

塑性变形理论也称弹塑性小变形理论。该理论假设：①物体的平均应变（体积应变）是弹性的，并且与平均应力成正比；②应变主向与应力主向相同，并且应变偏张量与应力偏张量相似。根据这些假设，利用条件式（10-56）和广义应力、应变公式，可以求得应力分量为：

$$\{\sigma\} = [D_{ep}]\{\varepsilon\} \qquad (10-59)$$

式中　$[D_{ep}]$——弹塑性矩阵，在平面应变情况下：

$$[D_{ep}] = \frac{E}{3(1-2\mu)} \begin{bmatrix} 1+2\xi & 1-\xi & 0 \\ 对 & 1+2\xi & 0 \\ 称 & & \frac{3}{2}\xi \end{bmatrix} \qquad (10-60)$$

$$\xi = \frac{2(1-2\mu)}{3E} \frac{\bar{\sigma}}{\bar{\varepsilon}} \qquad (10-61)$$

其余符号同前。可以看出，$[D_{ep}]$ 中各元素除了与弹性常数 E、μ 有关外，还与比值 $\frac{\bar{\sigma}}{\bar{\varepsilon}}$ 即单元的应力、应变有关。具体计算时要先作 $\bar{\sigma}-\bar{\varepsilon}$ 曲线，以便从已知的广义应变（或应力）求 $\frac{\bar{\sigma}}{\bar{\varepsilon}}$。而需要的 $\bar{\sigma}-\bar{\varepsilon}$ 曲线可以由单向受力试验求得。

求出弹塑性矩阵 $[D_{ep}]$ 以后，便能够按有限单元法的常规步骤求解。需要指出的是，在塑性力学问题中，各单元的弹塑性矩阵与应力（或应变）水平有关，必须经过反复迭代才能获得问题的近似解。

（二） 以塑性流动理论为根据的弹塑性矩阵

塑性流动理论也假设体积应变与平均压力成正比，但假设应力偏斜张量与塑性应变增量偏量相似而且主向相同。根据此假设，可将总应变增量分为塑性应变增量和弹性应变增量两部分，总应变增量为两者之和：

$$\{d\varepsilon\} = \{d\varepsilon_e\} + \{d\varepsilon_p\} \qquad (10-62)$$

设岩石屈服时满足德鲁克-普拉格尔（Drucker-Prager）准则，即

$$(f) = aI_1 + \sqrt{J_2} = k_f \qquad (10-63)$$

式中，$I_1 = \sigma_1 + \sigma_2 + \sigma_3$；$J_2 = \frac{1}{6} \left[(\sigma_1 - \sigma_2)^2 + (\sigma_2 - \sigma_3)^2 + (\sigma_3 - \sigma_1)^2 \right]$

$$\alpha = \frac{\sqrt{3} \sin\varphi}{3\sqrt{3 + \sin^2\varphi}} \qquad k_f = \frac{\sqrt{3}\, c\cos\varphi}{\sqrt{3 + \sin^2\varphi}} \qquad (10-64)$$

山田等解出应力增量分量如下：

$$\{d\sigma\} = [D_{ep}]\{d\varepsilon\} \qquad (10-65)$$

$[D_{ep}]$ 为弹塑性矩阵，在平面应变的情况下为：

$$[D_{ep}] = [D_e] - \frac{1}{S_0} \begin{bmatrix} S_1^2 & S_1 S_2 & S_1 S_6 \\ \text{对} & S_2^2 & S_2 S_6 \\ \text{称} & & S_6^2 \end{bmatrix} \qquad (10-66)$$

式中 $[D_e]$ 为一般的弹性矩阵，见式（10-3）：

$$\left. \begin{aligned} S_1 &= 2G\sigma'_x + \frac{2}{\sqrt{3}} \times \frac{\alpha E}{1 - 2\mu} \bar{\sigma} \\ S_2 &= 2G\sigma'_y + \frac{2}{\sqrt{3}} \times \frac{\alpha E}{1 - 2\mu} \bar{\sigma} \\ S_6 &= 2G\tau_{xy} \end{aligned} \right\} \qquad (10-67)$$

$$\sigma'_x = \sigma_x - \sigma \quad \sigma'_y = \sigma_y - \sigma \quad \sigma = \frac{1}{2}(\sigma_x + \sigma_y)$$

$$S_0 = \frac{4}{3} \bar{\sigma}^2 \left(\frac{H'}{3} + G + \frac{3\alpha^2 E}{1 - 2\mu} \right) \qquad (10-68)$$

其余符号意义同前。式（10-68）中的 H' 表示广义应力应变曲线上对应于屈服应力（f）处的斜率 $d\bar{\sigma}/d\bar{\varepsilon}_p$。

$[D_{ep}]$ 求得后，就能够用有限单元法常规步骤求解，一般可用荷载增量去进行。

在研究深隧洞时，塑性的影响有重要意义。在图 10-31 上示有一深圆形隧洞的有限单元网格划分图。围岩初始垂直应力为 7MPa。采用两种侧压力系数 $K_0 = 0.25$ 和 $K_0 = 0.4$ 分别计算。$E = 3500\text{MPa}$，$\mu = 0.2$，$c = 1.96\text{MPa}$，$\varphi = 30°$。在图 10-32 上示有隧洞

完全开挖后的塑性区分布情况。从图中看到，当 $K_0 = 0.25$ 时，塑性区开展相当深远。

图 10-31　圆形深隧洞的有限单元网格划分

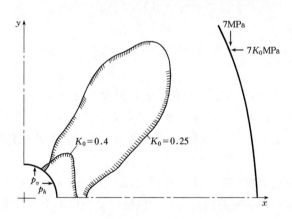

图 10-32　圆形深隧洞的塑性区范围

第十一章 模型试验在岩石力学中的应用

第一节 概 述

在大坝结构的应力分析中，用模型试验是一种重要的、行之有效的方法，目前已经越来越广泛地被许多生产、科研单位所采用。有些问题在计算中不能很好地解决，但通过模型试验就可良好地解决。同样，在岩石力学领域内，模型试验也具有极其重要的意义，在许多文献中均讨论了这一问题。特别是作为大坝地基的岩体一般都应当同坝体本身一起作为一个整体进行试验研究，因为两者的受力情况是相互影响的，这个道理为大家所熟知。

在近 20 年来，岩体模型试验在国内外已经获得了较为广泛的应用和发展。在国外，意大利、葡萄牙、法国、日本和前苏联都做过较多的试验。

通过大坝及其岩基的模型试验，可以分析它们在静力和动力荷载作用下的性状，可能以足够的精确度求出岩基和大坝内的应力和位移（沉降）以及能够估计大坝和岩基的稳定程度。

目前，可以利用各种材料做成的模型，使它们具有所要求的强度特性和变形特性，以模拟主要的裂隙系统和其他的大的断裂面，并模拟变形的各向异性。

一般而言，大坝和地基的模型试验是为了下列目的：

1）求出应力和变形验证弹性力学为基础的分析方法。为此目的，一般可以采用"弹性"模型。

2）研究大坝和岩基内的实际应力和变形分布以及在荷载作用下它们的性状、稳定性和强度，以确定安全系数的大小。为了这个目的，就应当利用所谓当量材料做成的结构模型，这种材料不仅是变形和强度的指标与原型相似，而且它们的破坏特性也与原型材料相似。

应当指出，也像一些工程计算方法一样，在模型试验研究中，在模拟原型岩基和大坝的材料特性时，也允许利用一些简化的假设，以使问题获得解决。如果在模拟方面一切都要与原型相似，则往往使问题复杂化，反而不能得到解决。

当然，试验的精度与所研究问题的性质、简化假设的程度有关，对于每一具体试验都应加以估计和预先说明。

第二节 相 似 原 理

一、一般相似原理

模型试验的理论根据是相似原理，亦即要求模型与实体（原型）相似，模型能够反映实体的情况。这时，模型与原型，除了几何形状相似以外，同类的物理量（如应力、应变、位移等）也必须按比例相似。这些比例必须满足各种力学条件（以各种方程式来表示），因这些方程式必须当几何特性、有关物理常数、初始条件和边界条件确定后才能解算，所以，要使模型与原型完全相似，模型的几何特征、物理常数、初始条件和边界条件都必须和原型相似。

概括而言，相似原理可简单表述如下：若有两个系统相似（模型与原型），则它们的几何特征和各个对应的物理量必然互相成为一定的比例关系。这样，就可以试验测定某一系统（模型）的物理量，再按比例推求另一系统（原型）的对应物理量。

考虑平面问题时，物理量包括：坐标位移 (x, y)；体积力 (X, Y)；边界力 $(\overline{X}, \overline{Y})$；应力 $(\sigma_x, \sigma_y, \tau_{xy})$；位移 (u, v)；应变 $(\varepsilon_x, \varepsilon_y, \gamma_{xy})$；弹性模量 (E)；泊松比 (μ) 等等。

下面，我们将用下标 p 和 m 分别表示原型和模型的物理量，以便于推求相似关系。

设相互对应物理量的比例为：

几何比例 $C_l = \dfrac{x_p}{x_m} = \dfrac{y_p}{y_m} = \dfrac{u_p}{u_m} = \dfrac{v_p}{v_m} = \dfrac{l_p}{l_m}$

应力比例 $C_\sigma = \dfrac{(\sigma_x)_p}{(\sigma_x)_m} = \dfrac{(\sigma_y)_p}{(\sigma_y)_m} = \dfrac{(\tau_{xy})_p}{(\tau_{xy})_m} = \dfrac{\sigma_p}{\sigma_m}$

应变比例 $C_s = \dfrac{(\varepsilon_x)_p}{(\varepsilon_x)_m} = \dfrac{(\varepsilon_y)_p}{(\varepsilon_y)_m} = \dfrac{(\gamma_{xy})_p}{(\gamma_{xy})_m} = \dfrac{\varepsilon_p}{\varepsilon_m}$

弹性模量比例 $C_E = \dfrac{E_p}{E_m}$

泊松比比例 $C_\mu = \dfrac{\mu_p}{\mu_m}$

边界力比例 $C_{\overline{x}} = \dfrac{\overline{X}_p}{\overline{X}_m}$

体积力比例 $C_X = \dfrac{X_p}{X_m}$

坝料（或岩石）密度比例 $C_{\rho c} = \dfrac{(\rho_c)_p}{(\rho_c)_m} = \dfrac{(\rho_{混})_p}{(\rho_{混})_m} = \dfrac{(\rho_{石})_p}{(\rho_{石})_m}$

测压液体密度比例 $C_{\rho w} = \dfrac{(\rho_w)_p}{(\rho_w)_m}$

变位比例 $C_\delta = \dfrac{\delta_p}{\delta_m}$

$$(11-1)$$

以上各式中　l——尺度（m）；

$\qquad\qquad\sigma$——应力（kPa）；

$\qquad\qquad\varepsilon$——应变；

$\qquad\qquad\delta$——变位（m）；

$\qquad\qquad\rho_c$——坝（或岩石）的密度（kg/m³）；

$\qquad\qquad\rho_{混}$——混凝土密度（kg/m³）；

$\qquad\qquad\rho_{石}$——岩石密度（kg/m³）；

ρ_w——在坝边界面上造成侧压力的液体的密度（kg/m^3）；

其余符号同前。

今要求在模型（m）与原型（p）相似的条件下，推导以上各种比例（例如 C_i，C_σ，C_X 之间的关系）的相互关系。

根据弹性理论，我们可以写出原型（p）和模型（m）在平面问题下的下列各方程式，以表示它们任一点的应力、应变、位移。

（1）平衡方程式：

$$\left.\begin{array}{l}\dfrac{\partial\,(\sigma_x)_p}{\partial\,x_p}+\dfrac{\partial\,(\tau_{xy})_p}{\partial\,y_p}+X_p=0\\[4mm]\dfrac{\partial\,(\sigma_y)_p}{\partial\,y_p}+\dfrac{\partial\,(\tau_{xy})_p}{\partial\,x_p}+Y_p=0\end{array}\right\}\qquad(11-2)$$

$$\left.\begin{array}{l}\dfrac{\partial\,(\sigma_x)_m}{\partial\,x_m}+\dfrac{\partial\,(\tau_{xy})_m}{\partial\,y_m}+X_m=0\\[4mm]\dfrac{\partial\,(\sigma_y)_m}{\partial\,y_m}+\dfrac{\partial\,(\tau_{xy})_m}{\partial\,x_m}+Y_m=0\end{array}\right\}\qquad(11-3)$$

（2）相容方程式：

$$\left(\dfrac{\partial^2}{\partial\,x_p^2}+\dfrac{\partial^2}{\partial\,y_p^2}\right)\big[(\sigma_x)_p+(\sigma_y)_p\big]=0\qquad(11-4)$$

$$\left(\dfrac{\partial^2}{\partial\,x_m^2}+\dfrac{\partial^2}{\partial\,y_m^2}\right)\big[(\sigma_x)_m+(\sigma_y)_m\big]=0\qquad(11-5)$$

（3）物理方程式：

$$\left.\begin{array}{l}(\varepsilon_x)_p=\dfrac{1+\mu_p}{E_p}\big[(1-\mu_p)(\sigma_x)_p-\mu_p(\sigma_y)_p\big]\\[4mm](\varepsilon_y)_p=\dfrac{1+\mu_p}{E_p}\big[(1-\mu_p)(\sigma_y)_p-\mu_p(\sigma_x)_p\big]\\[4mm](\gamma_{xy})_p=\dfrac{2(1+\mu_p)}{E}(\tau_{xy})_p\end{array}\right\}\qquad(11-6)$$

$$\left.\begin{array}{l}(\varepsilon_x)_m=\dfrac{1+\mu_m}{E_m}\big[(1-\mu_m)(\sigma_x)_m-\mu_m(\sigma_y)_m\big]\\[4mm](\varepsilon_y)_m=\dfrac{1+\mu_m}{E_m}\big[(1-\mu_m)(\sigma_y)_m-\mu_m(\sigma_x)_m\big]\\[4mm](\gamma_{xy})_m=\dfrac{2(1+\mu_m)}{E_m}(\tau_{xy})_m\end{array}\right\}\qquad(11-7)$$

（4）几何方程式：

$$\left.\begin{aligned}
(\varepsilon_x)_p &= \frac{\partial u_p}{\partial x_p} \\
(\varepsilon_y)_p &= \frac{\partial v_p}{\partial y_p} \\
(\gamma_{xy})_p &= \frac{\partial v_p}{\partial x_p} + \frac{\partial u_p}{\partial y_p}
\end{aligned}\right\} \tag{11-8}$$

$$\left.\begin{aligned}
(\varepsilon_x)_m &= \frac{\partial u_m}{\partial x_m} \\
(\varepsilon_y)_m &= \frac{\partial v_m}{\partial y_m} \\
(\gamma_{xy})_m &= \frac{\partial v_m}{\partial x_m} + \frac{\partial u_m}{\partial y_m}
\end{aligned}\right\} \tag{11-9}$$

（5）边界条件：

$$\left.\begin{aligned}
\overline{X}_p &= (\sigma_x)_p \cos\alpha + (\tau_{xy})_p \sin\alpha \\
\overline{Y}_p &= (\sigma_y)_p \sin\alpha + (\tau_{xy})_p \cos\alpha
\end{aligned}\right\} \tag{11-10}$$

$$\left.\begin{aligned}
\overline{X}_m &= (\sigma_x)_m \cos\alpha + (\tau_{xy})_m \sin\alpha \\
\overline{Y}_m &= (\sigma_y)_m \sin\alpha + (\tau_{xy})_m \cos\alpha
\end{aligned}\right\} \tag{11-11}$$

这里 α 是边界面的法线与 x 轴所成的角，亦即边界面与 y 轴所成的角。

将式（11-1）中的有关部分代入式（11-3）中，并在等式两边各乘 C_X，得到：

$$\left.\begin{aligned}
\frac{C_X C_l}{C_\sigma}\left[\frac{\partial(\sigma_x)_p}{\partial x_p} + \frac{\partial(\tau_{xy})_p}{\partial y_p}\right] |+X_p| &= 0 \\
\frac{C_X C_l}{C_\sigma}\left[\frac{\partial(\sigma_y)_p}{\partial y_p} + \frac{\partial(\tau_{xy})_p}{\partial x_p}\right] |+Y_p| &= 0
\end{aligned}\right\} \tag{11-12}$$

把式（11-12）和式（11-2）相比较，可知只要

$$\frac{C_X C_l}{C_\sigma} = 1 \tag{11-13}$$

则式（11-12）与式（11-2）一致，亦即式（11-3）与式（11-2）一致，这就是为了使模型的应力状态反映原型的应力状态的条件。

类似地，将式（11-1）中的有关部分代入式（11-5）、式（11-7）、式（11-9）、式（11-11）可得下列各种相似关系式：

$$\left.\begin{aligned}
C_\sigma &= C_l C_X \\
C_\sigma &= C_s C_E \\
C_\mu &= 1 \\
C_\varepsilon &= 1 \\
C_{\overline{X}} &= C_\sigma
\end{aligned}\right\} \tag{11-14}$$

在静力模型试验中，体积力为坝重或岩石重，边界力为水压力、泥砂压力，则

$$\left.\begin{aligned}
X_p &= (\rho_c)_p g \\
\overline{X}_p &= (\rho_w)_p h_p g
\end{aligned}\right\} \tag{11-15}$$

式中 g——重力加速度（m/s^2）；

  ρ_c、ρ_w——分别为坝（或岩石）和侧压液体的密度（kg/m^3）；

    h_p——所研究点的深度（m）。

总起来说，将式（11-1）、式（11-15）代入式（11-14），求得下列相似关系：

$$\frac{(\rho_c)_p}{(\rho_c)_m}=\frac{(\rho_w)_p}{(\rho_w)_m} \tag{11-16}$$

$$\frac{\sigma_p}{\sigma_m}=\frac{l_p(\rho_w)_p}{l_m(\rho_w)_m}=\frac{l_p(\rho_c)_p}{l_m(\rho_c)_m} \tag{11-17}$$

$$\mu_p=\mu_m \tag{11-18}$$

$$\frac{\varepsilon_p}{\varepsilon_m}=\frac{l_p(\rho_w)_p E_m}{l_m(\rho_w)_m E_p}=1 \tag{11-19}$$

$$\frac{\delta_p}{\delta_m}=\left(\frac{l_p}{l_m}\right)^2\frac{(\rho_w)_p}{(\rho_w)_m}\frac{E_m}{E_p} \tag{11-20}$$

利用以上这些相似关系可以模拟反映出原型的弹性状态。

二、岩体模型的补充相似要求

组成岩基的所有岩石，都只是在一定条件下的应力-应变关系才表现为线性弹性的（其实混凝土建筑物也是这样）。我们知道，在荷载的作用下，这些岩石具有非线性弹性、弹塑性和蠕变性质。它们的应力与应变关系曲线具有曲线的性质。考虑到原型和模型的相对变形（应变）是相等的，见方程式（11-19），而原型的应力为模型的应力 c_σ 倍，所以模型材料的 $\sigma-\varepsilon$ 曲线应当是原型材料的 $\sigma-\varepsilon$ 曲线在纵坐标缩小 c_σ 倍而求得（图 11-1）。

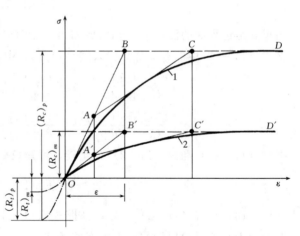

图 11-1 原型与模型材料的变形性相似图

1—原型；2—模型

在进行裂隙性的、层状或块状岩体的模型试验时，不仅要模拟岩石材料（岩块）的变形性质，而且还要模拟整个岩体的变形性质。但是，要一下子就满足这两个要求实际上是非常困难的，甚至不可能的，因为我们还不能够按照几何比例来模拟原型和模型的裂隙尺寸，同时，在单独块状岩石内的大、小裂隙也不易模拟。在每一具体情况中，首先必须查明，所有各种因素中的哪些因素是决定性的，然后力求较精确地模拟这些决定性因素，而放弃一些次要因素。在研究建筑物底面下岩基的性状时，通常可以放弃岩石块材料的变形相似，以保证达到整个岩基的变形相似。在这种情况下，当确定模型地基的变形性质时，就应当采用确定原型岩基变形性质时所采用的类似方法。例如，如果原型地基的变形模量和弹性模量是用柔性荷板加载测定的，那么在确定模型地基的这些变形参数时，也要采用类似的方法。模型的超声波量测可以与原型地基的地球物理研究来对比。

经验证明，用同一种材料做成各种尺寸砖块而堆砌起来的模型，可以得到各种变形性质，依据砖块的尺寸和方向而定。从最接近原型的观点来看，砖块的尺寸要小，但是这样就使工作量增加得多，因为砖块数量的增减是与三次方成比例的（例如，将砖块的尺寸缩小一半，则砖块的数量就增大 8 倍），且砖块的尺寸太小时，在砖块内或砖块之间安放量测仪器也有困难。当然砖块的尺寸也不能太大，如果砖块尺寸太大，则测出的变形可能失真。根据研究，用作岩基模型砖块的尺寸不应当超过建筑物模型底宽的 0.1 倍。

如果模型试验的目的只是研究岩基上建筑物的应力状态，而不是研究岩基本身的应力状态，则岩基的模型可以用相应变形性质的连续材料来做成，因为在这种情况下去模拟地基的块状构造意义不大，反而引起模型制作的不必要的复杂化。

当对断裂性的岩基进行模型试验时，必须注意到可能沿着断裂面滑动以及由于应力集中而引起的局部破坏。在这种情况下就要求考虑模型的强度参数。对于连续、均质的模型，在弹性范围内是不需要强度模拟的，但对于层状或块状的模型，则即使在"弹性阶段"也必须模拟沿着块体接触面滑动的某些强度特征。

在图 11-2 上的曲线 1 表示原型材料的莫尔包络线。因为无论是剪应力或是正应力都应当服从同一的应力相似比例，所以模型材料的莫尔圆包络线就应当是原型材料的包络线在其纵、横坐标都按比例缩小 C_σ 倍而得来。换句话说，只要从坐标原点引一根直线交曲线 1 于 A 点，然后在 OA 线上找一 A' 点，使 OA 与 OA' 之比等于应力比例 C_σ，用这样的方法多求几点，即可求得模型材料的莫尔包络线，如图 11-2 中的曲线 2 所示。

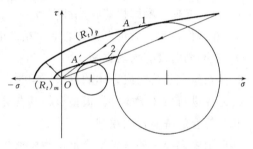

图 11-2　原型与模型材料强度相似图
1—原型；2—模型

模型材料与原型材料强度包络线的相似，实际上意味着模型材料的抗拉强度 $(R_t)_m$、抗压强度 $(R_c)_m$、抗剪强度指标 c_m、φ_m（如果包络线为近似直线的话）等等都要与原型材料的对应参数相似：

$$\frac{(R_T)_p}{(R_T)_m} = \frac{(R_c)_p}{(R_c)_m} = \frac{c_p}{c_m} = \frac{\sigma_p}{\sigma_m} = \frac{l_p (\rho_c)_p}{l_m (\rho_c)_m} \tag{11-21}$$

$$\varphi_p = \varphi_m \tag{11-22}$$

式中　　$(R_T)_p$、$(R_c)_p$、c_p 及 φ_p——原型材料的抗拉强度（MPa）、抗压强度（MPa）、凝聚力（MPa）及内摩擦角（°）。

研究岩石破坏情况的模型设计原则上应当根据上述的相似关系。但在实际工作中，要全部满足这些关系是非常困难的，一般只能满足其中的一部分主要关系。

第三节　相似材料、模拟和试验技术

采用相似材料做模型试验就是根据上节的相似原理为根据的。所选择的模型材料要求与原型材料具有物理、力学性质的相似性。这样把量测得到的模型变位 δ_m 及应力 σ_m，分别乘以变位比例 C_δ 及应力比例 C_σ，即得到原型的变位 δ_p 及应力 σ_p。

一、模型材料

所选用的模型材料一般应当符合下列要求：

1）均质的和各向同性的。

2）变形性质和强度性质符合相似原理的要求。

3）泊松比等于原型材料的泊松比。

4）具有足够低的弹性模量，以保证所采用的量测仪器可以测出模型发生的变形。

5）在试验荷载下不会发生蠕变。

6）物理、力学性质是稳定的，在大气温度、湿度（特别是湿度）变化下不致发生太大的影响。

7）制作方便、凝固快速、成型容易。

8）在制作模型以后可以在其表面上粘贴电测传感片。

9）在凝固时没有大的收缩。

10）在研究建筑物或岩体的自重影响时，模型材料有相应的容重。

11）在进行破坏试验时，模型材料具有类似的结构和相似于原型材料的破坏特性。

12）符合经济易行的原则。

实际上要选择一种材料都满足这些要求乃是不现实的，但是，在每一具体情况下，可以选择某些材料，满足一些基本要求。

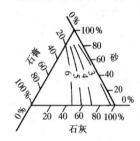

图 11-3　抗压强度与
配合比的关系
（三角形内数字表示单轴抗压
强度值，其单位是 MPa）

目前选用的相似材料大多数是混合物。这种混合物由两类材料组成，一类是作为胶结物质的材料，如石蜡及石膏，另一类是作为骨架的惰性物质的材料，如砂（有时也可以加一些其他材料，例如黏土）。

胶结材料和惰性材料选好后，应当采用各种不同的配合比进行一系列的试验，得出模型材料的若干种物理力学性指标随着配合比而变化的规律，例如图 11-3 所示。由此而选择出模型材料合适的配合比。

采用石蜡作为胶结材料的优点是，在模型中，它们本身的物理力学性质比较稳定，缺点是不大符合脆性要求。用石膏作胶结材料能够较好地满足强度方面的要求，能与岩石的各向异性及脆性情况相适应。用石膏做成的相似材料的变形也能符合实际情况。此外它还有凝固迅速、"成熟"较快、制作方便等优点，所以生产和科研单位都愿意采用。目前它不仅被用作为主要的胶结材料，而且已被用作模拟大坝和岩基的主要成分的材料。下面我们较详细地讨论一下石膏材料的制作情况。

前已述及，石膏的优点较多。它的主要缺点是在水的作用下就崩解破坏，它的强度和变形性质虽然能较好地与原型相似，但这些性质与周围介质的湿度有很大的关系。为了消除这个影响，试验室应当保持恒温恒湿，或者在模型材料达到稳定湿度以后，应当在模型上覆盖不透水的防湿布，以防模型材料的湿度变化。

实验证明，石膏模型的变形（弹性）模量可以在相当广泛的范围内变化，实际上它可以从 $E_{\min}=700\text{MPa}$ 到 $E_{\max}=10000\text{MPa}$（图 11-4）。在特殊情况下还可以超出这个范围。

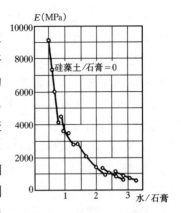

图 11-4　石膏弹性模量与水膏比的关系

水膏比（水与石膏的重量比）实际上从 0.6 到 4 的范围内变化。当水的数量较少时（水膏比<0.6），所得的混合物很硬，不易掺和，很难制作（成型不好）；当水的数量较多时（水膏比>4），所组成的材料就过于柔软而松散，这就引起量测工作极为复杂。

当水膏比等于或大于 0.8 时，可考虑在其中掺和硅藻土，这种硅藻土能够吸附多余的水，使石膏不沉降到底部，并能减少模型在干燥后的收缩。而模型的强度和变形性质实际上与硅藻土的含量无关。

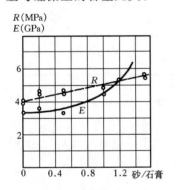

图 11-5　当水膏比为 1 时石膏—砂材料的强度和弹性模量与砂的含量的关系

前面说过，硅藻土能够黏附大量的水，而对强度和变形实际上没有影响，随着石膏的干燥，硅藻土又将水分分离出来，这样就保证了必需的水膏比。如果不用硅藻土或其他类似材料，就不可能得到水膏比≥1.5 的配合比，因为当这样多的水量时，石膏已不能够按照其整个体积分布，结果混合物发生分离，石膏下沉，水从模型表面分泌出来。

为了增大石膏材料的弹性模量，常常在材料内掺和砂土。砂土既可增大材料的强度，又能在颇大的程度上提高弹性模量。如果材料的强度是按照砂土含量而线性增加的，那么弹性模量是按抛物线的规律来增加的（图 11-5）。

为了提高石膏材料的变形性，可在材料内加入聚合醋酸乙烯液体、橡皮泥等。

为了增加模型材料的容重，通常在其中加入钡粉（硫酸钡），它的比重为 4.5。钡粉实际上是不溶于水的材料。在本情况中可以用它来完全或部分地代替硅藻土。

二、不连续面的模拟

在选择材料和制作模型时，应当考虑天然岩体内常常具有各种不同形式和大小的不连续性，如断层、节理、裂隙、层理等。

主要的不连续性，如断层之类，一般是应当单独模拟的。次要的不连续性常常把它一并考虑在岩石材料的性质指标之中，往往是用降低弹性模量和强度的方法加以考虑。

下面来看一下主要不连续性，如断层等的摩擦力和变形条件。这里的情况可以变化多端，视断层中是否有黏土夹层、凝灰岩或细粒糜棱材料而定。

当断层中没有黏土或凝灰岩的夹层时，则沿着断层面的摩擦角仅稍不同于岩石本身的内摩擦角。为了绝对谨慎起见，模型中的 φ 常常采用30°到45°的范围。

当断层中有黏土或凝灰岩夹层时，必须查明它们会不会形成连续的软层，这种情况可能造成连续的滑动面。这时，摩擦角完全与夹层材料的饱和度有关。大家知道，对于饱和黏土，凝聚力可大大降低，内摩擦角可以小于10°。

在表11-1中列出了一些已经找到的适用于模拟各种摩擦条件的材料，可以参考使用。

一般说来，用滑石、石墨等干材料做夹层可以很好地模拟塑性位移，如像直接接触岩面的位移；而油脂最适合于模拟低摩擦角的黏滞滑动，如黏土夹层的滑动。

随着模型试验的不断发展，国外如意大利、日本等国先后采用了粘土质材料及掺入水玻璃、氟轻酸钠、苏打而成的固结砂，来模拟断层和软弱带，也有用低弹性模量的轻石浆加入云母片来模拟节理裂隙的。

表 11-1   各种内摩擦角的夹层材料

材　　料	内摩擦角 (°)	材　　料	内摩擦角 (°)
涂以清漆和油脂	7～9	石灰岩粉末	35～37
涂以清漆、滑石粉及各种比例的油脂	9～23	不涂材料的接触面	38～40
涂以清漆和滑石粉	24～26	各种粒径的砂	40～46
涂以清漆	32～34		

节理面常常为不连续的，不同地层的节理频率的比例可由地质工作者用统计学的方法加以估计。模型中的节理应当用相同的频率比例来构成。

有时，当夹层的厚度 d 不能忽略时（对于引起正交于夹层的局部应力而言），设夹层的弹性模量为 E，令 $\beta = E/d$，模型设计中这个比值 β' 表示为：

$$\beta' = \beta \frac{C_l}{C_\sigma} \tag{11-23}$$

三、模型荷载及有关量测

下面再谈一下模型上的荷载。施加于模型上的荷载必须尽量与原型相似，并且手续要简单方便。在静力试验时，荷载主要有侧压力、坝重、岩体重。

侧压力一般用橡皮袋贴近上游面，内装水银、以水银压力来模拟水压力。此法手续简便，荷载分布准确，但因水银很易泼出，其蒸气有毒，对试验人员的健康有影响，此外不能加大荷载强度及进行破坏试验。另一种方法是将坝面分区，用千斤顶的集中力来代替分布荷载。也有用橡皮袋压入空气加荷的，该法使模型坝面的压力形成阶梯状，与实际情况稍有出入。此外，加荷的液体除水（比重1.0）和水银（比重为13.6）外，试用了五种液体（见表11-2），其比重介于1.0～13.6之间。

表 11 - 2

液体名称	碳酸钾 K_2CO_3	氯化锌 $ZnCl_2$	氯化锡 $SnCl_4$	MgZKI	蚁酸和二丙酸铊
比　重	1.5	1.7	2.2	3.1	4.2

　　坝重和岩体重的施加方法，多将坝身和岩石分成若干小块，在每块的重心，埋入瓦状金属片，连以钢丝，用砝码或千斤顶加压。经验说明，这种加荷方法是比较良好的。

　　模型的变位，一般在周围装以观测架，用千分表来量测。模型的应变，可用特种电阻应变片来量测。为了提高试验的精度，对温度、湿度的控制、线头的焊接、粘贴所用的胶水和粘贴技术等，均应有严格的要求。国外使用半导体片，比金属丝做成的电阻片小，灵敏度高。

第四节　用模型试验测定弹性应力

　　根据本章第二节已知，为了使模型与原型相似，严格地说，在弹性工作范围之内，必须满足式（11 - 16）～式（11 - 20）的各种关系。这在设计模型时是很难满足的。模型材料的泊松比 μ 一般甚易满足 $C_\mu = 1$ 的条件。若选用的模型材料不能满足式（11 - 18）的相似关系，只要相差不太大，该模型材料仍可采用。其次，考虑到模型材料与原型材料（混凝土及岩石）在工作应力范围内应力—应变关系近似为一直线，即弹性模量不随应力的大小而改变，同时，因模型变形较小，如不符合式（11 - 19）的要求，产生的误差也不大。因此，也可以不完全满足。

　　河海大学水工结构试验室采用石膏作为模型的主要材料。在模型设计中，严格遵循式（11 - 16）和式（11 - 17）的相似关系。在选择石膏的弹性模量时，考虑到量测变形的精度、石膏强度和工艺制作等方面的要求，并且近似满足式（11 - 19）的关系。经验证明，只要模型在弹性工作范围内，引起的误差是不大的，许可的。多年来，已进行了大量试验，解决了一系列生产问题，取得了一定的成绩。实践证明，这种近似相似是可行的，是能解决问题的。

　　今举例说明这种近似相似的模型设计步骤。

　　设某大坝原型高度为 100m，混凝土容重为 $24kN/m^3$，弹性模量（E_c）$_p$ 为 $20 \times 10^3 MPa$。岩基为砾岩，其容重为 $25kN/m^3$，弹性模量（E_r）$_p$ 为 $10 \times 10^3 MPa$。岩基内有一层软弱夹层，倾角为 $30°$，软弱夹层的弹性模量（E_s）$_p$ 为 $5 \times 10 MPa$（图 11 - 6）。

　　1）初步选用几何比例，目前最常用的比例为 1：100。因此，今选用 $C_1 = \dfrac{l_n}{l_m} = 100$。

　　2）选用模型材料的弹性模量 E。在选用时，一方面要大致满足式（11 - 19），另一方面要考虑到量测精度、石膏强度、工艺制作方便等。考虑到这些要求后，今选用坝体模型材料的弹性模量（E_c）$_m = 2 \times 10^3 MPa$，即比原型缩小 10 倍，模型中地基岩石和夹泥层的弹性模量也按同比例缩小，例如分别采用（E_r）$_m = 1 \times 10^3 MPa$ 和（E_s）$_m = 0.5 \times 10^3 MPa$。

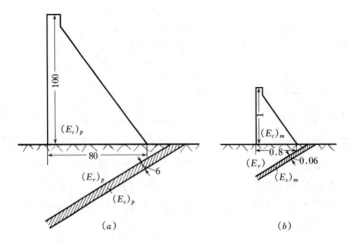

图 11-6 近似相似模型设计图（图中数字单位为 m）

(a) 原型；(b) 模型

3）考虑采用水银加侧压力，水银比重为 13.6，亦即 $(\rho_w)_m = 13.6 \times 1000 \text{kg/m}^3$，原型侧压液体的密度为 $(\rho_w)_p = 1000 \text{kg/m}^3$，利用式（11-11），求出应力比例 C_σ：

$$C_\sigma = \frac{\sigma_p}{\sigma_m} = \frac{l_p (\rho_w)_p}{l_m (\rho_w)_m} = 100 \times \frac{1}{13.6} = 7.34$$

4）确定 $(\rho_c)_m$，为了满足相似关系，必须从（11-10）式中确定$(\rho_c)_m$[1]。

$$(\rho_c)_m = \frac{(\rho_w)_m}{(\rho_w)_p}(\rho_c)_p = \frac{13.6}{1} \times 2.4 = 32.6 \times 1000 \text{ kg/m}^3$$

当然，这样大的密度是找不到这种材料的，更不要说是石膏了。因此，采用垂直加荷的方法增大垂直重量，以代替 $(\rho_c)_m$ 容重的影响。

5）试验的操作过程这里不加叙述了。用特种的电阻应变仪直接量出模型上各点的应变后，即可用下列公式计算模型上各点的应力 σ_m

$$(\sigma_x)_m = \frac{E_m}{1 - \mu_m^2} [(\varepsilon_x)_m + \mu_m (\varepsilon_y)_m]$$

$$(\sigma_y)_m = \frac{E_m}{1 - \mu_m^2} [(\varepsilon_y)_m + \mu_m (\varepsilon_x)_m]$$

$$(\tau_{xy})_m = \frac{E_m}{2(1 + \mu_m)} (\gamma_{xy})_m$$

σ_m 计算出来后，即可用公式 $\sigma_p = C_\sigma \sigma_m = 7.34 \sigma_m$ 计算 σ_p。变位 δ_m 测出后，即可用式（11-20）计算原型的变位 δ_p

$$\delta_p = \left(\frac{l_p}{l_m}\right)^2 \frac{(\rho_w)_p E_m}{(\rho_w)_m E_p} \delta_m = 100^2 \times \frac{1}{13.6} \times \frac{2 \times 10^3}{20 \times 10^3} \delta_m = 73.6 \delta_m$$

---

[1] 这里用 ρ_c 表示坝体和岩体的密度，因为两者密度相差甚小，故这里用同一记号表示，严格而言应当用 $\rho_混$ 和 $\rho_石$ 分别表示。

第五节　用模型试验测定抗滑安全系数

一、强度安全系数

一般来说，大坝或其岩基的强度安全系数可用下列公式来计算：

$$F_s = \frac{R_n}{\sigma_n} \tag{11-24}$$

式中　σ_n——模型内危险点的大主应力（MPa）；

　　　R_n——在所给应力状态下该点的材料强度（MPa）。

为了确定这个危险点的位置、大主应力的大小和作用范围以及荷载作用下的材料强度，通常可以采用下列两种方法：

1）在设计荷载作用下，按比例地不断降低模型各部分的材料强度，直至破坏。破坏时，材料的强度等于危险点（这里开始破坏）的大主应力值（按照最大正应力理论）。实际上这样做是相当困难的，因为要不断地、按比例地、控制降低组成模型的所有材料强度，一般不易实现。所以该法在实践中很少应用。

2）人为地不断增加模型上的所有作用力，以增大模型内大主应力的数值，但要不改变主向和作用范围。将所有这些作用力（无论是外力或内力）一直增加到模型破坏。这个应力状态下的材料强度就是等于破坏时的大主应力 σ'_n

$$R_n = \sigma'_n$$

假设模型内应力的增加与荷载的增加成正比，则就可以写作：

$$F_s = \frac{R_n}{\sigma_n} = \frac{\sigma'_n}{\sigma_n} = \frac{P'}{P} \tag{11-25}$$

式中　P——模型上的设计（使用）荷载或计算荷载（MN）；

　　　P'——模型在破坏时的最大荷载（MN）。

这个方法在实践中获得了广泛的应用。

应当再次着重指出，为了增加主应力值而不改变主向和作用点，应当按比例地增加模型上的所有作用力，其中也包括模型的自重，这个力在实际上是不易增加的，这也是该法的一个主要缺点。

二、抗滑安全系数

如前所述，混凝土坝的滑动，主要是由于基岩抗剪强度不足而引起的。滑动的现象，多先由于基岩的变形过大，导致大坝溃裂而破坏。

对于拱坝来说，由于上部基岩的抗推、抗滑能力比底部基岩差，故拱坝的滑动又多由上部基岩所引起。滑动力 T 主要是拱坝坝头向基岩的作用力，抵抗滑动的力是滑动面上的摩擦力 fW 和凝聚力 c。

滑动安全系数 F_s 的理论公式为

$$F_s = \frac{fW + c}{T}$$

式中　W——对于重力坝是坝体的有效重，对于拱坝是下游岩体和拱坝本身的重量（MN）；

f——滑动面上的摩擦系数。

安全系数也可用另一形式表示

$$F_s = \frac{\tau_f}{\tau_0} \qquad (11-26)$$

式中 τ_f——岩石与岩石之间的（或混凝土与岩基接触面之间的）极限抗剪强度（MPa），由现场试验资料决定。

τ_0 的概念如下：在设计荷载作用下不断降低模型的抗剪强度，直至模型开始滑动，在岩基刚滑动时的抗剪强度即为 τ_0。

但是，按照这样不断地降低模型材料的抗剪强度，就要求有一系列强度不同的材料制作许多模型，逐个加载，求出发生滑动破坏的那个模型的材料的抗剪强度 $(\tau_0)'_m$ 来，然后按相似律推算 τ_0。这实际上是难以实现的。因而，一般都是采用在一个模型上不断地同时同步地增加所有外力（侧压力和自重等）的方法，直至滑动破坏。然后根据破坏时模型所承受的荷载，再按相似律推算 τ_0，具体方法如下。

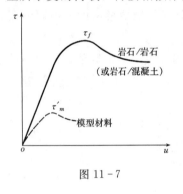

图 11-7

在做模型试验时，荷载从小逐渐到大，其间每一瞬时，在理论上都必须满足式（11-16）～式（11-20）的相似要求。此外，在抗剪强度指标方面，还必须满足式（11-21）、式（11-22）的要求。实际上，也就是要求模型材料的剪切位移曲线与原型材料的剪切位移曲线相似。峰值 τ'_m 与 τ_f 要求应力相似（图11-7）。

我们的目的是通过模型试验来求 τ_0，它相当于模型中的 τ'_m（以下均用（′）表示破坏时的数值）。从式（11-17）得到：

$$\frac{\tau_0}{\tau'_m} = \frac{l_p}{l_m}\frac{(\rho_w)_p}{(\rho_w)'_m}$$

或者

$$\tau_0 = \frac{l_p}{l_m}\frac{(\rho_w)_p}{(\rho_w)'_m}\tau'_m \qquad (11-27)$$

式中 τ_0——原型在设计荷载时岩石至少应有的抗剪强度（MPa）；

τ'_m——模型在设计荷载时材料至少应有的抗剪强度（MPa）；

$(\rho_w)_p$——原型设计荷载的侧压液体密度（kg/m³）；

$(\rho_w)'_m$——模型破坏时侧压的当量液体密度（kg/m³）。

将式（11-27）代入式（11-26），得安全系数：

$$F_s = \frac{l_m}{l_p}\frac{(\rho_w)'_m}{(\rho_w)_p}\frac{\tau_f}{\tau'_m} \qquad (11-28)$$

注意，破坏时模型材料的密度 $(\rho'_混)_m$、$(\rho'_石)_m$ 应当符合下列条件：

$$\frac{(\rho_混)_p}{(\rho'_混)_m} = \frac{(\rho_石)_p}{(\rho'_石)_m} = \frac{(\rho_w)_p}{(\rho'_w)_m} \qquad (11-29)$$

或者，若令 $(\rho_w)_p = 1$，则

$$\frac{(\rho'_{混})_m}{(\rho'_w)_m} = \frac{(\rho_{混})_p}{(\rho_w)_p} = 2.4$$

以及

$$F_s = \frac{l_m}{l_p} \frac{(\rho'_w)_m}{\tau'_m} \tau_f \qquad (11-30)$$

以上为安全系数计算公式，τ_f 由现场试验决定，τ'_m 由模型材料的试验决定，只有 $(\rho'_w)_m$ 是破坏试验时获得的。

设 $(\bar{\rho}_w)_m$ 相当于设计荷载侧压的密度（kg/m^3）。

由于

$$\frac{\varepsilon_p}{\varepsilon_m} = \frac{l_p (\rho_w)_p E_m}{l_m (\rho_w)_m E_p} = 1, \quad [这里 (\rho_w)_m = (\bar{\rho}_w)_m]$$

因此

$$(\bar{\rho}_w)_m = \frac{l_p E_m}{l_m E_p} (\rho_w)_p$$

又因为 $(\rho_w)_p = 1$，所以

$$(\bar{\rho}_w)_m = \frac{l_p E_m}{l_m E_p} \qquad (11-31)$$

又知道

$$\frac{\tau_f}{\tau'_m} = \frac{\sigma_p}{\sigma_m} = \frac{l_p}{l_m} \frac{(\rho_w)_p}{(\rho_w)_m} \qquad (11-32)$$

将式（11-32）代入式（11-30），得到：

$$F_s = \frac{(\rho'_w)_m}{(\bar{\rho}_w)_m} \qquad (11-33)$$

在进行模型试验时，先计算相当于设计荷载的侧压液体密度 $(\bar{\rho}_w)_m \left(= \frac{l_p E_m}{l_m E_p} \right)$，假定原型侧压按图 11-8 的图型增大。在试验过程中应当满足式（11-29）关系

$$\frac{(\rho_{混})_p}{(\rho_{混})_m} = \frac{(\rho_{石})_p}{(\rho_{石})_m} = \frac{(\rho_w)_p}{(\rho_w)_m}$$

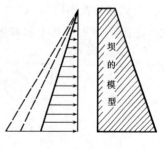

图 11-8

有了 $(\bar{\rho}_w)_m$，用上式确定 $(\rho_{混})_m$ 以及 $(\rho_{石})_m$，通过试验，求得 $(\rho'_w)_m$，再用式（11-33）确定 F_s。

实际试验时，要满足式（11-29）是非常困难的，主要是混凝土重量 $(\rho_{混})_m$、岩石重量 $(\rho_{石})_m$ 要与侧压液体同步增加，这是不易做到的。目前一般做破坏试验时自重不变，将液体容重逐步增加到模型破坏为止。这样，只能近似相似，定性地解决问题，而达不到严格相似的要求。

第六节　裂隙性各向异性岩基的应力与变形

确定裂隙性岩基的应力与变形的分布特性，是岩石力学的基本问题之一，因为知道了应力分布特性以后，就可以了解到在荷载作用下地基的性状、主动区域（应力和变形有显著影响的区域）的大小和形状。

国内外多年来的模型试验研究指出，裂隙性岩基的应力状态不可以采用均质、各向同性介质的弹性力学方程式来计算，层状或块状介质内的应力分布图形与均质、各向同性介质的应力分布图形比较起来，不仅在定量方面有差别，而且在定性上也有原则性的差别。

研究证明，对裂隙性层状和块状介质应力状态有影响的主要因素是：

1）引起地基各向异性的裂隙系的方向。

2）组成岩体的块体的几何形状，它们的相互位置（说明这种岩体的结构情况）。

3）接触面的特性。

4）接触面的抗剪强度。

5）块体岩石材料的变形和强度。

6）地基荷载的特性（建筑物与地基的刚度比例）。

7）建筑物支承面积范围内岩石块体的数量。

轧西耶夫（Газиев）用石膏硅藻土矩形砖块模拟了天然裂隙性岩石的层状块状地基，研究了地基内的应力分布情况。他把上列各种因素进行不同组合，作了对比试验研究，认为其中最主要因素是裂隙系方向与加荷方向间的夹角。综合研究成果如下。

一、裂隙性岩基的变形性

研究指出，用岩块试样确定的弹性模量不能反映块状地基的变形性，块状地基的变形性基本上决定于各块体接触处的变形特性和块体的相互排列。

对于层状地基，沿着层理方向的岩体变形最小，因而层理方向的弹性模量为最大；与层理方向垂直的变形最大，因而弹性模量最小。

块状介质在不同方向的变形性的这个差别，决定着荷载作用下地基变形状态图形的特性。在图 11 - 9（a）上示有倾斜块状介质的垂直位移等值线，这里，荷载是用柔性荷板

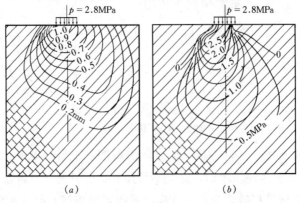

图 11 - 9　倾角为 45° 的倾斜块体状介质的柔性荷板加载试验

施加的，层理面的倾角为 45°。

荷板刚度的变化对岩体表面和浅层区域的变形有很大的影响。但是，在两倍荷载板宽度的深度处，这个影响就看不出来了。

二、裂隙性岩基的应力图形

地基的应力状态取决于它的变形状态的特性，而变形状态又与变形的各向异性有关。知道地基在某一方向内的弹性模量并利用所测得的变形等值线，就可以计算出地基的应力。在图 11-9 (b) 上示有裂隙性块状地基中的垂直应力等值线，它是根据图 11-9 (a) 的位移曲线计算而得的（当然也可以直接测出应力）。完全合理的，这个应力曲线，沿着层理面方向，也就是沿着块体介质的最大刚度方向，表现出伸展的形式。

轧西耶夫等还研究了倾斜层状岩基在其层理面方向与荷载方向的夹角 α 不同时的应力分布特性，如图 11-10 所示，从这个图中可以看出：

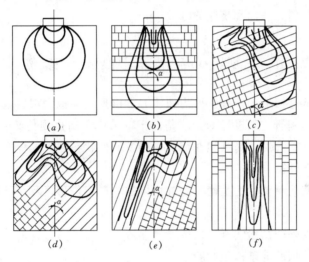

图 11-10　层状块体地基内的最大压应力图

(a) 均匀介质；(b) $\alpha=90°$；(c) $\alpha=60°$；(d) $\alpha=45°$；

(e) $\alpha=30°$；(f) $\alpha=0°$

1）层状块状岩基内的应力分布，取决于荷载方向与层理面的夹角 α 的大小。

2）当 $\alpha=90°$ 时如图 11-10 (b)，应力曲线具有沿着加荷方向伸展的形式，最大垂直压应力方向与加荷方向一致。

3）当 $\alpha=60°$ 时如图 11-10 (c)，部分应力直接沿层理面方向传递，造成应力曲线向两个方向伸展的现象，即在地基中出现了两个相对较大的应力区域，其中在层理面方向伸展了较小的区域，在垂直层面的方向伸展了大的区域。与 $\alpha=90°$ 时的应力曲线相比，垂直于层面方向的应力值及其范围都有所减小。

4）当 $\alpha=45°$ 时如图 11-10 (d)，沿层面和垂直层面两个方向的应力分布近乎相等，但应力的基本部分仍然偏向于垂直层理的方向内，这是由于块状介质的传播性质所决定的。

5）当 $\alpha=30$ 时如图 11-10 (e)，情况与 $\alpha=60°$ 的大致相反。垂直层理方向的应力分布图的大小和深度减小，而沿着层理方向的分布图增大，伸展甚深。

6）在极端的情况下，当 $\alpha=0°$ 时如图 11-10（f），岩层方向垂直，所有应力都直接沿层面方向传递，一直传递到岩层的末端，应力分布图伸展很深。在这种情况下，岩层的工作情况类似于柱或桩，大部分荷载传向深处，小部分荷载通过层面接触处传向两侧。

在这个试验研究中还发现了下列两个最重要的情况：

1）直接在荷板下面的中心块体的应力显著增大（增长效应）。在柔性荷板下这个现象更为明显，这时荷板下面中心的应力可能超过其上作用荷载的 1.5～3 倍。这种增长效应与岩层倾角有关，当荷载垂直层面时增长得最多，当荷载与层面方向一致时，实际上就不出现这种效应。

2）在地基的相当宽度的范围内，岩体中有一个主应力是拉应力。尽管块状岩体介质不能承受拉力，但在组成岩体的单独块体内还是可以发生很大的拉应力，这是由于，当岩体变形时，块体发生倾斜、扭曲和挤紧的缘故。

第七节　大坝岩基应力和变形模型研究实例

用相似材料模拟地基构造的模型，称为地质力学模型。模拟大坝岩基的最早的地质力学模型都是为高拱坝岩基研究而进行的。这是由于，第一，高拱坝传给岩基的荷载很大，设计者必然要慎重对待；第二，高拱坝在荷载作用下的性状在颇大的程度上取决于两岸邻接基岩的可挠性和变形性。

大坝岩基模型研究的主要目的是确定岩基块体的变形和位移以及在极限荷载下的破坏特性。

以下介绍一些国内外的试验实例，以供读者参考。

一、意大利瓦依昂坝的地基模型试验

意大利瓦依昂（Vajont）坝的地基模型是最早的地质力学模型之一。试验是在 1960 年由意大利结构和模型试验研究所进行的。他们研究了该坝坝肩岩体在荷载作用下的性状。坝高 262m，岩石属石灰岩，有断层、层面和裂隙。制作模型用的几何比例 $C_i=85$。

为了模拟三组主要的裂隙系统，岩基的模型是用 3200 块、尺寸为 16.4cm×14cm×9cm 的棱柱状砖块堆砌而成的。砖块由石膏、烟煤、重晶石（$BaSO_4$）和水的混合料做成，其弹性模量为 700MPa。应力比例采用 $C_\sigma=85$。砖块的接触面模拟了相应的抗剪强度，其中有一面是粘胶的，它的凝聚力等于砖块材料凝聚力的 25%，而其他两面的凝聚力为零，摩擦角分别为 30°和 45°。

模型的荷载是用不同密度的液体来实现的。利用容重为 15kN/m³ 的液体进行了破坏试验。试验中量测了大坝的位移和变形。

在图 11-11 上示有瓦依昂大坝模型试验位移量测结果。图 11-11（a）表示总的位移图。将总的位移分为两部分，一部分为引起大坝产生应力的位移如图 11-11（b），另一部分为不引起大坝应力的位移，即大坝每一点都向下游变位同一数量的位移（刚性平移运动 40mm）如图 11-11（c）。这个试验为加固该坝，提供了有用的资料。

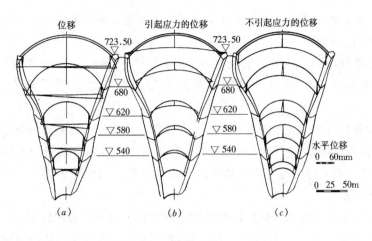

位移　　　　　　　引起应力的位移　　　不引起应力的位移

(a)　　　　　　　　(b)　　　　　　　　(c)

图 11 - 11

二、我国乌江渡水电站重力拱坝结构模型试验

乌江渡水电站重力拱坝结构模型试验也是有意义的典型例子。该项工作由河海大学和水电部第八工程局设计院协作进行。

该坝坝址的地质条件极为复杂，断层、节理、夹层、溶洞和暗河较多，见图 11 - 12。右岸的地质条件较左岸更坏，特别是 F_{50} 断层斜切山坡，坝肩的稳定和变形都有问题。因此，为了坝肩处理，进行了整体模型试验和平拱圈结构模型试验，主要研究某些软弱部位处理后应力和应变的改善情况和不同处理方案的比较等。

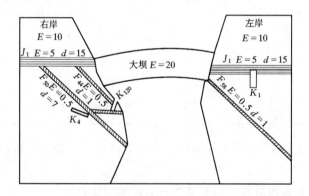

图 11 - 12　乌江渡拱坝 700m 高程拱圈模型布置图

F—断层；J_1—夹层；K—溶洞；E—弹性模量（10^3 MPa）；

d—厚度（m）

模型的几何比例为 $C_l=250$。只对主要的地质缺陷作了模拟（图 11 - 12），对一般的地质缺陷作了简化，并且只模拟弹性模量，没有模拟强度特性。

模型材料主要是石膏，用不同水膏比控制其弹性模量。断层的弹性模量较低，选用橡皮板加以模拟。橡皮板厚度根据垂直层面方向压缩变形相等的原则来决定。为保证有足够的横向变形能力，橡皮板每隔 10cm 锯出 1mm 宽的缝隙。应当指出，用橡皮板模拟断层，其性能与原型不完全相似。这种模拟只考虑了垂直层面的变形量相似，没有考虑剪切变形量相似。另外，橡皮板的强度较高，在超载试验中也不能反映出断层易于破坏的特点。

采用千斤顶施加荷载。

按照设计要求在模型上粘贴了电阻值为 120Ω 左右的 3mm×5mm 纸基电阻应变片，借以量测主要软弱面、拱端和大坝表面等重要部位的应变。用千分表量测模型的位移。

试验程序是首先量测"天然岩基"的应力与变形，以后按一定程序对各个软弱面逐个进行"处理"（即将模拟软弱面的橡皮板去掉，代以石膏，其弹性模量与大坝模型的弹性模量相同），分别量测其应力与变形。然后进行综合处理方案的破坏试验，最终修复到天然情况再进行破坏试验。

试验证明，如果不进行结构软弱面的处理，在设计荷载下，右岸位移 45mm，左岸位移 27mm，荷载主要集中于左岸。破坏试验时，破坏先从左岸开始，第一条裂缝自左拱端下游开始，大致与坝面成 60°的角度。如果处理其他结构软弱部位，但不处理 F_{50} 断层，则右岸径向位移减为 38mm，左岸减至 6mm。这样，右岸的变形还相当大，而且左岸的相对刚度提高了。与天然（不处理）情况相比，负担更集中于左岸，处理后左岸出现第一条裂隙的时间反而提早，主要是右岸的变形太大。

如果对 F_{50} 断层的受力较大部位处理 60m，则处理后右岸的位移就显著减少，见表 11-3（表中数字的单位为 mm）。

表 11-3

情　况 ＼ 部　位	右拱端	右 1/4 处	拱　冠	左 1/4 处	左拱端
处理前	38	69	87	64	6
处理后	13	51	55	46	7

由于处理 F_{50} 断层后右岸变形大为减少，所以出现第一条裂缝的时间也大为推迟，情况大大改善。

三、我国浙江长诏水库混凝土砌石溢流重力坝模型试验

浙江长诏水库混凝土砌石溢流重力坝抗滑稳定模型试验也是一个有意义的例子。该项试验由河海大学等单位进行。该坝坝基下有两条不利的夹泥层 M_8 和 M_6，齿墙后地基内有两组节理面 J_1 和 J_2。坝踵有小断层 F_0。坝下游有断层 F_7 通过。M_8 及 M_6 夹泥层和 J_1 和 J_2 节理面构成了坝基下的可能滑动面。F_0 小断层形成分离面，F_7 断层形成滑动临空面，见图 11-13。

模型试验的主要目的，是研究大坝在设计荷载下沿地基的抗滑稳定性。

模型采用的几何比例 $C_l=100$，应力比例 $C_\sigma=10$。模型材料主要是不同水膏比的石膏。在本试验中，除了模拟各种材料的弹性模量之外，特别重要的是还对夹泥层和节理面以及齿墙与岩石接触面的摩擦系数 f 和凝聚力 c 作了模拟，以求模型和原型的抗滑阻力相

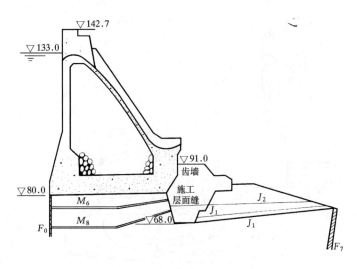

图 11-13

似。具体做法如下。

在夹泥层的上、下面粘防油纸，利用防油纸（均为反面）之间的摩阻力达到设计要求。对于齿墙与岩石接触面以及 J_1 节理面，则在一个面上粘防油纸，另一个面上涂清漆，利用防油纸与清漆间的摩阻力达到设计要求。在 J_2 节理面上，一面粘半透明纸，一面涂清漆，利用半透明纸与清漆面之间的摩阻力达到模拟要求。此外，为了模拟齿墙施工层面缝上的 f 和 c（原型 $f=0.6\sim0.7$，$c=2\text{MPa}$），在建筑缝面上，夹入了一层厚度为 1.5mm 的长石粉、石膏和水的混合料（其重量比为 $100:50:110$），其 f 和 c 都达到模拟原型的要求（模型 $f=0.6\sim0.7$，$c=0.2\text{MPa}$）。

试验证明，在设计水头作用下坝踵的水平位移在 8mm 以上。如果下游不做深齿墙，则稳定性不能满足。如果做深齿墙，如图 11-13 所示，则超载安全系数可达 $1.4\sim1.5$。

四、墨西哥阿米斯塔特混凝土重力坝模型试验

墨西哥阿米斯塔特（Amistad）混凝土重力坝的模型试验研究与上述的例子类似。图 11-14 是该坝的断面图。这个坝的岩基是水平产状的石灰岩岩层，这种岩层中有粘土质页岩夹层，而且其中两条夹层（M_2 和 M_5）由软的蒙脱黏土所充填。

研究的主要任务是：①分析岩基的稳定性；②确定岩基内的应力分析；③研究岩基的变形和位移；④确定大坝及其岩基的安全系数。

模型的几何比例 $C_l=100$，模型用石膏和砂土的混合物组成，而黏土夹层用专门的材料（树脂、白蜡、细砂和甘油）来模拟，这些材料具有所需要的强度指标。

岩基的层理性，引起了地基内足够复杂的应力分布图形（图 11-14），而且黏土夹层材料处于极限状态。

当所施加的荷载超过设计荷载 3 倍时，岩体就沿着夹层 M_2 移动，并且在坝内出现第一条裂缝。当超过设计荷载 4 倍时，模型就发生了破坏，并且不是沿着夹层 M_2，而是沿着坝底下面的夹层 M_4。

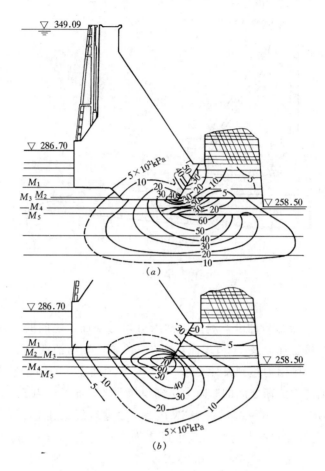

图 11 - 14　阿米斯塔特坝基内的应力

（a）水平应力；（b）垂直应力

附录一 有关蠕变公式的推导

（一）式（4-42）的推导

蠕变微分方程式［式（4-41）］：

$$\left(\frac{1}{\eta}+\frac{1}{G}\frac{\mathrm{d}}{\mathrm{d}t}\right)\tau=\left(\frac{\mathrm{d}}{\mathrm{d}t}\right)\gamma \tag{1}$$

上式表示马克斯威尔材料黏弹性体的剪应力 τ 与剪应变 γ 的关系。按蠕变理论，在线性黏弹性材料中（假设对压缩是弹性的，只有 G 与时间有关），剪应力与剪应变的关系为：

$$F_1(t)\tau=F_2(t)\gamma \tag{2}$$

按照相应原理，黏弹性问题的解答用 $F_2(t)/F_1(t)$ 代替弹性解答中的 G 而获得。现在对马克斯威尔体，比较式（1）和式（2）可以看出：

$$F_1(t)=\left(\frac{1}{\eta}+\frac{1}{G}\frac{\mathrm{d}}{\mathrm{d}t}\right)$$

$$F_2(t)=\frac{\mathrm{d}}{\mathrm{d}t}$$

因此，把弹性解答变换为相应的马克斯威尔解答，我们必须用下式代替 G：

$$\frac{F_2(t)}{F_1(t)_{Ma\times Well}}=\frac{\mathrm{d}/\mathrm{d}t}{(1/\eta)+\left[(1/G)(\mathrm{d}/\mathrm{d}t)\right]} \tag{3}$$

从力学中知道，剪切模量不仅控制着剪应力与剪应变的关系，而且还决定着偏应力与偏应变之间的关系。特别是

$$\sigma_{1,dev}=2G\varepsilon_{1,dev} \tag{4}$$

式中 $\sigma_{1,dev}$——偏应力（MPa）；

$\varepsilon_{1,dev}$——偏应变。

又因为平均应变 ε_m 等于 $\frac{1}{3}\frac{\Delta V}{V}$，所以平均应力 σ_m 为：

$$\sigma_m=3K\varepsilon_m \tag{5}$$

因为

$$\varepsilon_{1,dev}=\varepsilon_1-\varepsilon_m \tag{6}$$

故

$$\varepsilon_1=\varepsilon_{1,dev}+\varepsilon_m \tag{7}$$

将式（4）和式（5）代入式（7），得到：

$$\varepsilon_1=\frac{\sigma_{1,dev}}{2G}+\frac{1}{3}\frac{\sigma_m}{K} \tag{8}$$

对于单轴压缩情况，轴向应力为 σ_1，而 $\sigma_2=\sigma_3=0$

$$\sigma_m=\frac{1}{3}\sigma_1 \tag{9}$$

以及

$$\sigma_{1,\,dev} = \frac{2}{3}\sigma_1 \tag{10}$$

所以式（8）变为

$$\varepsilon_1 = \frac{1}{3G}\sigma_1 + \frac{1}{9K}\sigma_1 \tag{11}$$

式（11）表示用常数 G 和 K 描述的各向同性材料在轴向应力增量为 σ_1 时相应的应变。对于压缩为弹性和受剪时表现为马克斯威尔体的岩石来说，我们必须用式（3）给出的 $F_2(t)\,/F_1(t)$ 代替上式中的 G，这样就得到下列微分方程式

$$\varepsilon_1 = \sigma_1 \left\{ \frac{(1/\eta) + \left[(1/G)(\mathrm{d}/\mathrm{d}t) \right]}{3(\mathrm{d}/\mathrm{d}t)} + \frac{1}{9K} \right\} \tag{12}$$

对于 $t=0$ 时骤然施加的 σ_1 的情况（σ_1 保持为常量），这个方程式的解答是：

$$\varepsilon_1(t) = \frac{\sigma_1 t}{3\eta} + \frac{\sigma_1}{3G} + \frac{\sigma_1}{9K} \tag{13}$$

这就是式（4-42）。

（二）式（4-49）的推导

蠕变微分方程式见式（4-48）

$$\tau = \left(\eta \frac{\mathrm{d}}{\mathrm{d}t} + G \right) \gamma \tag{14}$$

上式是伏埃特材料的剪应力与剪应变的关系。将它与式（2）比较，对于伏埃特材料可以得到：

$$F_1(t) = 1$$

以及

$$F_2(t) = \left(\eta \frac{\mathrm{d}}{\mathrm{d}t} + G \right) \tag{15}$$

为了将弹性解答变换为伏埃特黏弹性体解答，必须用下式代替 G

$$\frac{F_2(t)}{F_1(t)_{wigt}} = \left(\eta \frac{\mathrm{d}}{\mathrm{d}t} + G \right) \tag{16}$$

将式（16）代替式（11）中的 G，得到下列微分方程式：

$$\varepsilon_1 = \sigma_1 \left\{ \frac{1}{3 \left[\eta(\mathrm{d}/\mathrm{d}t) + G \right]} + \frac{1}{9K} \right\} \tag{17}$$

对于蠕变试验的情况，σ_1 在 $t=0$ 时施加，并随后保持为常量，其解答为：

$$\varepsilon_1(t) = \frac{\sigma_1}{9K} + \frac{\sigma_1}{3G}(1 - \mathrm{e}^{-(Gt/\eta)}) \tag{18}$$

这就是式（4-49）。

附录二　应用弹塑性理论求山岩压力的数学推演

（一）芬纳公式 p_i 的推导

计算图形见第六章的图 6-12。

（1）平衡方程式见式（6-24）：

$$(\sigma_\theta - \sigma_r)\mathrm{d}r = r\mathrm{d}\sigma_r \tag{1}$$

（2）塑性条件见式（6-26）：

$$\frac{\sigma_r + c\mathrm{ctg}\varphi}{\sigma_\theta + c\mathrm{ctg}\varphi} = \frac{1 - \sin\varphi}{1 + \sin\varphi} = \frac{1}{N_\varphi} \tag{2}$$

（3）边界条件：

当 $r=R$ 时，即在塑性和弹性的交界处，应力应当既满足弹性条件，又满足塑性条件。

当满足弹性条件时

$$\left.\begin{aligned}\sigma_r &= p_0\left(1 - \frac{r_v^2}{R^2}\right) \\ \sigma_\theta &= p_0\left(1 + \frac{r_0^2}{R^2}\right)\end{aligned}\right\} \tag{3}$$

由此

$$\frac{\sigma_\theta}{\sigma_r} = \frac{1 + \dfrac{r_0^2}{R^2}}{1 - \dfrac{r_0^2}{R^2}} \tag{4}$$

当满足塑性条件时，即应满足式（2），若略去 c 的影响，表达式（2）成为：

$$\frac{\sigma_\theta}{\sigma_r} = N_\varphi \tag{5}$$

因为既满足弹性条件，又满足塑性条件，所以式（4）等于式（5）

$$\frac{1 + \dfrac{r_0^2}{R^2}}{1 - \dfrac{r_0^2}{R^2}} = \frac{1 + \sin\varphi}{1 - \sin\varphi} = N_c$$

由此得：

$$\frac{r_0^2}{R^2} = \sin\varphi, \ R = \sqrt{\frac{r_0^2}{\sin\varphi}} \tag{6}$$

以及

$$\left.\begin{aligned}\sigma_\theta &= p_0\left(1 + \frac{r_0^2}{R^2}\right) = p_0(1 + \sin\varphi) \\ \sigma_r &= p_0\left(1 - \frac{r_0^2}{R^2}\right) = p_0(1 - \sin\varphi)\end{aligned}\right\} \tag{7}$$

所以，边界条件为：

当 $r=R$ 时，$R=\sqrt{\dfrac{r_0^2}{\sin\varphi}}$

切向应力 σ_θ 和径向应力 σ_r 满足式（7）。

（4）解微分方程：

求解微分方程式（1），并满足式（2）和式（7）。

由式（1）移项得：

$$d\sigma_r = (\sigma_\theta - \sigma_r)\frac{dr}{r}$$

两边各除以 $\sigma_r + c\mathrm{ctg}\varphi$，得：

$$\frac{d\sigma_r}{\sigma_r + c\mathrm{ctg}\varphi} = \frac{dr}{r}\left(\frac{\sigma_\theta - \sigma_r}{\sigma_r + c\mathrm{ctg}\varphi}\right) \tag{8}$$

由于 $c\mathrm{ctg}\varphi$ 为常数，所以 $d\sigma_r = d(\sigma_r + c\mathrm{ctg}\varphi)$，又因为

$$\frac{\sigma_\theta - \sigma_r}{\sigma_r + c\mathrm{ctg}\varphi} = \frac{\sigma_\theta + c\mathrm{ctg}\varphi - (\sigma_r + c\mathrm{ctg}\varphi)}{\sigma_r + c\mathrm{ctg}\varphi} = \left(\frac{\sigma_\theta + c\mathrm{ctg}\varphi}{\sigma_r + c\mathrm{ctg}\varphi} - 1\right)$$

$$= \left(\frac{1 + \sin\varphi}{1 - \sin\varphi} - 1\right) = N_\varphi - 1$$

因此，式（8）可化为：

$$\frac{d(\sigma_r + c\mathrm{ctg}\varphi)}{\sigma_r + c\mathrm{ctg}\varphi} = \frac{dr}{r}(N_\varphi - 1) = (N_\varphi - 1)\frac{d\left(\dfrac{r}{r_0}\right)}{\left(\dfrac{r}{r_0}\right)} \tag{9}$$

两边进行积分

$$\int \frac{d(\sigma_r + c\mathrm{ctg}\varphi)}{\sigma_r + c\mathrm{ctg}\varphi} = (N_\varphi - 1)\int \frac{d\left(\dfrac{r}{r_0}\right)}{\left(\dfrac{r}{r_0}\right)}$$

得到：

$$\ln(\sigma_r + c\mathrm{ctg}\varphi) = (N_\varphi - 1)\ln\left(\frac{r}{r_0}\right) + C \tag{10}$$

令 $C = \ln A$，则

$$\ln(\sigma_r + c\mathrm{ctg}\varphi) = \ln\left(\frac{r}{r_0}\right)^{N_\varphi - 1} + \ln A$$

所以

$$\sigma_r + c\mathrm{ctg}\varphi = A\left(\frac{r}{r_0}\right)^{N_\varphi - 1} \tag{11}$$

由边界条件得知，当 $r=R$ 时，$R=\sqrt{\dfrac{r_0^2}{\sin\varphi}}$

$$\sigma_r = p_0(1 - \sin\varphi)$$

代入式（11）

$$p_0(1 - \sin\varphi) + c\mathrm{ctg}\varphi = A\left(\frac{R}{r_0}\right)^{N_\varphi - 1}$$

得到：

$$A = \left[p_0 (1 - \sin\varphi) + c\,\text{ctg}\varphi \right] \left(\frac{r_0}{R} \right)^{N_\varphi - 1} \tag{12}$$

当 $r = r_0$ 时，令这时的 σ_r 为 p_i，代入式（11），得

$$p_i = (\sigma_r)_{r=r_0} = -c\,\text{ctg}\varphi + A \left(\frac{r_0}{r_0} \right)^{N_\varphi - 1} = -c\,\text{ctg}\varphi + A$$

所以得到芬纳公式

$$p_i = -c\,\text{ctg}\varphi + \left[p_0 (1 - \sin\varphi) + c\,\text{ctg}\varphi \right] \left(\frac{r_0}{R} \right)^{N_\varphi - 1} \tag{13}$$

（二）修正芬纳公式 p_i 的推导

（1）平衡方程式：

$$(\sigma_\theta - \sigma_r) \mathrm{d}r = r \mathrm{d}\sigma_r \tag{14}$$

（2）塑性条件：

$$\frac{\sigma_\theta - \sigma_r}{\sigma_\theta + \sigma_r + 2c\,\text{ctg}\varphi} = \sin\varphi$$

或者

$$\sigma_\theta = \sigma_r \frac{1 + \sin\varphi}{1 - \sin\varphi} + \frac{2c\cos\varphi}{1 - \sin\varphi} \tag{15}$$

将式（15）代入式（14），得

$$\frac{\sigma_r \dfrac{1 + \sin\varphi}{1 - \sin\varphi} + \dfrac{2c\cos\varphi}{1 - \sin\varphi} - \sigma_r}{r} - \frac{\mathrm{d}\sigma_r}{\mathrm{d}r} = 0 \tag{16}$$

整理后得：

$$\frac{\mathrm{d}(\sigma_r + c\,\text{ctg}\varphi)}{\sigma_r + c\,\text{ctg}\varphi} = \frac{2\sin\varphi}{1 - \sin\varphi} \frac{1}{r} \mathrm{d}r \tag{17}$$

进行积分

$$\ln(\sigma_r + c\,\text{ctg}\varphi) = (N_\varphi - 1)\ln r + C \tag{18}$$

式中　C——积分常数。

（3）边界条件：

当 $r = r_0$ 时，$\sigma_r = p_i$，将这个边界条件代入式（18），得

$$\ln(p_i + c\,\text{ctg}\varphi) = (N_\varphi - 1)\ln r_0 + C$$

所以

$$C = \ln(p_i + c\,\text{ctg}\varphi) - (N_\varphi - 1)\ln r_0$$

将上面的 C 代回式（18），得

$$\ln(\sigma_r + c\,\text{ctg}\varphi) = (N_\varphi - 1)\ln r + \ln(p_i + c\,\text{ctg}\varphi) - (N_\varphi - 1)\ln r_0$$

即

$$\ln \frac{\sigma_r + c\,\text{ctg}\varphi}{p_i + c\,\text{ctg}\varphi} = \ln \left(\frac{r}{r_0} \right)^{N_\varphi - 1}$$

$$\frac{\sigma_r + c\,\text{ctg}\varphi}{p_i + c\,\text{ctg}\varphi} = \left(\frac{r}{r_0} \right)^{N_\varphi - 1}$$

或者

$$\sigma_r = -c\,\text{ctg}\varphi + (p_i + c\,\text{ctg}\varphi) \left(\frac{r}{r_0} \right)^{N_\varphi - 1} \tag{19}$$

在塑性区与弹性区交界处，既满足弹性条件，又满足塑性条件。满足弹性条件的应力是：

$$\left.\begin{aligned}\sigma_r &= p_0\left(1 - \frac{r_0^2}{R^2}\right) \\ \sigma_\theta &= p_0\left(1 + \frac{r_0^2}{R^2}\right)\end{aligned}\right\} \tag{20}$$

上面两式相加，得：

$$\sigma_r + \sigma_\theta = 2p_0 \tag{21}$$

在交界处，还应满足塑性条件：

$$\frac{\sigma_\theta - \sigma_r}{\sigma_\theta + \sigma_r + 2c\mathrm{ctg}\varphi} = \sin\varphi$$

以式（21）代入上式，得：

$$\frac{\sigma_\theta - \sigma_r}{2p_0 + 2c\mathrm{ctg}\varphi} = \sin\varphi$$

$$\sigma_\theta - \sigma_r = \sin\varphi(2p_0 + 2c\mathrm{ctg}\varphi) \tag{22}$$

然后将式（21）和式（22）相加，得：

$$2\sigma_\theta = 2p_0 + \sin\varphi(2p_0 + 2c\mathrm{ctg}\varphi)$$

$$\sigma_\theta = p_0(1 + \sin\varphi) + c\mathrm{ctg}\varphi\sin\varphi$$

将上式代入式（22）得：

$$\sigma_r = p_0(1 - \sin\varphi) - c\mathrm{ctg}\varphi\sin\varphi \tag{23}$$

以式（23）代入式（19），并令其中的 $r = R$：

$$p_0(1 - \sin\varphi) - c\mathrm{ctg}\varphi\sin\varphi = -c\mathrm{ctg}\varphi + (p_i + c\mathrm{ctg}\varphi)\left(\frac{R}{r_0}\right)^{N_\varphi - 1}$$

整理后，得到支护反力 p_i 与塑性圈半径 R 的关系式：

$$R = r_0\left[(1 - \sin\varphi)\frac{p_0 + c\mathrm{ctg}\varphi}{p_i + c\mathrm{ctg}\varphi}\right]^{\frac{1}{N_\varphi - 1}} \tag{24}$$

或者

$$p_i = -c\mathrm{ctg}\varphi + [(1 - \sin\varphi)(p_0 + c\mathrm{ctg}\varphi)]\left(\frac{r_0}{R}\right)^{N_\varphi - 1} \tag{25}$$

当 $p_i = 0$ 时，得到无支护情况下的塑性松动圈半径 R_0：

$$R_0 = r_0\left[\frac{(1 - \sin\varphi)(p_0 + c\mathrm{ctg}\varphi)}{c\mathrm{ctg}\varphi}\right]^{\frac{1 - \sin\varphi}{2\sin\varphi}}$$

（三）卡柯公式 p_a 的推导

计算图形见第六章的图 6-15。

（1）平衡方程式见式（6-42）：

$$(\sigma_\theta - \sigma_r)\mathrm{d}r - \gamma\mathrm{d}\sigma_r - \gamma r\mathrm{d}r = 0 \tag{26}$$

（2）塑性条件：

$$\frac{\sigma_r + c\mathrm{ctg}\varphi}{\sigma_\theta + c\mathrm{ctg}\varphi} = \frac{1 - \sin\varphi}{1 + \sin\varphi} = \frac{1}{N_\varphi} \tag{27}$$

（3）边界条件：

当 $r=R$ 时，$\sigma_r=0$（考虑塑性区松动脱落）。

（4）解微分方程：

解微分方程式（26）。

因为

$$\frac{\sigma_\theta+c\mathrm{ctg}\varphi}{\sigma_r+c\mathrm{ctg}\varphi}=N_\varphi$$

所以

$$\frac{\sigma_\theta+c\mathrm{ctg}\varphi}{\sigma_r+c\mathrm{ctg}\varphi}-1=N_\varphi-1$$

由此

$$\frac{\sigma_\theta-\sigma_r}{\sigma_r+c\mathrm{ctg}\varphi}=N_\varphi-1$$

$$\sigma_\theta-\sigma_r=(N_\varphi-1)(\sigma_r+c\mathrm{ctg}\varphi)$$

将上式代入式（26）得：

$$(N_\varphi-1)(\sigma_r+c\mathrm{ctg}\varphi)\mathrm{d}r-r\mathrm{d}\sigma_r-\gamma r\mathrm{d}r=0 \tag{28}$$

令 $N_\varphi-1=B$，则

$$1-B=1-(N_\varphi-1)=\frac{1-3\sin\varphi}{1-\sin\varphi} \tag{29}$$

$$c\mathrm{ctg}\varphi=D$$

代入式（28）化为：

$$B(\sigma_r+D)\mathrm{d}r-r\mathrm{d}\sigma_r-\gamma r\mathrm{d}r=0 \tag{30}$$

$$B(\sigma_r+D)\mathrm{d}r-\gamma r\mathrm{d}r=r\mathrm{d}\sigma_r$$

$$\frac{\mathrm{d}\sigma_r}{\mathrm{d}r}=\frac{B(\sigma_r+D)}{r}-\gamma$$

$$\frac{\mathrm{d}(\sigma_r+D)}{\mathrm{d}r}=\frac{B}{r}(\sigma_r+D)-\gamma \tag{31}$$

令 $\dfrac{B}{r}=p(r)$，$-\gamma=q(r)$，则式（31）为：

$$\frac{\mathrm{d}(\sigma_r+D)}{\mathrm{d}r}=p(r)(\sigma_r+D)+q(r) \tag{32}$$

微分方程式（32）实际上为 $\dfrac{\mathrm{d}y}{\mathrm{d}r}=p(r)\,y+q(r)$ 的形式，它的通解为：

$$y=\mathrm{e}^{\int p(r)\mathrm{d}r}\left[C_1+\int q(r)\mathrm{e}^{-\int p(r)\mathrm{d}r}\mathrm{d}r\right] \tag{33}$$

其中

$$\mathrm{e}^{\int p(r)\mathrm{d}r}=\mathrm{e}^{B\int\frac{\mathrm{d}r}{r}}=\mathrm{e}^{\ln r^B}=r^B \tag{34}$$

$$\int q(r)\mathrm{e}^{-\int p(r)\mathrm{d}r}\mathrm{d}r=-\int\gamma\mathrm{e}^{-B\int\frac{\mathrm{d}r}{r}}\mathrm{d}r=\gamma\int r^{-B}\mathrm{d}r=-\gamma\frac{r^{1-B}}{1-B} \tag{35}$$

将式（34）、式（35）代入式（33）得：

$$y=\sigma_r+D=r^B\left(C_1-\gamma\frac{r^{1-B}}{1-B}\right)$$

$$\sigma_r + D = r^B\left(C_1 - \gamma\,\frac{r^{1-B}}{1-B}\right) = r^B C_1 - \frac{\gamma}{1-B}r \tag{36}$$

由于当 $r = R$ 时，$\sigma_r = 0$，所以代入上式得：

$$R^B C_1 - \frac{\gamma R}{1-B} - D = 0$$

$$C_1 = \frac{D}{R^B} + \frac{\gamma}{1-B}R^{1-B} \tag{37}$$

将式（37）的 C_1 代入式（36），得：

$$\sigma_r = r^B\left(\frac{D}{R^B} + \frac{\gamma}{1-B}R^{1-B}\right) - \frac{\gamma}{1-R}r - D$$

$$= D\left(\frac{r}{R}\right)^B + \frac{\gamma}{1-B}r^B R^{1-B} - \frac{\gamma}{1-B}r - D$$

$$= D\left(\frac{r}{R}\right)^B - \frac{\gamma}{1-B}r(1 - r^{B-1}R^{1-B}) - D$$

或者

$$\sigma_r = D\left(\frac{r}{R}\right)^B + \frac{\gamma}{B-1}r\left[1 - \left(\frac{r}{R}\right)^{B-1}\right] - D$$

将式（29）的 D、B 关系代入上式，得：

$$\sigma_r = c\,\mathrm{ctg}\varphi\left(\frac{r}{R}\right)^{N_\varphi - 1} + \frac{\gamma}{N_\varphi - 2}r\left[1 - \left(\frac{r}{R}\right)^{N_\varphi - 2}\right] - c\,\mathrm{ctg}\varphi \tag{38}$$

当 $r = r_0$ 时，这时的 σ_r 即为卡柯公式的 p_a

$$p_a = (\sigma_r)_{r=r_0} = -c\,\mathrm{ctg}\varphi + c\,\mathrm{ctg}\varphi\left(\frac{r_0}{R}\right)^{N_\varphi - 1} + \frac{\gamma r}{N_\varphi - 2}\left[1 - \left(\frac{r_0}{R}\right)^{N_\varphi - 2}\right]$$

附录三 工程单位制和国际单位制对照表

表 1 岩石力学中常用的几个基本单位

工程单位制				国际单位制			
量	名 称	代 号		量	名 称	代 号	
		中 文	国 际			中 文	国 际
长度	米	米	m	长度	米	米	m
时间	秒	秒	s	时间	秒	秒	s
力	公斤	公斤	kg	质量	千克（公斤）	千克（公斤）	kg

表 2 岩石力学中常用的几个导出单位

工程单位制				国际单位制			
量	名 称	代 号		量	名 称	代 号	
		中 文	国 际			中 文	国 际
质量 密度 容重	吨每立方米 （公斤每立方米）	千克·秒^2/米 千克·秒^2/米^4 吨/米^3 （千克/米^3）	kg·s^2/m kg·s^2/m^4 t（kg）/m^3	力 密度 容重	牛 千克每立方米 牛每立方米	牛 千克/米^3 牛/米^3	N kg/m^3 N/m^3

注 1. 面积、体积、速度和加速度等单位在两种单位制中完全一样，故未列入。

2. 1牛就是使1千克质量的物体产生1米/秒^{2}加速度所需要的力，即1牛＝1千克·米/秒^2。

表 3 力 的 单 位 换 算

工程单位制		国际单位制		工程单位制		国际单位制	
公 斤	吨	牛	千 牛	公 斤	吨	牛	千 牛
1	0.001	9.8	0.0098	0.102	0.000102	1	0.001
1000	1	9800	9.8	102	0.102	1000	1

表 4 容重的单位换算

工程单位制		国际单位制		工程单位制		国际单位制	
公斤/米^3	吨/米^3	牛/米^3	千牛/米^3	公斤/米^3	吨/米^3	牛/米^3	千牛/米^3
1	0.001	9.8	0.0098	0.102	0.000102	1	0.001
1000	1	9800	9.8	102	0.102	1000	1

表 5	质量的单位换算
工程单位制	国际单位制
公斤·秒²/米	千克
1	9.8
0.102	1

表 6	密度的单位换算
工程单位制	国际单位制
公斤·秒²/米⁴	千克/米³
1	9.8
0.102	1

表 7　　　　　　　　　压 力 的 单 位 换 算

用 应 力 单 位 表 示				用大气压表示	
工程单位制		国际单位制		工程单位制	国际单位制
公斤/厘米² （kg/cm²）	吨/米² （t/m²）	帕 （Pa）	千帕 （kPa）	工程大气压	标准大气压 （atm）
1	10	98000	98	1	0.968
0.1	1	9800	9.8	0.1	0.0968
0.0000102	0.000102	1	0.001	0.0000102	0.00000987
0.0102	0.102	1000	1	0.0102	0.00987
1.033	10.33	101325	101.325	1.033	1

参 考 文 献

[1] J. 塔罗勃著，林天健等译，岩石力学，中国工业出版社，1965 年。

[2] D. F. 科茨著，雷化南等译，岩石力学原理，冶金工业出版社，1978 年。

[3] 水利水电科学研究院译，岩石力学译文集，中国工业出版社，1966 年。

[4] 雷化南等译，岩石力学译文集，冶金工业出版社，1976 年。

[5] 华北勘察院等编，工程地质勘测，中国建筑工业出版社，1977 年。

[6] 太沙基著，徐志英译，理论土力学，地质出版社，1960 年。

[7] 郑雨天编著，岩石力学的弹塑粘性理论基础，煤炭工业出版社，1988 年。

[8] E. Hoek、E. T. Brown 著，连志升等译，岩石地下工程，冶金工业出版社，1986 年。

[9] 李先炜编著，岩体力学性质，煤炭工业出版社，1990 年。

[10] E. M. 谢尔盖耶夫主编，孔德坊等译，工程岩土学，地质出版社，1990 年。

[11] 黄文熙. 土的弹塑性应力～应变模型理论，清华大学学报，1979 年，第 1 期。

[12] 中华人民共和国电力工业部、中华人民共和国水利部，水利水电工程岩石试验规程，DLJ204—81，SLJ2—81，水利出版社，1982 年。

[13] 国际岩石力学学会实验室和现场试验标准化委员会，郑雨天、傅冰骏、卢世宗等译校，岩石力学试验建议方法，上集，煤炭工业出版社，1982 年。

[14] 重庆建筑工程学院、同济大学，岩体力学，中国建筑工业出版社，1979 年。

[15] E. Hoek J. W. Bray 著，卢世宗等译，岩石边坡工程，冶金出版社，1983 年。

[16] 陶振宇主编，岩石力学的理论与实践，水利出版社，1981 年。

[17] 潘家铮著，建筑物的抗滑稳定和滑坡分析，水利出版社，1980 年。

[18] 华东水利学院，弹性力学问题的有限单元法，水利电力出版社，1980 年。

[19] 铃木光著，杨其中等译，岩体力学与测定，煤炭工业出版社，1980 年。

[20] B. H. G. Brady, E. T. Brown, Rock mechanics for underground mining, 1985.

[21] R. E. Goodman, Introduction to Rock Mechanics, 1980.

[22] C. Jaeger, Rock mechanics and engineering, second edition 1979.

[23] K. G. Stagg, O. C. Zienkiewicz, Rock mechanics in engineering practice, 1968.

[24] J. C. Jaeger and N. G. W. Cook, Fundamentals of rock mechanics, third edition.

[25] Field Testing and Instrumentation of Rock, ASTM, STP554, 1974.

[26] W. H. Somerton, Rock mechanics – Theory and Practice, 1970.

[27] K. E. Gray, Basic and applied rock mechanics, 1972.

[28] H. Reginald Hardy, JR. Robert Stefanko, New horizons in Rock mechanics, 1973.

[29] R. E. Goodman, Method of geological engineering, 1976.

[30] P. B. Attewell, I. W. Farmer, Principles of engineering geology, 1975.

[31] A. R. Jumikis, Rock mechanics, second edition, 1983.

[32] I. W. Farmer, Engineering behaviour of rocks, second edition, London, 1983.

[33] И. А. Турчанинов, М. А. Иофис, Э. В. Каспарьян, Основы механнки горных пород, 1977.

[34] Э. Г. Газиев, Механика скальных пород в строительстве, МОСКВА, 1973.